花
千
樹

香港
街市海魚圖鑑

黎諾維 編著

目錄

- 白斑笛鯛（紅鱠）
- 金焰笛鯛；火斑笛鯛（五線火點）
- 隆背笛鯛（尖嘴紅雞）
- 約氏笛鯛（牙點、海鯉）
- 四帶笛鯛；四線笛鯛（四間畫眉）
- 褶尾笛鯛（褶尾笛鯛）
- 月尾笛鯛（月尾紅魚）
- 黃笛鯛；正笛鯛（油眉）
- 馬拉巴笛鯛（紅魚、金鮋）
- 奧氏笛鯛（畫眉）
- 藍點笛鯛；海雞母笛鯛（杉蚌、花蚌、花石蚌）
- 勒氏笛鯛（火點、火鱠）
- 千年笛鯛；川紋笛鯛（假三刀、紅雞）
- 星點笛鯛（石蚌）
- 斑點羽鰓笛鯛（黑木魚、琉球黑毛）
- 青若梅鯛；藍色擬烏尾鮗（青雞魚）
- 黃背若梅鯛；黃擬烏尾鮗（黃尾鳥、黃尾鮗）
- 尖齒紫魚；尖齒姬鯛（歌鯉）
- 絲條長鰭笛鯛；曳絲笛鯛（鱲皇）

- 密點少棘胡椒鯛（細鱗、火車頭）
- 華髭鯛；臀斑髭鯛（打鐵鱲）
- 黑鰭髭鯛（包公）
- 三線磯鱸（雞魚）
- 花尾胡椒鯛（包公細鱗、假細鱗）
- 駝背胡椒鯛（鐵鱗）
- 條紋胡椒鯛（花細鱗）
- 點石鱸；星雞魚（頭鱸）

推薦序

大自然天、地、水三種主要環境中，人類認知仍然保留最多未知部分的是水環境。至今記載數量達近 870 萬的現存物種多樣性，是研究生物學的最大魅力之一。所有生命源於水，被水包圍無重力的生境，永遠是生命誕生與孕育的天堂。地球過去於各地質時期經歷的大小災難中，棲息於水裡的生物，有著全球最安全的護蔭幸免於滅絕，魚類的繁盛可謂代表例證。

現今已知約 34,800 種魚類中，海洋魚類種類達 15,000 種，所有魚類種類的紀錄，自古主要依賴當地漁業繩釣捕撈，由魚類學者收集分析水產市場漁獲記載所得，光是魚類學研究基礎的分類部分，物種的記載與整理（同物異名之合併等），實屬長達數世紀的點滴積累，有關牠們的進化、地理分佈、習性，以及與環境因素的關係等，則更需要考察化石紀錄、棲息區域、生活史，以及生物個體、種群、群落（生態系統）的結構與機制，尤其物種的生活史與生態，仍然存在著大量未知部分。在全球各海域漁場全面生態失衡的今日，無論政府機構與學術組織，以至自然愛好者，實在有必要相互協力，令各種魚類及海產有關知識在民間普及化，提高民眾自然科學知識水平，共同思考社會規模協調的各類可持續發展方案（捕魚、飲食、建築、水處理、回收再用等），避免未來海洋生物資源的過度消耗，及對生態環境帶來的破壞與影響，正是保護物種與環境所需基礎首要急務。

海洋環境對陸生生物的人類來說，需要有相應的裝備才可潛入環境觀察。我研究自然歷史與魚類學四十餘載，無論在本地沿海及南中國海漁獲，食用經濟以及水族觀賞，香港歷來是全世界擁有最多魚類種類紀錄的國際都市，具備全球最豐富魚類研究資源，十五年前因此設立學術慈善機構「香港魚類學會」，推動「研究」、「教育」和「保育」三方面的普及化。

本書編著者黎諾維先生致力學會多年，在高中學生時代已對魚類學有著濃厚興趣，參與討論分類學研究、自然教育及水族展館等工作。有見歷來香港有關海水魚類書籍，無論分類學專著或圖鑑均稀少，因此編著者利用過去數年大學在學期間，編成此書。內容包括魚類學基本知識、市場（貨源、販賣方式／價格、常見度）、文化（食療、觀賞魚市場、食用風氣）、保育（部分魚類 IUCN 等級）、養殖、生態（食性、棲地、棲息深度、分佈）、人文生活（鮮度判斷），以及其他常見問答等。全書

記載魚類303種，魚名分類系統以「中國海洋與河口魚類」及「Fishbase」為根據，可謂兼具最新科學與文化資訊之科普著作。

　　深信未來日子裡，本著作可在本地魚類知識普及化帶來顯著成效，令市民大眾對海洋博物感到興趣，推動海洋生物資源與環境的保護與可持續發展。

香港魚類學會創會會長

莊棣華

2023 年夏至

推薦序

　　很高興也很榮幸能為諾維這一本很棒的《香港街市海魚圖鑑》寫推薦序。其實我和諾維算是素昧平生，但是從新聞和朋友口中有聽過這位從小就喜歡魚類、力學不倦、年紀輕輕就被稱為「魚神」的小伙子。第一次和他有交集的時候應該是在一年多前，他和幾位海大的同學共同編寫了一本雜誌型的《崁仔頂魚市場專刊》電子書，因為在出版前，他們曾寫信來請我幫忙審閱。我讀完之後真的有喜出望外之感。因為我出生在基隆，小時候常和母親到那裡買魚，可是到現在都沒有看過一本介紹魚市場文化如此透徹而又圖文並茂的好書。除了介紹魚類拍賣之外，還附帶教人如何料理、如何辨識魚種和傳遞海洋保育觀念，可說是近年來台灣在推廣食魚教育不可或缺的好書。那時候才知道這本書的副主編原來是來自香港到海大養殖系就讀的黎諾維。

　　沒想到沒過多久，又收到諾維的來信，請我為他這本《香港街市海魚圖鑑》作序。我原本以為這又是一本和坊間已出版過的魚類圖鑑一樣，只是一本有很多魚種照片的圖鑑而已，但看完書後，才發現果然是不同凡響。全書所收錄的 303 種香港街市常見的經濟性魚類，雖然只佔香港水域近千種魚類中約三分之一，但也幾乎涵蓋了所有市場上常看到的魚種。特別是書中每一種魚的標本照都拍的栩栩如生，完美無缺。魚類形態特徵也用實體照片來取代傳統的繪圖，讓讀者們更容易理解及學習。全書共分成九章，從介紹外部形態、魚類食性、生理時鐘、成長繁殖、棲地環境、分類方法，到市場上如何挑選漁獲，以及常見的問答等等。內容十分豐富，文筆淺顯易懂，是非常適合中小學或社會大眾的科普書籍，亦是大學或研究所魚類學的優秀課外讀物，很值得大家購買和收藏。

　　我雖然沒有機會在海大教過他，但他在海大養殖系的老師陳鴻鳴是我指導過的博士生，這也讓我覺得與有榮焉。他在自序中提到的香港魚類學會的莊棣華會長和台灣水產出版社的賴春福社長也都是我多年的好友，我們和上海水產大學已過世的伍漢霖教授曾共同出版過《世界拉漢魚類系統名典》，希望全球魚類都能有統一的魚類中文名稱。書後也附有香港地區的魚類俗名，但應該不如這本圖鑑上所涵蓋的香港的魚俗名這麼齊全。

全球的漁業資源和魚種多樣性因為過去五、六十年來的過度捕撈、棲地破壞、污染、入侵種及氣候變遷的影響下仍在持續衰退。限漁、劃設保護區及推廣海鮮指南等已是目前全球推動海洋保育及資源復育的共識。2022 年 12 月聯合國通過的生物多樣性「昆明—蒙特婁框架」中的「30x30」目標，及 2023 年 3 月通過的「公海條約」，都在強調漁業資源保育和復育的重要。相信這本圖鑑能夠藉由提供了食魚教育的最佳素材，重新喚起港人對海洋保育的重視。

台灣海洋大學榮譽講座及兼任教授

邵廣昭 謹識

2023 年 6 月 5 日

自序

　　香港三面環海，夏季有源自中國南海沿岸的海南流，從南中國海流經香港；冬季則有源自太平洋的黑潮支流進入南中國海，以及源自東海的台灣海流流經香港，加上珠江釋出的淡水，使香港這個由九龍半島及二百多個島嶼所組成的彈丸之地，擁有得天獨厚的海洋生物資源。雖然香港缺乏大陸棚及深海，但不乏溪流、河口、珊瑚礁區、岩礁區、砂泥底區等生境，這些棲地孕育著種類及數量甚為可觀的魚類。根據香港漁農自然護理署的官方資料（2022/03）指出，目前香港共記錄 27 目 135 科的魚類，而隨著近十年間不斷發現新記錄魚種，迄今分佈在香港水域之魚類達千餘種，當中約 160 種為淡水魚類。雖然香港水域面積共約 1,650 平方公里，僅佔面積共 340 萬平方公里的南中國海中 0.05%，卻能發現南中國海約 30% 的海水魚類，讓人不禁感嘆香港實在是一塊海洋寶地。希望隨著投放更多研究資源，香港能於未來發現更多新記錄魚類，甚至能再次以香港作為模式產地，發表世界新種魚類。

　　擁有漁村背景的香港，早在明、清時代，海域已是漁業捕撈的重要區域，並發展成熟的漁獲加工與保鮮儲存技術，不過因當時陸居人口較少，大多漁獲都分銷至珠江三角洲的城鎮，僅少部分供應予鄰近居民。而自開埠以後，本港人口急速增長，同時塘養淡水魚及生蠔養殖業亦逐漸發展。上世紀六十年代至八十年代初期是本港漁業最為興盛的時期，因工商、金融等產業發展，市民有能力享受更優質的生活，對高檔及活體海鮮的需求自然大增，從而帶動漁業前進；此時海水養殖業及離岸捕魚開始盛行，也將香港漁產量推至高峰。可惜由二十一世紀至今，隨著時代進步，淡水養殖因城市發展及需求減少而逐漸式微。另一方面，香港寸金尺土，土地或人力開支對養殖戶無疑是一大負擔，縱使大多養殖戶遷移至海上網箱養殖，但自然災害如颱風、紅潮等成了最大的養殖風險，加上缺乏新血注入而使產業無法延續。重要的是本地養殖的生產成本依然高於進口的漁產，在市場上競爭力較低，因此現時大多漁產均依賴進口為主，來源包括中國內地、日本及東南亞國家，僅少量由本地供給。

在觀賞水族、食用海鮮及釣魚活動盛行的年代，香港市民日常能接觸魚類的機會甚多，水族店、街市或海邊變成我們最能近距離接近魚類的地方。而正所謂「民以食為天」，有漁村背景的香港，無論家常便飯枱面上的清蒸魚，又或是婚禮宴席上的龍蝦伊麵，日常飲食彷彿已離不開海鮮。根據統計，香港是亞洲人均海鮮消耗量第二高的地區，香港人在 2017 年每人平均消耗高達 66.5 公斤海鮮，這也使得香港擁有獨特的海鮮文化。鹹魚白菜各有所好，每人偏愛品嚐的魚種不同，並沒有公式計算魚的美味程度，就算是明星魚種，也有可能因為產地或鮮度不同而有風味上的差異，所以金錢並不是用作衡量一尾魚有多美味的準則，只有自己真正喜愛，以適合的方式烹調，才是人間美味，豐儉由人，品嚐海鮮本該如此。

本地食用魚類的俗名實在多不勝數，一種魚在水上人、釣魚人、魚販、水族愛好者等不同領域都可能各有一套叫法，但只有拉丁學名才能真正代表該魚種；本書中魚種的俗名，是筆者參考該魚受廣泛使用的名字及個人經驗所得，若有魚種目前在香港並無通用的俗名，則參考鄰近國家或地區的叫法而暫定俗名，方便溝通之用，供讀者參考。

魚類在我的生命中十分重要，很多人問我為什麼那麼愛魚，這完全是一份上帝給我的恩賜。我長大後才發現，原來不是每個人都可以找到屬於自己的興趣，這份從幼稚園開始的恩賜，直到今天都沒改變。我常笑稱，如果魚類滅絕了，我不只失業，也失去人生的樂趣了。街市可說是我從小逛到大的地方，從小吸收的魚類知識或所見所聞都來自街市，我認為街市是一個親民的食材教室，裡面的魚販，或許學歷不高，但豐富的工作經驗足以令他們成為導師，在言談之間能讓我學習更多本地文化。身為土生土長的香港人，我認為香港值得擁有一本記錄市售魚類並保留食魚文化的書籍，但我除了希望在食魚文化得以延續的同時，更希望食用海鮮能在保育海洋上取得平衡，這需要市民自發的吸收與判斷。坊間有海鮮食用指南供市民參考之用，本書特別對部分物種提出保育與食用安全的建議。此外，除了本地食魚文化外，書中也加入了部分台灣的食魚文化資訊，希望能讓讀者了解因地域所產生的文化差異。這並非一本偏重學術的書籍，這是一本記錄魚類故事及文化的生活化書籍，送給每一個愛魚之人，無論是愛養魚、愛釣魚、愛吃魚，還是愛研究及保留香港獨特食魚文化的每一位，還請各位不吝賜教。

鳴謝

感謝神，在成長路上給予我豐富的恩典，讓我擁有獨特的興趣；我的父母——李昭蓉女士與黎永海先生，從小就讓我發揮興趣，一路給予我支持並提供資源；台灣水產出版社賴春福社長、陳友梅女士一家於我在台時對我照顧有加，給予本書意見與支持；香港魚類學會會長莊棣華恩師從小給我人生及知識指導，給予本書意見與支持；凌晨兩點騎著電單車載我到偏遠的魚市場的陳彥勳先生；香港眾多街市的魚販免費贈送各種魚類及傳遞知識；台灣崁仔頂魚市場裡的小楊老闆及眾多六年來幾乎每天見面的魚販，給予購買漁獲的折扣甚至免費贈送；在我的興趣上給予支持與鼓勵的陳天道先生、譚慧玲女士、張雲峰先生、司徒美莉女士；忍受因我在房間裡拍攝魚類引起的腥味的蔡岳呈先生；台灣海洋大學水產養殖學系陳鴻鳴老師提供實驗室資源。最後也要感謝花千樹出版社，讓香港有機會出版一本市售魚類圖鑑，並由團隊提供大力的協助和妥善的安排；也謝謝各方好友的支持與期待，恕未能一一致謝。

黎諾維 謹識

2022 年 8 月 1 日

第一章

魚類的形態和測量

魚類形態萬千，在演化的路上，魚類不斷因應環境的變化，在形態或花紋上作出演變，好讓牠們以更有利的條件在適合的棲地生存。而在學術研究層面，魚類不同的身體比例可當作分類的依據，故此魚類擁有一套標準的測量方式，而身體各個表徵的部位也有固定名稱與範圍，以便世界各地學者以同一準則進行學術研究。

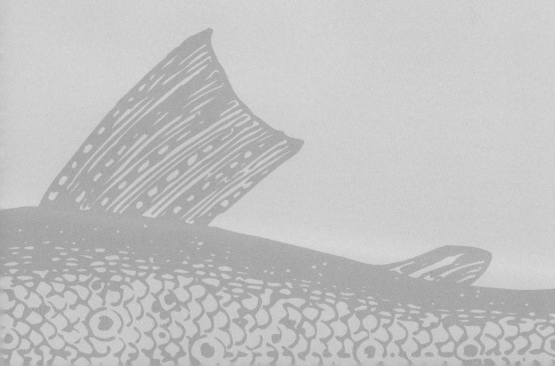

一 魚類的形態

1. 側扁形

　　身體兩側扁平，體高比體寬大，有利於靈活地穿梭於珊瑚礁與岩礁之間。大部分珊瑚礁魚類或非珊瑚礁魚類都屬於側扁形，珊瑚礁魚類包括蝴蝶魚科、刺蓋魚科、隆頭魚科等魚類，非珊瑚礁魚類則包括鯧科、鰺科等魚類。

2. 縱扁形

　　身體縱扁，體寬比體高大，常平貼在海床，部分會以砂泥覆蓋身體，有利躲藏及捕獵。很多棲息於砂泥底的魚類都屬於縱扁形，包括鮋科、魟科、鱝科等魚類。

3. 紡錘形

　　身體呈流線型，體寬與體高相若，中間寬闊，頭、尾兩端漸尖細，有利於以較低的水阻游泳。很多善於游泳或大洋洄游性的魚類都屬於紡錘形，包括鯔科、鯖科、遮目魚科等魚類。

4. 長條形

　　身體十分細長，有利於靈活地穿梭在石縫間或利於鑽洞穴。長條形又分為橫剖面呈圓形或呈側扁兩種，前者包括海鰻科、海鱔科、蛇鰻科等魚類；後者包括帶魚科、赤刀魚科等魚類。

5. 圓柱形

　　身體延長，橫剖面呈圓形，有利於短時間內增加泳速。部分表層及底棲魚類屬於圓柱形，包括頜針魚科、管口魚科、狗母魚科等魚類。

6. 球形

　　身體呈球狀或箱狀，不善於游泳，但有骨板、特化鱗片或特殊機制保護自身。魨形目中部分物種均屬於球狀或箱狀，包括刺魨科、箱魨科或蟹魚科等魚類。

二 魚類的測量

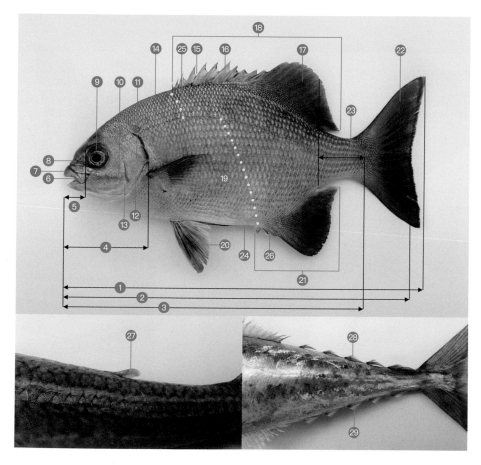

1. 全長 total length，簡稱 TL
2. 尾叉長 fork length，簡稱 FL
3. 標準長 standard length，簡稱 SL
4. 頭長 head length，簡稱 HL
5. 吻長 snout length
6. 上頜骨 supermaxilla
7. 前上頜骨 premaxilla
8. 鼻孔 nostril

9. 眼睛 eyes
10. 前鰓蓋骨 preopercular
11. 主鰓蓋骨 opercle
12. 下鰓蓋骨 subopercular
13. 間鰓蓋骨 interopercular
14. 側線 lateral line
15. 背鰭硬棘 dorsal-fin spines
16. 鰭薄膜 fin membranes
17. 背鰭軟條 dorsal-fin rays
18. 背鰭 dorsal-fin
19. 胸鰭 pectoral-fin
20. 腹鰭 pelvic-fin

21. 臀鰭 anal-fin
22. 尾鰭 caudal-fin
23. 尾柄 caudal peduncle
24. 肛門 anus
25. 側線上鱗列 scales rows above lateral line
26. 側線下鱗列 scales rows below lateral line
27. 脂鰭 adipose fin
28, 29. 離鰭 finlets

三 魚類尾鰭的形狀

月形

叉形

凹形

圓形

截形

凸形

菱形

四 魚類的花紋

1. 縱紋：在魚體上水平的條紋稱為縱紋。

2. 橫紋：在魚體上垂直的條紋稱為橫紋。

3. 弓形斑紋：指有弧度的斜紋，大多從魚的頭部或背部開始往尾部延伸。

4. 雲紋：在魚體佈有大小不一的塊狀斑紋。

5. 點紋：在魚體佈有大小不一的圓點狀斑紋。

6. 斜紋：指傾斜並沒弧度的斜條紋，大多從魚的頭部或背部開始往前或往後傾斜。

7. 蟲紋：指像小蟲般短小而彎曲的條紋，部分魚類僅頭部佈有蟲紋。

五 各科魚類的外形檢索圖

1. 長尾鬚鯊科

2. 真鯊科

3. 雙髻鯊科

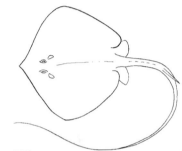

4. 魟科

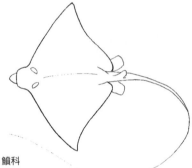

5. 鱝科

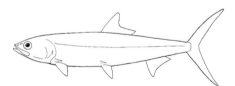

6. 海鰱科

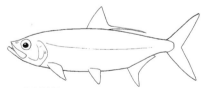

7. 大海鰱科

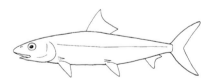

8. 北梭魚科；狐鰮科

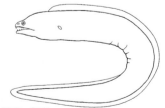

9. 海鱔科；鯙科

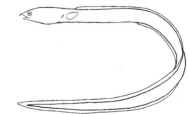

10. 蛇鰻科

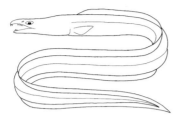

11. 海鰻科

12. 鋸腹鰳科

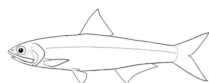

13. 鯷科

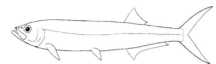

14. 寶刀魚科

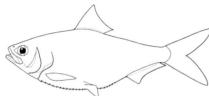

15. 鰣科

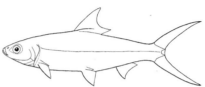

16. 遮目魚科；虱目魚科

17. 鰻鯰科

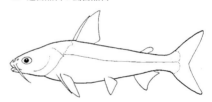

18. 海鯰科

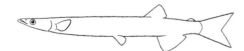

19. 銀魚科

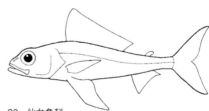

20. 仙女魚科

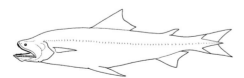

21. 狗母魚科；合齒魚科

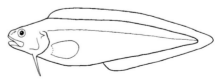

22. 鼬鳚科

23. 鮟鱇科

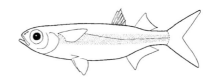

24. 躄魚科

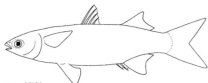

25. 鯔科

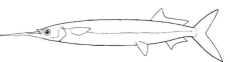

26. 銀漢魚科

27. 飛魚科

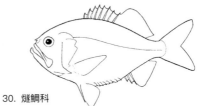

28. 鱵科

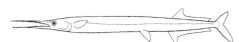

29. 頜針魚科；鶴鱵科

30. 燧鯛科

31. 金眼鯛科

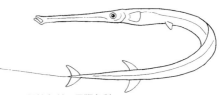

32. 鰃科；金鱗魚科

33. 海魴科；
的鯛科

34. 煙管魚科；馬鞭魚科

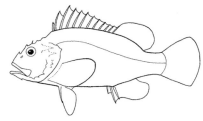

35. 鮋科

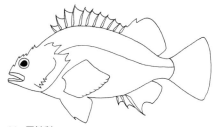

36. 平鮋科

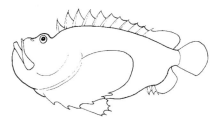

37. 毒鮋科

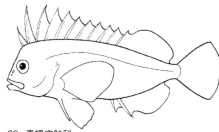

38. 真裸皮鮋科

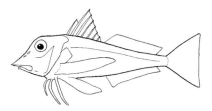

39. 鲂鮄科；角魚科

40. 鯒科；牛尾魚科

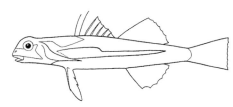

41. 豹鲂鮄科；飛角魚科

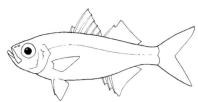

42. 雙邊魚科

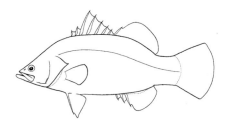

43. 尖吻鱸科

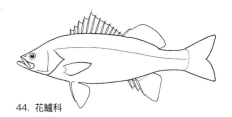

44. 花鱸科

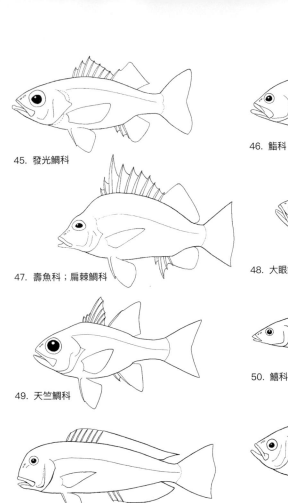

45. 發光鯛科

46. 鮨科

47. 壽魚科；扁棘鯛科

48. 大眼鯛科

49. 天竺鯛科

50. 䲁科；沙鮻科

51. 弱棘魚科

52. 乳香魚科；乳鯖科

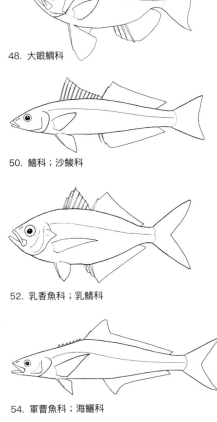

53. 鱪鰍科；鱰科

54. 軍曹魚科；海鱺科

55. 䲁科

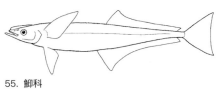

56. 鯵科

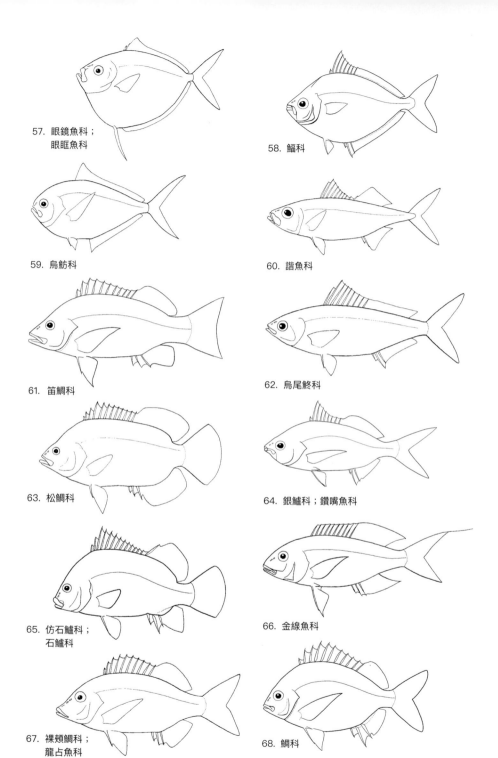

57. 眼鏡魚科；
    眼眶魚科

58. 鯧科

59. 烏魴科

60. 諧魚科

61. 笛鯛科

62. 烏尾鮗科

63. 松鯛科

64. 銀鱸科；鑽嘴魚科

65. 仿石鱸科；
    石鱸科

66. 金線魚科

67. 裸頰鯛科；
    龍占魚科

68. 鯛科

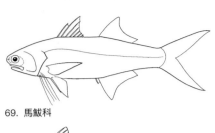

69. 馬鮁科

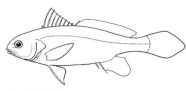

70. 石首魚科

71. 羊魚科；鬚鯛科

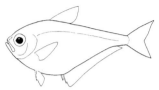

72. 單鰭魚科；擬金眼鯛科

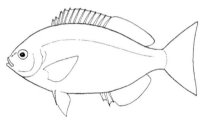

73. 葉鯛科

74. 大眼鯧科；
銀鱗鯧科

75. 舥科；瓜子鱲科

76. 舵魚科

77. 細刺魚科；
柴魚科

78. 雞籠鯧科

79. 蝴蝶魚科

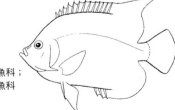

80. 刺蓋魚科；
蓋刺魚科

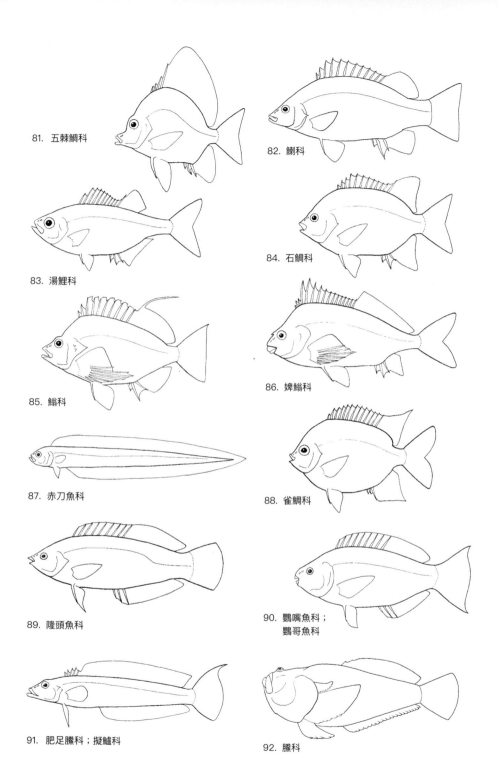

81. 五棘鯛科

82. 鯻科

83. 湯鯉科

84. 石鯛科

85. 鱐科

86. 婢鱐科

87. 赤刀魚科

88. 雀鯛科

89. 隆頭魚科

90. 鸚嘴魚科；
    鸚哥魚科

91. 肥足䲢科；擬鱸科

92. 䲢科

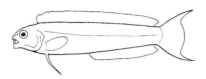

93. 鯻科

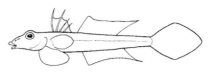

94. 鰧科；鼠鰧科

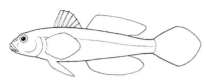

95. 鰕虎魚科；鰕虎科

96. 白鯧科

97. 金錢魚科

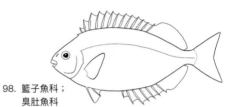

98. 籃子魚科；
    臭肚魚科

99. 刺尾魚科；
    刺尾鯛科

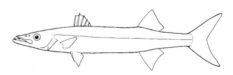

100. 魛科；金梭魚科

101. 帶魚科

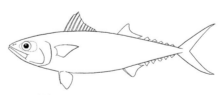

102. 鯖科

103. 長鯧科

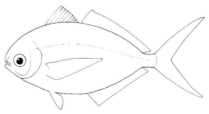

104. 無齒鯧科

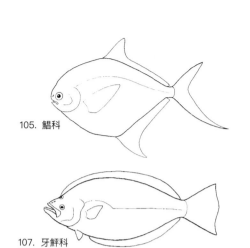

105. 鯧科

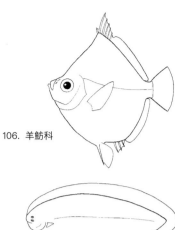

106. 羊魴科

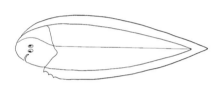

107. 牙䱵科

108. 鰈科

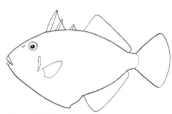

109. 舌鰨科

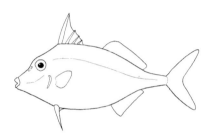

110. 三刺魨科；三棘魨科

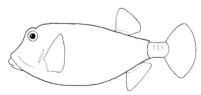

111. 鱗魨科

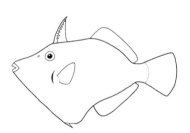

112. 單角魨科；單棘魨科

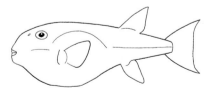

113. 箱魨科

114. 魨科；四齒魨科

第二章

魚類的食性

我們日常用膳，會挑選自己偏愛的菜餚，除了從中獲取營養外，還能享受美食為我們味覺帶來的滿足感。生物需要生存和成長，就必須透過攝食來吸收營養和獲取能量，以供日常活動之用，魚類亦不例外。當幼魚把卵黃吸收完畢，或是離開母體後，若要繼續獲得營養，便需靠自己的能力尋找食物。魚類會按照不同的成長階段，尋找適合自己營養需求和口味的食物，故此每種魚類都有著獨特的食性。而不同食性的魚類，亦有屬於自己的攝食模式，更會演化出不同形態的器官或組織，目的只有一個：希望藉此更容易獲得食物，讓牠們得以繼續生存、成長以至繁衍後代。

一 魚類的食性

　　魚類的食性不會固定不變，在生命週期中會按照環境、季節或成長階段來調整適合自己的食性。大多魚類的稚魚因口徑細小的原因，大多只能攝食浮游生物，而幼魚的食性會隨成長逐漸改變，亞成魚或成魚[1]的食性一般比較固定。

1. 肉食性

　　以肉類為攝食目標的魚類，稱為肉食性魚類。甲殼類（如蝦、螃蟹）、頭足類（如魷魚、八爪魚）、貝類（如螺、蠔、蜆）、多毛類（如沙蠶）、魚類、刺胞動物（如水母、海葵）和棘皮動物（如海膽）等均是牠們的攝食對象。在眾多餌料生物中，部分肉食性魚類有攝食偏好：鱚科魚類偏好攝食沙蠶；鰺科魚類偏好攝食小魚；石鯛科魚類偏好攝食藤壺、海膽、螃蟹；鯧科魚類偏好攝食水母。至於沒特別攝食偏好者，一般不會過分挑選肉類餌料，小魚、蝦、螃蟹、魷魚、沙蠶等均可成為攝食對象。海洋中大多數魚類屬肉食性。

2. 素食性

　　以植物為攝食目標的魚類，稱為素食性魚類。藻類（如綠藻、紅藻、褐藻、藍綠藻）、海草、水草等水生植物均是牠們的攝食對象。蝴蝶魚科、刺蓋魚科、舵魚科、鰏科、刺尾魚科魚類會攝食藻類和海草；淡水中部分鯉科魚類如草魚會攝食水草。海洋中少部分魚類屬素食性，當中珊瑚礁魚佔大多數。

3. 浮游生物食性

　　以浮游生物為攝食目標的魚類，稱為浮游生物食性魚類。浮游生物可分為動物性（如橈足類、輪蟲、幼生海洋動物）和植物性（如矽藻、渦鞭藻）。遮目魚、鯨鯊、日本蝠鱝、鯷科、鯡科等魚類會攝食浮游生物。海洋中屬浮游生物食性的魚類不少，大多為較原始的魚類。另外大部分魚類的稚魚因口徑大小、消化能力和游泳能力等因素，在浮游階段屬浮游生物食性。

1　　亞成魚指年輕的魚類，性腺尚未但即將進入成熟；成魚指成年的魚類，性腺完全成熟。

4. 雜食性

攝食的餌料生物包括動、植物或其他物質的魚類，稱為雜食性魚類。不管是肉類、植物、浮游生物或有機碎屑物[2]均可以是牠們的攝食對象。籃子魚會以無脊椎動物和藻類為食；豆娘魚會以動物性浮游生物和藻類為食；尖吻鯻會以小型甲殼類或浮游甲殼類為食；鯔科和金錢魚科魚類會以藻類、浮游生物和有機碎屑物為食。海洋中屬雜食性的魚類不少。

5. 特殊食性

有指定且性質特殊的攝食對象，此食性的魚類會視這些特定的「食物」為攝食對象。非洲坦干依喀湖的斯氏織麗魚會以其他魚類的魚鱗為食；短尾腹囊海龍會以蝦卵為食；射水魚科魚類會以水生和陸生昆蟲為食；似野結魚會以果實為食；裂唇魚會以其他魚類身上或口腔內的寄生蟲為食。海洋中少部分魚類屬特殊食性。

6. 腐食性

以腐肉為攝食目標的魚類，稱為腐食性魚類。海洋哺乳動物、魚類、甲殼類等動物的屍體，均是腐食性魚類的攝食對象。盲鰻科魚類、海鱔和部分軟骨魚類會以腐肉為食，牠們好比海洋中的清道夫，在食物鏈上扮演著重要的角色。海洋中不少魚類屬腐食性。

7. 寄生魚類

寄生魚類以宿主的血液、肌肉或內臟為攝食對象。七鰓鰻科魚類會以吸盤狀，且佈滿尖齒的嘴巴吸附在魚體上，吸食其肌肉和血液，當宿主死亡後會再尋找下一個宿主。盲鰻科除了是腐食性魚類外，還是寄生魚類，生病或行動緩慢的魚類是其寄生目標。部分深海鮟鱇的雄魚一輩子會寄生於比其體形大好幾十倍的雌魚上，依賴雌魚血液中的營養

盲鰻屬於腐食性魚類，同時亦是寄生魚類。

2　有機碎屑物指生物的腐爛破碎殘骸、排泄物或分解產物，在河口及營養豐富的水生環境特別多。

為生，一尾雌魚可同時成為多尾雄魚的宿主。當性成熟時，雌魚會在排卵時，以血管輸送賀爾蒙給雄魚，好讓雄魚能同時排精，令魚卵受精，此為性寄生。

三 魚類的攝食模式

1. 吞噬

　　以吞噬形式進食者，大多為肉食性魚類。此攝食模式的魚類，在進食過程中甚少把獵物咬碎或咬成塊狀分開進食，而是將獵物完整地吞食。鮪科、鰺科和鯖科中的鮪、鰹等魚類，在進食時會將單一獵物，或是幾尾魚完整吞食。躄魚科魚類更能吞食跟自己體形相若，甚至比自己體形更大的獵物。

躄魚科魚類能吞噬跟自己體形相若，或比自己體形更大的獵物。

2. 撕咬

　　以撕咬形式進食者，大多為肉食性魚類，且以軟骨魚類為主。此攝食模式的魚類，在進食過程中會將獵物撕碎後吞食，若獵物體形龐大，則會從獵物身上把肉大口撕下吞食。真鯊科魚類會以各種魚類包括鯊魚、魟魚等為捕食目標，同時亦會進食海洋哺乳動物的屍體，面對比自身體形大的鯨豚類屍體時，便會以撕咬形式進食。

3. 咬碎

　　以咬碎形式進食者，大多為肉食性魚類。此攝食模式的魚類，在進食過程中會將獵物咬碎或壓碎。鯛科和石鯛科魚類會以貝類或甲殼類為食，在面對有硬殼保護的生物如青口或螃蟹等時，會咬碎後直接吞食，或將硬殼破壞後再取肉吞食。

4. 咀嚼

　　以咀嚼形式進食者，大多為素食性魚類，且以淡水魚類為主。此攝食模式的魚類，因水生植物纖維較多，不易直接吞咽，故在進食過程需多加咀嚼方能進食。草魚、鯿魚等淡水魚類，會利用鯉科魚類獨有的咽喉齒，以咀嚼形式於咽喉部切斷水生植物後吞食。

5. 刮食

以刮食形式進食者，大多為素食性魚類。此攝食模式的魚類，會刮食生長在礁石、貝殼、珊瑚、纜繩上的藻類。刺蓋魚科、舵魚科、刺尾魚科等魚類，會於內灣或有急湧的岩石邊刮食藻類，經刮食後的礁石能明顯觀察到刮痕。

6. 過濾

以過濾形式進食者，大多為浮游生物食性魚類。此攝食模式的魚類，會於開放式水域，透過張口不斷游泳的方式，讓海水大量且快速進入口腔，再利用鰓耙將水中的浮游生物過濾後吞食。鯷科、鯡科等魚類經常以群體形式在水表層，以過濾形式捕食浮游生物。世界最大的軟骨魚類鯨鯊也是以過濾形式進食，會濾食大量浮游性的甲殼類、小魚或頭足類。

7. 啄食

以啄食形式進食者，大多為浮游生物食性或雜食性魚類。此攝食模式的魚類，會於開放水域中啄食浮游生物，或是啄食於海床的有機碎屑。雀鯛科、蝴蝶魚科等魚類口徑小，能準確地啄食浮游生物和有機碎屑。很多魚類的稚魚屬浮游階段，隨水流移動的稚魚會啄食適合自己的浮游生物。

8. 挖食

以挖食形式進食者，大多為肉食性或雜食性魚類。此攝食模式的魚類，會於沙泥質海床，不斷挖開泥沙尋找獵物。銀鱸科、雞籠鯧科等魚類嘴巴伸縮自如，能於海床挖沙及吸沙，尋找多毛類或小型無脊椎動物，再將獵物過濾吞食。鱝科魚類能得悉獵物的準確位置，快速地以吻部挖開泥沙捕食。單角魨科魚類會以噴水方式，吹開泥沙尋找藏於海床的獵物。

雞籠鯧科魚類嘴巴伸縮自如，有助牠在海床挖食。

三 協助魚類攝食的器官

1. 鰓耙

　　魚鰓除了是魚類用作呼吸的器官外，上方的鰓耙更能用作過濾的器官，能將餌料生物從水或泥沙中過濾出來。浮游生物食性的魚類主要過濾水中的浮游生物；雜食性魚類主要過濾沙泥中的小型無脊椎動物或有機碎屑物。一般而言，浮游生物食性的魚類鰓耙細長而密集，有效防止浮游生物經鰓流走。而肉食性魚類因不需以過濾方式攝食，鰓耙相對粗短而疏落，有部分以吞噬形式進食的魚類甚至沒有鰓耙。鰓耙的長短跟其食性有一定關係，可見食性在魚類的演化上影響甚大。

2. 牙齒

　　魚類的牙齒是一個用作捕食的器官，能咬住、撕開、咬碎或刮取攝食目標。為了針對不同的攝食對象，不同食性的魚類均演化出形狀獨特的牙齒，故此能藉觀察魚類牙齒的類型來推測該魚種的食性及攝食模式。

日本帶魚的倒勾狀犬齒

• 犬齒

　　擁有犬齒的魚類，以捕食魚類、頭足類為主。犬齒能使魚類咬緊獵物，帶魚的犬齒甚至呈倒勾狀，能防止獵物因掙扎而逃脫。

黑鞍鰓棘鱸的犬齒

• 臼齒

　　擁有臼齒的魚類，以捕食甲殼類、貝類為主。臼齒能使魚類咬碎或壓碎獵物的外殼，方便取肉或一併吞食。

真鯛的臼齒

• 板狀齒

擁有板狀齒的魚類，以捕食甲殼類、貝類甚至海膽為主。板狀齒使魚類可咬碎或咬破獵物的外殼，然後取肉或一併吞食。少數以藻類為食的魚類如鸚嘴魚，亦擁有板狀齒，板狀齒能方便魚類把硬珊瑚或岩石上的藻類刮下吞食。

棕斑兔頭魨的板狀齒

• 梳狀齒

擁有梳狀齒的魚類，以刮食藻類為主。梳狀齒使魚類能針對生長在岩石上的藻類進行刮食。

• 小錐狀齒

擁有小錐狀齒的魚類，以捕食小型無脊椎動物、有機碎屑物和刮食藻類為主。小錐狀齒使魚類能啄食漂流中或黏附在礁石上的有機碎屑物、捕食一些小型無脊椎動物和針對生長在岩石上的藻類進行刮食。

條石鯛的板狀齒

額帶刺尾魚的梳狀齒

• 絨毛狀齒

擁有絨毛狀齒的魚類，以捕食蟲類為主。絨毛狀齒令魚類能捕捉藏於沙中的海洋環節動物或小型海洋節肢動物。

3. 口位

魚類嘴巴開口的位置（亦可理解成方向）稱為口位，主要分為三種。口位會因魚類攝食對象的棲息或活動位置而有所不同。合適的口位能幫助魚類更容易捕食到目標獵物。透過觀察口位，可以推測魚類的攝食模式和棲息泳層。

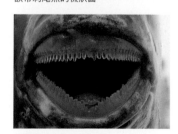

星斑籃子魚的小錐狀齒

• 端位／前位

上、下頜同等長，嘴巴開口在吻正前端，稱端位口或前位口。這類群魚類大多捕食自身前方的

圓頜北梭魚的絨毛狀齒

食物，因需追逐前方獵物所以通常善於游泳。肉食性魚類會追捕小魚或咬食吸附在岩石上的貝類；浮游生物食性魚類需透過張嘴的同時不斷游泳來濾食水中的浮游生物。多數魚類屬這類型口位。

紡綞鰤（左）及斑石鯛（右）屬端位口。

• 上位

下頜長於上頜且較為突出，嘴巴開口向上，口裂通常十分傾斜。這類群魚類大多捕食水面或自身上方的食物。肉食性的魚類會埋伏於海床，待獵物經過時快速躍起捕食；捕食昆蟲的魚類能捕食漂浮於水面的水生昆蟲。

長尾大眼鯛（左）及大頭狗母魚（右）屬上位口。

• 下位

上頜長於下頜，嘴巴開口向下或在吻下方。這類群魚類大多捕食海床或自身下方的食物。肉食性魚類會在海床捕食底棲生物；雜食性魚類會攝食海床的小型無脊椎生物和有機碎屑。

尖棘角魴鮄（左）及圓頜北梭魚（右）屬下位口。

四 其他協助覓食的器官和組織

1. 觸鬚

　　海鯰科、鰻鯰科和羊魚科等魚類，嘴巴附近具有觸鬚，觸鬚上方具有味蕾，最大作用是協助魚類尋找沙泥中的食物和辨識食物是否適合食用，觸鬚的數量會因物種而有所不同。視力不佳或棲息於混濁水域的魚類大多具備觸鬚，且屬下位口。

海鯰上頜及頦部的觸鬚

黑斑緋鯉頦部的觸鬚

2. 游離鰭條

　　魴鮄科和鬼鮋屬等魚類，胸鰭下方有由胸鰭條演化而成的游離鰭條，除了可用作在海床爬行移動外，還可作出翻開或伸入沙泥中搜尋食物等動作，能更容易獲得食物。

3. 觸手

　　鮟鱇科魚類吻上方大多具有由背鰭棘演化而成的觸手，其末端長有皮瓣及短絲，主要的功能是吸引魚類游近。觸手末端的皮瓣及短絲在水中恍似在抖動的微小生物或藻類，部分雜食性或好奇心重的魚類會靠近啄食，此時鮟鱇魚便可躍起捕食於吻上方的獵物。

4. 皮瓣

　　鮋科、躄魚科和鮟鱇科等底棲魚類，部分身上擁有皮瓣組織。皮瓣主要的功能是使魚類可偽裝成其他海洋生物如藻類及珊瑚，並藏身於環境中。這除了能保護魚類免受敵人發現外，還可令獵物放下戒心，方便捕食。

綠鰭魚胸鰭下的游離鰭條

鮟鱇魚吻上方的觸手

前鰭吻鮋身上長有的皮瓣

第三章

魚類的生理時鐘

古時詩人以「日出而作，日入而息」來形容當時人們白天活動工作，晚上則休息的生活模式，但這種模式似乎不適用於所有動物和魚類。海洋中日夜的溫度、光線及潮汐均不同，魚類必須建立出節律性，在行為上適應和配合周期性變化的節奏。故此不同魚類擁有獨有的生理時鐘，這是一種經遺傳留下的調節機制，能讓魚類透過神經系統或內分泌系統，行使指令調控生理機制如基本活動、飲食、睡眠、社交等，從而適應環境的節奏及克服周期性變化，建立有節律性的一套生活模式，有利魚類生存。

一 魚類的晝夜活動節律

1. 晝行性

晝行性魚類主要活躍於白晝，夜晚則處於不活躍或睡眠狀態。大多數魚類屬晝行性。

2. 夜行性

夜行性魚類主要活躍於夜晚，白晝則處於不活躍或睡眠狀態。少數魚類屬夜行性。因主要活動時間在光線稀薄的夜晚，為了克服光線不足帶來的不便，這些魚類通常具更強的視力和嗅覺，以便覓食。

3. 晝夜性 / 周日行性 / 全晝夜

晝夜性魚類活躍於白晝及夜晚，其活動並沒有晝夜的節律性，當中分為以覓食為目的和不以覓食為目的兩種。

• 以覓食為目的

部分晝夜性魚類在夜晚活躍的原因是為了覓食。天竺鯛科魚類不管在白晝或是夜晚也會進食。這些晝夜性魚類與夜行性魚類的夜間活動行為上沒太大差異。

• 不以覓食為目的

部分晝夜性魚類雖然活躍於晚上，但卻不是為了覓食，而是單純的活動。部分鰺科魚類於夜晚會活躍地游泳但沒有捕食的行為。

二 魚類的晝夜垂直移動

除了活躍時間有分晝夜外，魚類棲息的水深會隨晝夜而改變，形成具節律性的晝夜垂直移動，又稱為垂直洄游。一些漁業研究數據顯示，很多經濟性魚類如緋科、鯥科、鋸腹鰳科、帶魚科等魚類在白晝和夜晚會有不同的棲息深度。

多數中上層魚類白晝時會逗留在中層，在傍晚開始垂直移動，及至夜晚時便逗留在水表層，黎明時分再次開始垂直移動，回到中層；多數底棲魚類白晝會逗留在底層，在傍晚開始垂直移動，夜晚逗留在中層，然後於黎明時分再次開始垂直移動，回到底層。魚類這行為會因光線、潮汐、水溫及季節不同，調整出晝夜垂直移動的時間及深度。

黃魚晝夜垂直移動明顯，一般會在夜晚到水中層，故漁船會於凌晨時分以圍網方式捕捉。

三 魚類的睡眠

到底魚類會否睡覺，又是如何睡覺，問題看似簡單但其實非想像中容易了解，這要取決於睡覺的定義。要判斷人類或其他哺乳類動物是否在睡覺，可從行為及腦電波振幅作定論。但在魚類而言，研究卻只能指出斑馬魚有快速動眼睡眠[1]，與人類入睡後初期大腦彷彿清醒，身體和肌肉卻處於放鬆狀態時的腦電波相似，但不能證實魚類擁有像人類完全入睡時的腦電波；魚類沒有眼瞼，故不能以一般對哺乳類動物閉眼睡覺的行為來定論魚類是否在睡覺。因此對於魚類的睡眠，定義的標準可以擴展到魚類的其他行為。

1. 長時間不活動的狀態

魚類雖然沒有眼瞼，但魚類在睡覺時幾乎完全不活動，或僅因水流帶動，身體或魚鰭需保持平衡而作出輕微的反射動作，這表現會維持一段不短的時間。部分魚類的體色也會與活躍時所呈現的體色不同。

觀察魚類與活躍時的行為差異及身處的位置可判斷魚類是否在休息。

1　快速動眼睡眠是動物睡眠的一個階段，在此階段時眼球會快速移動，同時身體肌肉放鬆。

2. 挑選休息場所

動物為了避免在睡覺時因警覺性低而被捕食，大多會尋找隱蔽的地方。魚類睡覺時亦類同，大多挑選礁石縫或洞穴，有的亦會用泥砂覆蓋自己，或藏於石縫後以黏液包覆自己以防止氣味傳出。

3. 具 24 小時節奏

若非受嚴重干擾導致不能睡覺，否則睡眠行為會持續於每天相若的時間進行。晝行性魚類會於夜晚有睡覺的行為，夜行性魚類則於白晝。

4. 警覺性變低

魚類在睡覺時眼球運動、呼吸和心臟的節律比正常情況慢，且對於外界的刺激包括電流、聲音、觸覺及嗅覺敏感度會降低。此時魚類的警覺性會變低，反應會變緩慢。

5. 嗜睡行為

外國利用一尾平常有睡眠習慣的魚類作為實驗對象，當其在實驗中被阻止看似在睡眠的行為後，接下來的幾天，這些看似在睡眠的行為出現得更加頻繁，證明睡眠是魚類作息的一部分。

第四章

魚類的繁殖

傳宗接代是生物與生俱來的天性，在面對種種挑戰如獵食者的捕捉、棲地競爭、人文活動、環境災害、氣候變遷等，生物透過適應及演化，努力生存繼而繁衍後代。有些物種甚至一生只為了繁殖而活，繁殖後便會死亡，可見這天性對生物有多重要。因為若物種再無法擁有後代，就會被自然淘汰，即絕種，所以要在這地球上生存，除了克服各種挑戰外，還需演化成具策略的繁殖機制，建立穩定族群才可避免絕種，所有生物皆是如此，包括魚類。

一 魚類的性別

1. 雌雄異體

雌魚擁有卵巢，雄魚擁有精巢，出生時的性別會跟隨一生，不會有性轉變，即為雌雄異體魚類，大部分魚類屬於雌雄異體。

2. 雌雄同體

在同一個個體內同時出現雌、雄生殖腺，即為雌雄同體魚類。這些魚類會因應族群的性別比例，或交配對象的性別而改變自身性別，以達至繁殖目的。在性轉變時，該個體會同時擁有雌、雄生殖腺，處於雌雄同體狀態，當完全性轉變後，舊有的生殖腺會被捨棄。雌雄同體魚類可分為先雌後雄或先雄後雌，鮨科、刺蓋魚科、隆頭魚科和鸚嘴魚科等魚類為先雌後雄；鯡科、鯒科、雀鯛科和大多數鯛科魚類為先雄後雌。只有少部分魚類可永久保持雌雄同體。

二 魚類的二次性徵

1. 生殖器

軟骨魚類包括鮫、鰩、魟、鰆等，雄魚有明顯交尾器，雌魚則無。

2. 體形

花鱂科（胎鱂科）魚類雌魚體形比雄魚圓潤肥碩，體形較大，另一方面雄魚的背鰭及尾鰭比雌魚大；角鮟鱇科魚類雌魚的體形可比雄魚大 64 倍之多。

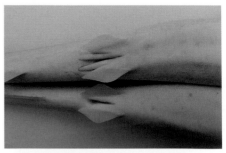

寬尾斜齒鯊雄魚及雌魚的生殖器，上雄下雌。

3. 形狀

　　珠櫻鮨雄魚第三背鰭棘會延長成絲狀；鯕鰍雄魚頭部隆起成方形；鉤吻鮭雄魚吻部會呈勾狀。

4. 顏色

　　在動物界中，雄性的體色一般都比雌性鮮艷，作為族群裡地位的象徵、同性競爭或吸引異性之用，魚類亦不例外。青點鸚嘴魚，雌魚為黃色，雄魚為青綠色；斷紋紫胸魚，雌性體側的上半與下半分別為灰褐色和乳白色，雄魚則是藍褐色和淡綠色。部分魚類在繁殖季節時會有婚姻色的表現，此特徵有機會出現在雌魚或雄魚，但以雄魚居多。婚姻色指動物在繁殖季節時，體色會出現與平常不一樣的顏色和斑紋。三刺魚雄魚在繁殖期時腹部會變紅。婚姻色有助魚類區分異性和誘發性行為，當繁殖期結束後便會恢復原有體色。

5. 特殊特徵

　　鯉科魚類或香魚的雄魚在成熟時，頭部會長出明顯小粒狀突起物，俗稱「追星」。

6. 育兒囊

　　海龍魚科魚類，雄魚因需孵化幼魚而擁有育兒囊，雌魚則無；剃刀魚科魚類，雌魚大而呈扇狀的腹鰭可作育兒囊，雄魚則無。

圖上的珠櫻鮨雄魚第三背鰭棘延長成絲狀；圖下為雌魚。

青點鸚嘴魚雌魚為黃色，雄魚為青綠色，上雌下雄。

台灣白甲魚雄魚頭上的追星（即魚眼前吻部的白色凸起物）。

三 魚類的繁殖方式

1. 卵生 (oviparity)

魚類交配後以產卵形式繁殖，均可稱為卵生魚類，大多數硬骨魚類是卵生魚類。其中卵生也分為體內受精和體外受精兩種，代表魚卵可以是在產卵前或後受精，以後者較多。部分魚類的雌魚還具有特別的生理功能，牠們能將雄魚的精液儲存於體內，以用作後期受精。研究顯示卵子在雌魚體內持續受精，代表其極有可能具有儲存精液以作後期受精的功能。

• 體內受精

體內受精的卵生魚類，魚卵受精位置於雌魚體內的輸卵管。這主要出現在軟骨魚類，當中包括豹紋鯊科、貓鯊科、鰩科等。

這些魚類，在交配過程中有親密接觸，雄魚會將交尾器插入雌魚體內，目的是將精包放到雌魚的輸卵管，精子再於雌魚體內跟卵子結合，完成受精，因此雄魚交尾器發達。受精卵由雌魚排出後能於水中直接孵化。

• 體外受精

體外受精的卵生魚類，魚卵受精位置不是於魚類體內。大部分硬骨魚類都以此方式繁殖，當中包括緋科、海龍魚科、鮨科等。

這些魚類，在繁殖過程中，雌魚和雄魚接觸相對沒體內受精者激烈。茴魚交配時，雌魚和雄魚會並排游動，雄魚會貼近雌魚抖動身體，刺激雌魚也開始抖動身體，兩者身體會向內側傾斜，目的是令兩者同時排精及排卵時，精子和卵子能馬上結合受精。

此外，有些魚類在繁殖過程中雌魚和雄魚不會有接觸。清水石斑魚繁殖時並沒有指定的配偶，雌魚及雄魚以群落形式，集體排卵和排精，卵子與精子於開放水域中相遇，結合而受精，此時水體會因精液而變得白濁。

2. 卵胎生 (ovoviviparity)

魚類交配後，受精卵於雌魚體內依靠卵黃的營養發育，非依靠雌魚提供營養，均可稱為卵胎生魚類。卵胎生魚類的受精卵於雌魚體內受精，產下的稚魚已具自泳

能力。但是否有魚類以卵胎生形式繁殖，至今在科學界仍爭持不下，關鍵在於卵胎生的定義[1]上。

在硬骨魚類中，水族產業頗有名氣的孔雀魚和大肚魚，均是卵胎生魚類，當胚胎已發育成稚魚，卵黃完全被吸收後，便由雌魚產出。大肚魚妊娠期約一個月，一胎可產約 30 尾或以上的稚魚。

3. 胎生 (viviparity)

魚類交配後，受精卵於雌魚體內依靠雌魚所提供的營養發育，非依靠卵黃提供營養，均可稱為胎生魚類。胎生魚類的受精卵會於雌魚體內受精，產下的稚魚具自泳能力。只有少數軟骨魚類為胎生魚類。

灰星鯊胎兒具卵黃囊胎盤，與雌魚子宮壁相連接，具有臍帶給雌魚供應營養。妊娠期約為 10 個月，大多於 4 月和 5 月分娩，剛出生的幼鯊體長約 28 厘米，一胎可產約 5 至 16 尾幼鯊。有一些胎生魚類會於雌魚子宮內食用魚卵或其他胎兒以獲取養分，也有胎兒會在雌魚的卵巢或子宮內吸取周圍的液體中的養分。

四 魚類的護幼行為

護幼行為主要分為兩種，分別是藉委託於其他生物和親魚親自保護。部分魚類產卵後，會保護魚卵直至孵化或更久。護幼行為大多出現於卵生，且魚卵屬沉性卵[2]的魚類，產浮性卵[3]者除少數魚類如鱧科魚類會護幼外，其他大多不會護幼。一些卵胎生魚類如花斑劍尾魚，不但沒護幼行為，更會殘食剛產下的幼魚。

1 這是一個非常複雜的問題，因我們很難確定幼魚在母魚體內有否攝取到母魚的任何養分，只要有，不管多或少，牠都不屬於卵胎生。有科學家認為世界上並不存在卵胎生魚類，即使像孔雀魚或大肚魚，很難確定有幼魚在母魚體內吸收完卵黃的營養後，會繼而吸收由母魚提供的養分。而的而且確剛出生的花鱂科（胎鱂科）的幼魚，比起一般剛從魚卵孵化的幼魚體形大上許多，因此在發育期中或許不只吸收了卵黃的營養，更有從母魚身上吸取養分。

2 沉性卵分黏著型、附著型及分離型。黏著型及附著型的魚卵能固定在特定位置，便於親魚守候在旁並照顧；分離型的魚卵僅會下沉且不規則的散落在底床，並無固定在特定位置的功能，但依然能讓親魚撿拾繼而進行口孵。

3 因浮性卵會浮游在水中，除了絲足鱸科及鱧科會以泡沫固定魚卵並加以照顧外，其他浮性卵一律散佈在水中，親魚難以照顧。

1. 委託於其他生物

親魚不會親自保護魚卵，會將魚卵委託於其他生物照顧且孵化。

來自非洲坦干依喀湖的密點歧鬚鮠，會在其他口孵慈鯛交配時，混入自己的魚卵，魚卵會於慈鯛的雌魚口中孵化，鮠魚的稚魚甚至會把雌魚口中的慈鯛魚卵或稚魚吃掉；高體鰟鮍雌魚擁有細長的產卵管，於繁殖時伸入河蚌內產卵，魚卵孵化後幼魚會繼續留在河蚌內直至卵黃完全被吸收，期間藉河蚌呼吸時獲得氧氣。

2. 親魚親自保護

親魚會親自保護魚卵，直至魚卵孵化。

藍黑新雀鯛會守候在魚卵旁，以追啄方式趕走靠近的生物，在魚卵孵化期間亦會清潔和啄食壞死的魚卵；來自非洲馬拉威湖的克氏美色麗魚，雌魚會以口孵方式孵化及保護魚卵，當幼魚卵黃完全消失，擁有自泳能力後，雌魚不會馬上離開幼魚，幼魚若受到威脅或追捕，可馬上回到雌魚口中獲得保護。

正在口孵的蒼奇非鯽雌魚

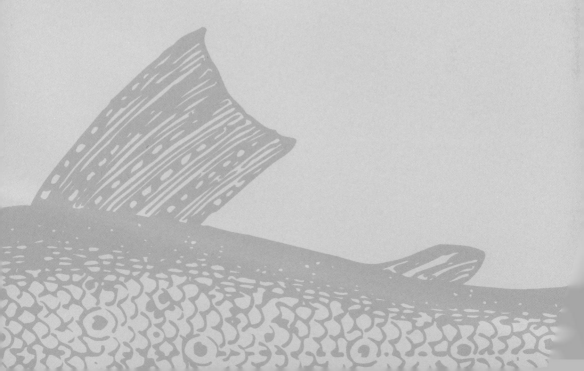

第五章

魚類棲息
的水域與環境

水生生境百態，每種魚類都會按照其習性，選擇適合自身的棲息環境，部分魚類亦因條件限制而被迫適應環境，從高山溪流至海洋深處，從熱帶溫泉至極寒冰洋，都分佈著魚類的蹤影。目前魚類棲息場所主要分為淡水及海洋兩大類，各自擁有不同的環境，孕育著各種魚類。

一 淡水魚類

廣義上指只要某魚種在生活史中，會出現在淡水水域，即使是海水種類但因生活習性關係進入河口或淡水水域，都可稱為淡水魚類。而淡水魚類可以按照其對鹽度的忍耐能力及生活史分為四大類：

1. 初級淡水魚類

指純淡水魚類，對鹽度的忍耐能力差，終生只棲息在鹽度不超過0.5%的淡水中，主要棲息環境包括河川上游、湖泊、池塘、平地溝渠、引水道、河川支流等，本港常見的初級淡水魚類包括爬鰍科及部分鯉科魚類。

2. 次級淡水魚類

廣義上指對鹽度較有適應能力的淡水魚類，主要棲息環境包括河川中下游、溪池、引水道等，本港常見的次級淡水魚類包括麗魚科、花鱂科（胎鱂科）及部分鰕虎魚科魚類。

3. 周緣性淡水魚類

• 降海型

指主要棲息在淡水卻會於繁殖期間降海的魚類，孵化後之仔稚魚[1]會於河口或鹽度較低的海岸漂浮，稱為海洋浮游期，再上溯回到河川中棲息與成長。本港常見的降海型周緣性淡水魚類有鰻鱺科魚類。

• 溯河型

指主要棲息在淡水並於淡水進行繁殖的魚類，孵化後之仔稚魚會隨水流沖至河口區域，並會於河口或海岸漂浮，成長至有足夠游泳能力溯河時方會洄游至河川的純淡水區域生活以至繁殖。本港常見的溯河型周緣性淡水魚類包括香魚及枝牙鰕虎等。

1　仔稚魚指仔魚期及稚魚期，大多統稱仔稚魚。仔魚期指魚卵孵化後至卵黃被完全吸收的時期，此時魚體呈透明，僅有微弱的活動能力；稚魚期則指魚體不再透明，身上色素細胞開始呈現顏色，魚鱗跟魚鰭也開始長出的時期。兩種階段的仔稚魚都會於河口或鹽度較低的海岸漂浮。

河口的魚種多樣性豐富。

4. 偶發性淡水魚類／河口區（汽水域[2]）魚類

　　指大部分時間均棲息在海洋，但會因覓食、產卵，或隨水流而非迴游性的進入河口的魚類，主要棲息環境包括河川下游的河口、紅樹林或泥灘濕地等，本港常見的偶發性淡水魚類包括鯛科、笛鯛科、鯔科、鰏科及鮋科等魚類。

二 海洋魚類

　　廣義上指棲息在海洋中的魚類。海洋中的棲地環境多樣，以下舉例香港海域主要的棲地類型：

1. 潮間帶

　　潮間帶指受潮汐影響，在漲潮時遭淹沒但退潮時會露出的海岸部分。潮間帶的生境包括沙灘、泥灘、紅樹林、岩礁底質、砂石底質等，棲息在潮間帶的魚類包括鰕科、海龍科及雀鯛科等魚類。

2　汽水域指半鹹淡水，即鹹淡水交界的的水域，大多位於河海交匯處。

2. 岩礁區

　　指並無珊瑚生長及覆蓋的礁石區域，棲息在岩礁區的魚類包括海鱔科、鮋科、鮨科及石鯛科等魚類。

3. 珊瑚礁區

　　指有珊瑚生長及覆蓋的礁石區域，棲息在珊瑚礁區的魚類包括蝴蝶魚科、刺蓋魚科、鸚嘴魚科及刺尾魚科等魚類。

平靜的海灣是幼魚的棲所。

4. 砂泥底區

　　指海床底質為砂泥的區域，棲息在砂泥底區的魚類包括魟科、鱝科、鰍科及牙鮃科等魚類。

5. 礁砂混合區

　　指海床混合了硬底質之礁石及軟底質之砂泥的區域，棲息在礁砂混合區的魚類較多，包括仿石鱸科、銀鱸科、天竺鯛科、羊魚科、單角魨科及魨科等魚類。

6. 大洋表層

　　指海洋的表層的開放式水域，棲息在大洋表層的有鱵鱵科、鰺科、䲠科及鯖科等魚類。

第六章

魚類分類

分類是人類在成長學習過程中，不經意實行到而我們卻沒有察覺的一種能力：我們會對不同的天氣進行分類，將下雨、雷暴歸類為壞天氣，晴天歸類為好天氣；電視、冰箱歸類為電器，沙發、餐桌歸類為家具；蘋果、香蕉歸類為水果，牛肉、豬肉歸類為肉類等。甚至我們心目中愛吃或不愛吃的餐廳，我們都把它們分門別類，這就是分類，它是日常生活以至科學的基礎。

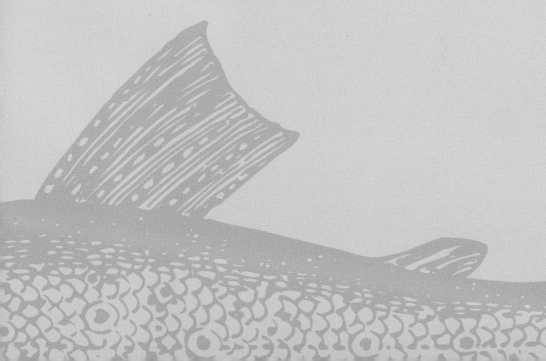

一 什麼是魚類分類學

生物分類是一門找出生物異同的科學，而魚類分類顧名思義便是在世界眾多魚類中，按照界 (kingdom)、門 (phylum/division)、綱 (class)、目 (order)、科 (family)、屬 (genus)、種 (species)，將類似的魚類歸納為一類，再從中把牠們分類成獨立物種，每個有效物種都具有獨特的形態特徵，以表示該物種與其他物種的差異。此外，有效物種的定義還包含可進行種內交配且生產出具有生育能力的後代，使其族群能持續繁衍下去。物種的分類方法主要有以下兩種：

1. 形態分類

按照生物外觀形態、骨骼及身體各部位的特徵作為分類依據的分類方法。以魚類為例，魚類各魚鰭的硬棘及鰭條數目、鰓耙形狀與數目、魚鱗的形態和排列方式、側線鱗片數目、脊椎骨數目、頭部感應孔數目與位置、牙齒的形狀和排列方式、體色與花紋等，都可作為形態分類的依據，以身體特徵作判斷標準將物種獨立地分開。

2. 分子分類

隨著基因定序因 PCR (polymerase chain reaction，聚合酶連鎖反應) 技術而取得突破，透過抽取並分析生物身體組織可取得其獨有的基因序列，繼而比較生物間的基因序列差異並以之為依據，可將生物明確分類及了解同一類群的親源關係，同時解決了部分形態分類的問題，例如因種內成長階段或性別特徵差異而造成的鑑定錯誤。

二 魚類分類學的意義

1. 海洋生物科學基礎

魚類分類學是眾多海洋生物科學的基礎。魚類在海洋脊椎動物中佔的數量最為龐大，是支撐海洋生物鏈重要的生物之一，故此如果要探討海洋生物之間的關係、物種洄游、攝食習性或更多深入的議題，分類會是首先需要了解的題目。

2. 保護物種

　　按照不同的物種在野外環境的數量及被利用的情況，立法機關可透過立法規管，包括以指定捕魚方法及定下捕魚配額作為有效控制捕獲量的方法，讓魚群有繁衍的機會，使漁業得以永續。此外，針對瀕危，或因過度捕捉而出現滅絕危機的物種，可經評估後以國際自然保護聯盟（International Union for Conservation of Nature, IUCN）的《瀕危物種紅色名錄》或《瀕危野生動植物種國際貿易公約》進行約束，以控制貿易對物種構成更大的威脅，詳見本書第九章。

3. 保護棲地

　　部分魚類只棲息在適合自身生存的特定棲地。以豆丁海馬為例，牠一生只會附著並棲息在固定的柳珊瑚上或柳珊瑚群落中，部分魚類也會棲息在特定的區域；又因各海域的物種多樣性不一樣，在設立保護區或開發某區域前，必須進行物種多樣性的評估，以作相對應的決定。假設某區域的物種多樣性及豐度都非常高，又具有生物繁殖地點及瀕危物種的棲息地等特質，在開發利用前，必須先慎重評估，甚至考慮是否該把特定區域設為保護區。

4. 物種存在的證據

　　世界上很多國家都有屬於自己的博物館及科研機構，提供資源針對當地的生物進行研究與保存，保存下來的生物標本可作為國家生物多樣性之指標證據。同時部分分類的研究成果為新物種的發表，這為生存在地球上的物種留下更多的資訊與證據，是大部分科學家的使命，也表現了人類對大自然的強烈求知慾望。

三 魚類分類的規範及命名

　　《國際動物命名規約》（International Code of Zoological Nomenclature, ICZN）是一套由國際動物命名法委員會負責修訂和解釋，用作規範動物命名的國際性學術規定。規約主要以英文和法文寫成，現時已被翻譯成多種語言，但僅原版具有實際效力，其他語言的版本僅為方便各國學者作參考使用。規約定立了動物學名命名的基本原則及語法，以及命名時有可能發生的情況如同物異名、同名異物等非正常命名現象的處理方式。此外，規約內容還包含科學家在命名物種的過程中需要遵守的學術倫理與禮儀。

二名法

目前動物的命名主要遵循卡爾·馮·林奈（英文名稱為 Carl Linnaeus，拉丁文則作 Carl von Linné）於 1753 年在《植物種志》（*Species Plantarum*）一書中為植物命名所提出的二名法 （又稱雙名法）。而《國際動物命名規約》中就首次將二名法的命名方式引入動物界。

二名法中的「二名」，代表著每個有效物種的學名由兩個部分組成，分別為屬名和種小名，兩者均需為拉丁語法化（或含希臘詞）的名詞，並以斜體表示。屬名首字母必須大寫，種小名則因為是形容詞故其首字母不需大寫。除了屬名和種小名外，一個完整的學名後面通常都會附帶命名者的姓氏及命名年份，若該物種後來被納入不屬於其原命名的屬，或學名經過改動時，命名者和命名年份則會以括號括起以作識別。

舉例：*Epinephelus tukula*（藍身大石斑魚，即香港俗稱的金錢䱽）中的 *Epinephelus* 為屬名，*tukula* 為種小名，是學者 Morgans, J. F. C. 於 1959 年命名並發表的物種。故此，完整的學名呈現應為 *Epinephelus tukula* Morgans, 1959。

縱帶長鱸在 1922 年由 Tanaka, Shigeho 命名，完整的學名為 *Pikea latifasciata* Tanaka, 1922，但後來因屬名 *Pikea* 被 *Liopropoma* 屬取代，因此縱帶長鱸現時有效的學名為 *Liopropoma latifasciatum*，完整的學名為 *Liopropoma latifasciatum* (Tanaka, 1922)。

針對不能確定種名的未定種，種小名會以 sp. 和 spp. 表示，即種 species 的縮寫，sp. 是單數，spp. 是複數；針對相似而有待考證的物種，屬名和種小名中間會加上 cf.，即 conformis 的縮寫。當學者研究發現一新物種時，會先確認新物種所屬的屬名，假設新物種是一種石斑魚，那學名會先以 *Epinephelus* sp. 來表示，如有很多新種石斑魚，則會以 *Epinephelus* spp. 來表示。此外，一些圖鑑也有可能出現 sp. 及 spp.，若照片中的物種只能憑肉眼辨認其所屬於的屬但無法判斷種時，種小名會以 sp. 表示，複數則以 spp. 表示。至於 cf. 的用法，假設有一種石斑魚與藍身大石斑魚長得很像，但卻擁有部分特徵上的差異，因此在無法確認該石斑魚是否與藍身大石斑魚相同時，學名會以 *Epinephelus* cf. *tukula* 來表示。

命名的過程

目前為新物種命名時，需要撰寫一份完整的學術報告，並通過相關領域的國際權威期刊的審核。報告主要需以研究成果證明新物種與其他物種的差異性，此外，亦需詳細記錄新物種的各項資訊，包括物種完整影像、形態特徵、棲地資訊、

採集地點、基因資訊、標本典藏資訊及為其命名的學名。新物種可以按照不同原因來命名，學者主要會從新物種的特徵、採集地點、人名或姓氏各標準之中，選其一來為新物種命名。在比較近代的文獻中，作者在撰寫新物種報告時，都會被要求加入語源學(etymology)，以解釋新物種的名字。而物種的中文名稱則有可能根據物種的英文名稱或拉丁學名作翻譯，舉例：*Chromis tingting* 的種小名「*tingting*」是作者為表揚母親的母愛而以母親的名字命名，但因作者為該新物種取了一個英文名稱：Moonstone chromis，因此該魚的中文名字會翻譯成月石光鰓魚，而非把拉丁學名翻譯；像種小名是「*chinensis*」或「*sinensis*」會被翻譯成中華XX魚；「*taiwanensis*」會被翻譯成台灣XX魚；「*japonicus*」會被翻譯成日本XX魚。此外，若某魚是按照其身上的花紋命名，像拉丁文「*quadri*」代表四，「*maculatus*」代表斑點，該魚的種小名若是「*quadrimaculatus*」，中文名稱會被翻譯成四斑XX魚。用姓氏或人名為物種命名，通常是為了表揚某學者對該生物族群的研究成果、精神或貢獻，亦曾有學者以親人的名字為新物種命名。有趣的是，學者在命名新物種時，不得使用學者本人的名字命名。

古代文獻中的魚名

在魚類的中文名稱當中，包含很多以「魚」為部首的字，像「鯔」、「鱝」、「鯤」等，其實早在公元100年的《說文解字》中已經有一百三十二個以「魚」為部首的文字，到了清朝的《康熙字典》更有六百二十三個，當中也已記載「鯔」、「鱝」、「鯤」等文字，同時對每個字略有解釋，例如「鯔」的一項說「似馬鮫而小」。

四 魚類樣本的採集方式

在進行魚類分類研究之前，樣本的取得非常重要，而針對樣本的取得方式，常見的有野外採集或市場購買。不同的採集方式各有優缺點，研究人員可按照需求選擇獲得樣本的方式。

手釣的採樣方式在眾多野外採集的方式裡相對較簡單，運氣與技術搭配下，有時會取得較少見的樣本。

1. 野外採集

野外採集的門檻可高可低，簡單的有如在海、溪邊採集，或是更進一步跟隨科研船至外海採集；無論是釣、網或魚槍打魚都可算是野外採集的方式。而親自於野外採集有相對較多的優點，採集者除了可觀察及收集到更多有關該物種的確實棲地資訊或其他有用的參考資訊外，若樣本是經由採集者第一手接觸且非使用具破壞性的採集方式，樣本的完整度相對會較高。此外，除了深海魚類或離水後容易死亡的魚類，採得的樣本大多處於活體狀態，因此其活體時的泳姿與體色可一併記錄。

部分非主流食用的魚類，在捕撈過程中被一併捕獲並流入市場，故此市場除了可購買食材外，也是一個收集樣本的好地方。

但野外採集並沒有想像中的簡單，不論是任何採集工具與手法，均需要一定的技術，若沒有相關的經驗，採集失敗的可能很大。此外，相比在市場購買樣本，野外採集需要的時間成本較高，還不一定有期待中的樣本數量。除非是以魚槍或手撈的方式，否則在利用各種籠、網具或釣法之下，很難高度精準地採集到需要的魚種，降低了採集的準確度，而很可惜地，使用魚槍或潛水手撈受水深限制，人體無法承受深水處過大的水壓，目前深潛手撈採集的水深上限約在 150 米左右。

值得注意的是，在野外進行採集時，除了需了解該區域採集的合法性及安全性外，亦需注意愛護環境、保護魚類的棲地及族群，避免因採集而導致對環境或魚類族群數目產生嚴重影響。

2. 市場購買

市場除了是日常購買料理食材的地方外，同時亦是取得樣本的好地方。市場是漁獲的集散地，無論是本地或外國地區，以不同形式捕獲的漁獲均會出現在市場，當中的魚類多樣性非常高，採集者可針對需要的魚種進行樣本購買，且可購得的數量或許相對較多，時間成本對比野外採集所花的低出許多。

但在市場採集有好處同時也有弊處，正因為漁獲的來源地及捕獲方式多元，部分捕撈方式會影響樣本的完整度，尤其是以拖網捕捉的魚類，鱗片脫落及魚鰭破損的情況特別嚴重，加上運輸過程中魚體之間的磨擦及鮮度的下降，導致樣本的狀態

參差，在挑選時要多加注意。此外，樣本的一些額外資訊未必準確，因為樣本經由漁民捕獲，再由不同路徑流入市場，故此魚販未必能精準的掌握樣本的來源地、捕獲水深、食性等資訊，有礙於了解更多有關樣本自身的資訊。

五 標本對魚類分類的重要性

　　樣本取得後，後續的工作便是將樣本變成標本。動物標本是分類學家在分類研究上重要的材料與證據，動物標本可讓研究人員對生物有更多的了解，包括身體結構、攝食喜好、棲息環境、壽命等。而當標本數量足夠時，學者更可透過比較及記錄標本獲得之數據，了解生物成長時身體結構的變化及趨勢。而保存妥當的標本，可用作研究的壽命非常長，能成為更多科學家研究與檢視的材料。目前世界各地均有不同的博物館或相關標本典藏單位，有系統地管理標本。

　　學者要發表尚未命名之新物種時，命名人（即學者）必須選取指定的標本，建立模式標本（type-specimens），模式標本代表並顯示該新物種的形態特徵，供以後的研究者參考與檢視。第一個選出的模式標本名為正模式標本（holotype）。正模式標本僅一尾，而除了正模式標本外，在新物種發表時所有引證的標本稱為副模式標本（paratype）。副模式標本可多於一尾。除了基本的正、副模式標本外，還包括isotype、syntype、neotype、topotype、lectotype 等不同的模式標本，在不同情況下引用作為物種研究的材料及證據。

研究人員在製作魚類標本前大多會將魚體所有魚鰭展開，並以大頭針固定於發泡膠板上，再於魚鰭上滴上適量的福爾馬林使其更為固定。

第七章

香港街市海魚圖鑑

圖鑑使用說明

Ⓙ **虱目魚、牛奶魚**

分佈地區 Ⓨ
印度太平洋的熱帶及亞熱帶海域。

Ⓚ 遮目魚 | 虱目魚 Ⓛ

Ⓜ 學名：*Chanos chanos* (Forsskål, 1775)

Ⓝ 英文名稱：Milkfish

Ⓞ 魚貨來源	本地養殖	境外養殖	**本地野生**	外地野生	Ⓟ 販賣方式	輪切	**全魚**	清肉	**加工品**	特別部位

Ⓠ 販賣狀態	活魚	**冰鮮**	急凍	乾貨	Ⓡ 價格	貴價	中等	**低價**	Ⓢ 市面常見程度	常見	**普通**	少見	罕見

Ⓣ 主要產季：全年有產

Ⓤ 烹調或食用方式：肉質一般，味鮮，小骨極多，魚腹油脂豐富，嫩滑甘香，可清蒸、打成魚蛋或滾湯。

Ⓥ

遮目魚是香港水域偶見的大型魚類，非本地漁業主要捕捉目標，多以流刺網方式捕獲，磯釣或筏釣偶有釣獲。市售個體約斤裝，主要是台灣的養殖魚（圖一）。東南亞地區的虱目魚養殖業發達，除捕苗養殖外，人工繁殖亦已成功。廣鹽性魚類，可接受純淡水，常伴隨著烏頭出沒。香港食用虱目魚的文化不甚流行，反之在台灣是家喻戶曉的魚種，各個部位如魚頭、魚腹、魚背、魚腸等均有販賣，亦有整尾已去骨的出售。此外還會製成罐頭、魚乾、魚漿等加工品。

Ⓦ

圖一

Ⓧ 最大可達 1.8 米，重達 14 公斤，壽命可達約 15 年，幼魚素食性，成魚能接受肉類餌料，棲息於近海沿岸 0 至 80 米的淡水域、河口、礁區或砂泥底區。

鼠䱵目　GONORYNCHIFORMES
Ⓐ
Ⓑ
Ⓒ
遮目魚亞目 | 虱目魚亞目　CHANOIDEI
A1
B1
C1
遮目魚科 | 虱目魚科　Chanidae
Ⓓ
Ⓔ
Ⓕ

A : 內地通用目的名稱 (order name)。

B : 台灣通用目的名稱。若台灣與內地名稱相同，只會顯示一個名稱。

C : 國際通用目的拉丁名稱。

A1 : 內地通用亞目的名稱 (suborder name)。

B1 : 台灣通用亞目的名稱。若台灣與內地名稱相同，只會顯示一個名稱。

C1 : 國際通用亞目的拉丁名稱。

D : 內地通用科的名稱 (family name)。

E : 台灣通用科的名稱。若台灣與內地名稱相同，只會顯示一個名稱。

F : 國際通用科的拉丁名稱。

G : 內地通用屬的名稱 (genus name)。

H : 台灣通用屬的名稱。若台灣與內地名稱相同，只會顯示一個名稱。

I : 國際通用屬的拉丁名稱。

J : 香港常用的俗名，或許多於一個。

K : 內地通用中文名稱。

L : 台灣通用中文名稱。若台灣與內地名稱相同，只會顯示一個名稱。

M : 學名，依二名法，「*Chanos*」為屬名 (genus name)，「*chanos*」為種名 (species name)，「Forsskål, 1775」為命名人及命名年份；若命名後學名有所更動，命名人及命名年份會以圓括號括起。

N : 國際通用的英文名稱 (common name)。

O : 魚種的來源地與生產方式：
　　1. 本地指香港水域範圍內；境外或外地指香港水域範圍外之鄰近水域或外地。
　　2. 養殖指透過人工養殖技術生產；野生指透過野外捕撈的方式生產。

P : 魚種於市面的可能販賣方式。

Q : 魚種於市面的可能販賣狀態。

R : 魚種販售價格的範圍。

S : 魚種於市面的常見程度。

T : 捕獲的季節，同時也代表在市面出現的季節。

U : 魚種肉質的簡單分析與推薦的烹調或食用方式。

V : 魚種的完整照片。

W : 魚種的介紹，包括魚種的捕捉方法、市售體形範圍、來源等。

X : 魚種的基本資料，包括最大體長、食性、棲息深度、棲息環境等。

Y : 全球野外分佈的範圍。

狗女鯊、狗鯊

條紋斑竹鯊 ｜ 條紋狗鯊

學名：*Chiloscyllium plagiosum* (Anonymous [Bennett], 1830)
英文名稱：Whitespotted bambooshark

分佈地區
印度西太平洋：印度、斯里蘭卡、新加坡、泰國、越南、印尼、台灣、菲律賓、日本等。

魚貨來源	本地養殖 境外養殖 **本地野生** 外地野生	販賣方式	輪切 **全魚** 清肉 加工品 特別部位
販賣狀態	**活魚** **冰鮮** 急凍 乾貨	價格　責價 中等 **低價**	市面常見程度　常見 普通 **少見** 罕見

主要產季：全年有產
烹調或食用方式：肉質軟綿，味淡，可配以蒜頭豆豉蒸。

條紋斑竹鯊是香港水域常見的中型鯊魚之一，非本地漁業主要捕捉目標，多以底拖網或一支釣方式捕獲，艇釣偶有釣獲。市售個體約斤裝（一斤左右的體形），產自本地或華南地區。卵生魚類，幼鯊出生時體長約 10 至 13 厘米，主要繁殖季節在 6 至 8 月。不會主動攻擊人類，惟口內具小尖齒（圖一），處理時須小心。本種在國際自然保護聯盟（International Union for Conservation of Nature, IUCN）的《瀕危物種紅色名錄》（詳見本書第九章）中被列為近危，表示其棲地可能正面臨破壞，或承受著捕撈的壓力，在不久的將來可能有瀕危的風險。大型水族館常有飼養用作展示，其卵鞘或幼鯊偶然於水族市場流通。
最大可達 95 厘米，壽命可達約 25 年，肉食性，棲息於近海沿岸 10 至 50 米的礁區。

圖一

竹鯊、尖鯊

寬尾斜齒鯊

學名：*Scoliodon laticaudus* Müller & Henle, 1838
英文名稱：Spadenose shark

分佈地區

印度西太平洋：索馬里、坦桑尼亞、莫桑比克、巴基斯坦、爪哇、日本、中國、澳洲等。

魚貨來源	本地養殖 境外養殖 **本地野生** **外地野生**	販賣方式	輪切 **全魚** 清肉 **加工品** 特別部位
販賣狀態	活魚 **冰鮮** 急凍 乾貨	價格 貴價 中等 **低價**	市面常見程度 常見 **普通** 少見 罕見

主要產季：全年有產
烹調或食用方式：肉質粗糙，味鮮，略帶尿騷味，可配以鹹酸菜煮，通常加工成魚蛋或魚漿食品。

寬尾斜齒鯊是香港水域常見的中小型鯊魚之一，非本地漁業主要捕捉目標，多以流刺網或延繩釣方式捕獲，艇釣偶有釣獲。市售個體由數兩至斤裝不等，產自本地或華南地區。胎生魚類，幼鯊出生時體長約13至15厘米。不會主動攻擊人類，惟口內具小尖齒（圖一），處理時須小心。市面偶有包括本種在內的新鮮小鯊魚鰭（魚翅）販賣。鯊魚在古時稱為沙魚或鮫，《然犀志》說：沙魚，古名鮫魚；一些古籍記載其「鱗皮有珠，可飾刀劍」，描寫了鯊魚身上的盾鱗。鯊魚觸感粗糙，處理時可先用熱水沖燙體表，再以刀或鋼絲刷刮除魚鱗。

圖一

最大可達1米，肉食性，棲息於近海沿岸10至50米的河口、砂泥底區或礁區。

雙髻鯊

路氏雙髻鯊｜路易氏雙髻鯊

學名：*Sphyrna lewini* (Griffith & Smith, 1834)
英文名稱：Scalloped hammerhead

分佈地區
全球的溫、熱帶海域。

魚貨來源	本地養殖 境外養殖 **本地野生** 外地野生	販賣方式	輪切 **全魚** 清肉 **加工品** 特別部位
販賣狀態	活魚 **冰鮮** 急凍 乾貨	價格 貴價 中等 **低價**	市面常見程度 常見 **普通** 少見 罕見

主要產季：全年有產
烹調或食用方式：肉質粗糙，味鮮，帶尿騷味，可配以鹹酸菜煮，通常加工成魚蛋或魚漿食品。

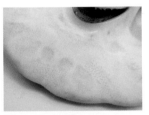

圖一

路氏雙髻鯊是香港水域偶見的大型鯊魚之一，非本地漁業主要捕捉目標，多以流刺網或延繩釣方式捕獲，艇釣偶有釣獲。市售個體由數兩至斤裝不等，產自本地或華南地區。胎生魚類，一胎約能懷約十二至四十一尾幼鯊，妊娠期約九至十個月，幼鯊出生時體長約 39 至 57 厘米。本種屬於《瀕危野生動植物種國際貿易公約》（又名《華盛頓公約》，英文名稱 Convention on International Trade in Endangered Species of Wild Fauna and Flora，簡稱 CITES，詳見本書第九章）中附錄二的物種，代表其族群數量稀少，須有效管制，同時在 IUCN 的《瀕危物種紅色名錄》中被列為極危。外貌獨特，大型水族館常有飼養用作展示。與其他鯊魚一樣，頭部佈有大量稱為勞倫氏壺腹的感應孔（圖一），用作感應水流或電流。遭受威脅時具有攻擊性，潛水觀察時不宜主動騷擾。

最大可達 4.3 米，重達 152.4 公斤，壽命可達約 35 年，肉食性，棲息於近海沿岸 0 至 1000 米（主要棲息深度為 0 至 25 米）的河口、砂泥底區、礁區或大洋。

黃鯆、鯆魚、魔鬼魚

黃魟

學名：*Hemitrygon bennettii* (Müller & Henle, 1841)
英文名稱：Bennett's stingray

魚貨來源	本地養殖	境外養殖	**本地野生**	外地野生		販賣方式	輪切	**全魚**	清肉	加工品	**特別部位**

販賣狀態	活魚	**冰鮮**	急凍	乾貨		價格	貴價	**中等**	**低價**		市面常見程度	常見	**普通**	少見	罕見

主要產季：全年有產，夏季產量較多
烹調或食用方式：主要食用部位為胸鰭，即鯆翼，肉呈絲狀，軟綿嫩滑，略帶腥味，可配以
蒜頭豆豉蒸或燒烤醬烤焗，身體其餘部分肉少難取。

黃魟是香港水域常見的中型鯆魚之一，以「黃鯆」作稱呼的還包括赤魟（*H. akajei*），本港常見的鯆魚亦包括俗稱黑鯆的邁氏條尾魟（*Taeniurops meyeni*）和俗稱尖嘴鯆的尖嘴魟（*H. zugei*）。鯆魚非本地漁業主要捕捉目標，多以拖網方式捕獲，艇釣、沉底釣法或重磯釣法偶有釣獲。市售個體由半斤至十餘斤不等，產自本地或華南地區。大多鯆魚在靜止時會以沙覆蓋身體作掩護，尾鰭背面具毒棘，毒性能致命；棘刺數目或不止一根，視乎物種而會有所差異，處理時須小心。在分類上，本種的屬名（genus name）在 2016 年由 *Dasyatis* 改成 *Hemitrygon*。
最大可達 50 厘米，肉食性，棲息於近海沿岸 5 至 100 米的河口或砂泥底區。

雪花鷹鯆、鷹嘴鯆魚、魔鬼魚

分佈地區

全球的溫、熱帶海域。

納氏鷂鱝

學名：*Aetobatus narinari* (Euphrasen, 1790)
英文名稱：Spotted eagle ray

魚貨來源	本地養殖 **境外養殖** **本地野生** 外地野生	販賣方式	輪切 **全魚** 清肉 加工品 **特別部位**
販賣狀態	活魚 **冰鮮** 急凍 乾貨	價格　貴價 **中等** 低價	市面常見程度　常見 普通 少見 **罕見**

主要產季：全年有產
烹調或食用方式：主要食用部位為胸鰭，即鯆翼，軟綿嫩滑，略帶腥味，可以蒜頭豆豉蒸或淋上燒烤醬烤焗。

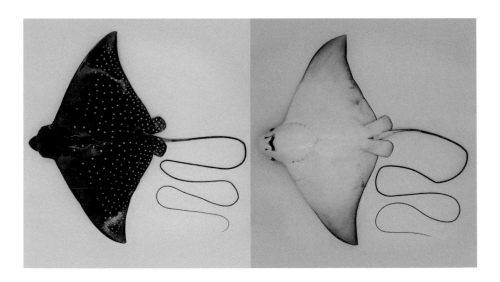

納氏鷂鱝是香港水域偶見的大型鯆魚之一，非本地漁業主要捕捉目標，大多是拖網或流刺網漁法的混獲，磯釣偶有釣獲。市售主要以大型個體為主，一般超過十斤，產自華南地區。卵胎生，一胎可誕下約二至四尾幼魚。屬於大型觀賞魚類，觀賞價值遠比食用價值高，各國大型水族館內多有飼養，香港的水族館於 2018 年人工繁殖成功。雖然活體價格不菲，惟飼養技術及空間要求甚高，在各種限制下，一般視作普通漁獲流入市面。捕獲量少，於市面上罕見。尾鰭背面具毒棘，毒性能致命，處理時須小心。在 IUCN 的《瀕危物種紅色名錄》中被列為近危。

最大可達 3.3 米，重達 230 公斤，肉食性，以貝類為主，棲息於近海沿岸 1 至 80 米的砂泥底區或開放水域。

爛肉梭、哽死貓、法國馬友

大眼海鱧

學名：*Elops machnata* (Forsskål, 1775)
英文名稱：Ladyfish

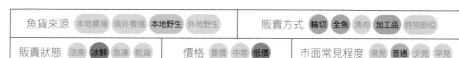

魚貨來源	本地養殖 境外養殖 **本地野生** 外地野生	販賣方式	**輪切** **全魚** 清肉 **加工品** 特別部位

販賣狀態	活魚 **冰鮮** 急凍 乾貨	價格	貴價 中等 **低價**	市面常見程度	常見 **普通** 少見 罕見

主要產季：全年有產，春、夏季產量較多
烹調或食用方式：未煮熟時軟爛易壞，煮熟後肉質粗糙，味腥多骨，可曬成鹹魚，製成魚蛋、魚餅或炒成魚鬆。

大眼海鱧是香港水域常見的大型魚類，非本地漁業主要捕捉目標，多以圍網或流刺網方式捕獲，假餌釣或艇釣常有釣獲，是假餌釣的目標魚種之一。市售個體由半斤至數斤不等，產自本地。魚鱗容易脫落，離水後存活時間短。小型個體經常出沒於河口，成魚大多棲息於近岸水域。因味腥多骨，新鮮時肉質軟爛易壞，市場接受程度較低，故此價格低廉。本種的中文名稱為大眼海鱧，而「大眼海鱧」一名同時是大海鱧 (*Megalops cyprinoides*) 的俗名，兩者在名稱上容易混淆。

最大可達 1.2 米，重達 10.8 公斤，肉食性，棲息於近海沿岸 1 至 30 米河口、礁區或砂泥底區。

大眼海鰱、哽死貓

大海鰱

學名：*Megalops cyprinoides* (Broussonet, 1782)
英文名稱：Tarpon

魚貨來源	本地養殖 境外養殖 **本地野生** 外地野生	販賣方式	輪切 **全魚** 清肉 **加工品** 特別部位
販賣狀態	活魚 **冰鮮** 急凍 乾貨	價格　貴價 中等 **低價**	市面常見程度　常見 普通 **少見** 罕見

主要產季：全年有產，夏季產量較多
烹調或食用方式：未煮熟時軟爛易壞，煮熟後肉質粗糙，味腥多骨，可曬成鹹魚。

大海鰱是香港水域常見的大型魚類，非本地漁業主要捕捉目標，多以圍網或流刺網方式捕獲，前打釣或假餌釣偶有釣獲，是假餌釣的目標魚種之一。市售個體由十多兩至斤裝不等，產自本地。廣鹽性魚類[1]，常於河口甚至淡水域出沒，能忍受略有污染的水質，可利用泳鰾當作輔助呼吸器官，因此可生存在溶氧量較低的水域。肉粗骨多，食用價值不高，於本地市場流通性低。偶有中小型個體在淡水觀賞水族市場流通。世界目前僅兩種大海鰱科魚類，除本種外，另一種為分佈於大西洋海域的大西洋海鰱（*M. atlanticus*），其體形龐大，可達 2.4 米，是外國灘釣或飛蠅釣的目標魚種之一。

最大可達 1.5 米，重達 18 公斤，壽命可達約 44 年，肉食性，棲息於近海沿岸 1 至 50 米的河口或砂泥底區。

1　廣鹽性魚類指能生存於鹽濃度有著一定廣度變化的水體的魚類，牠們能透過調節自身的滲透壓適應不同鹽濃度的水體，使牠們能於淡水、半鹹淡水或海水中穿梭。

北梭魚

圓頜北梭魚｜圓頜狐鰮

學名：*Albula glossodonta* (Forsskål, 1775)
英文名稱：Roundjaw bonefish

魚貨來源	本地養殖 境外養殖 **本地野生** 外地野生	販賣方式	輪切 **全魚** 清肉 加工品 特別部位
販賣狀態	活魚 **冰鮮** 急凍 乾貨	價格　貴價 中等 **低價**	市面常見程度　常見 普通 **少見** 罕見

主要產季：全年有產，春、夏季產量較多
烹調或食用方式：未煮熟時軟爛易壞，煮熟後肉質粗糙，味鮮多骨，可滾湯。

圓頜北梭魚是香港水域偶見的中型魚類，非本地漁業主要捕捉目標，多以拖網或流刺網方式捕獲，灘釣偶有釣獲。市售個體由數兩至斤裝不等，產自本地，惟捕獲量少，於市面十分少見。食用價值不高。北梭魚科魚類在外國是休閒釣遊的目標魚種之一，

圖一

可在清澈的沙灘用肉眼尋得魚群後，以飛蠅釣釣法捕捉，釣獲後大多放生。東海北梭魚（*A. koreana*）（圖一）為另一種市售北梭魚。

最大可達 90 厘米，重達 8.6 公斤，肉食性，棲息於近海沿岸 0 至 40 米的砂泥底區。

泥婆、油𩽖

勻斑裸胸鱔 ｜ 雷福氏裸胸鯙

學名：*Gymnothorax reevesii* (Richardson, 1845)
英文名稱：Reeve's moray

分佈地區

西太平洋：日本南部、南中國海等。

魚貨來源	本地養殖	境外養殖	**本地野生**	**外地野生**		販賣方式	**輪切**	**全魚**	清肉	加工品	特別部位

販賣狀態	**活魚**	**冰鮮**	急凍	乾貨	價格	**貴價**	**中等**	**低價**	市面常見程度	常見	**普通**	少見	罕見

主要產季：全年有產
烹調或食用方式：肉質嫩滑，魚皮富膠質，小刺略多，可以蒜頭豆豉蒸，大型者可配以枝竹、腩肉等材料炆。

勻斑裸胸鱔是香港水域常見的中大型魚類，大型油𩽖是本地漁業主要捕捉目標，多以一支釣或籠具方式捕獲，沉底釣法常有釣獲。市售個體由十餘兩至數斤不等，產自本地或華南地區。小型者以全魚形式販賣，大型者則會斬件或輪切，體形愈大價格愈貴。生命力強，離水後存活時間長，會到處鑽動，遇到危險時會蜷曲身體以利逃脫。牙齒鋒利，咬合力強，喉部具有能伸縮的咽喉齒，處理時須小心。油𩽖在生態上扮演重要角色，其攝食對象包括腐肉如大型海洋生物的屍體，是海中清道夫，亦因食性令其在坊間有各種真假難辨的靈異傳聞，可說是地區性的特有文化。小裸胸鱔（*G. minor*）（圖一）為另一種市售的海鱔科魚類，俗稱環紋花𩽖，體形一般較小。最大可達70厘米，肉食性，棲息於近海沿岸1至55米的礁區，會藏身於石縫。

圖一

花鰽

蠕紋裸胸鱔 ｜ 蠕紋裸胸鯙

學名：*Gymnothorax kidako*（Temminck & Schlegel, 1846）
英文名稱：Kidako moray

魚貨來源	本地養殖　境外養殖　**本地野生**　**外地野生**	販賣方式	**輪切**　**全魚**　清肉　加工品　特別部位

販賣狀態	**活魚**　**冰鮮**　急凍　乾貨	價格	貴價　**中等**　低價	市面常見程度	常見　**普通**　少見　罕見

主要產季：全年有產
烹調或食用方式：肉質嫩滑，魚皮富膠質，可以蒜頭豆豉蒸，大型者可配以枝竹、腩肉等材料炆。

蠕紋裸胸鱔是香港水域偶見的大型魚類，是本地漁業主要捕捉目標，多以一支釣或籠具方式捕獲，沉底釣法偶有釣獲。市售個體由十餘兩至十餘斤不等，產自本地或華南地區。小型者以全魚形式販賣，大型者則會斬件或輪切，體形愈大價格愈貴。特徵及生態角色與泥婆（油鰽）相同，惟花鰽之最大體長大於前者。產量較少，市售個體以大型者為主，偶見於高級海鮮店。視乎產地，腹腔或有強烈腥臭味，宜在新鮮時去除內臟。
最大可達91.5厘米，肉食性，棲息於近海沿岸2至350米的礁區，會藏身於石縫。

骨鮀、硬骨龍

長尾彎牙海鱔 ｜ 長鯙

學名：*Strophidon sathete* (Hamilton, 1822)
英文名稱：Slender giant moray

分佈地區
印度西太平洋：
紅海、非洲東岸
等。

魚貨來源	本地養殖 境外養殖 **本地野生** 外地野生		販賣方式	輪切 **全魚** 清肉 加工品 特別部位

販賣狀態	活魚 **冰鮮** 急凍 乾貨	價格	貴價 **中等** 低價	市面常見程度	常見 普通 **少見** 罕見

主要產季：全年有產，秋、冬季產量較多
烹調或食用方式：肉質嫩滑，魚皮富膠質，小刺略多，可以蒜頭豆豉蒸。

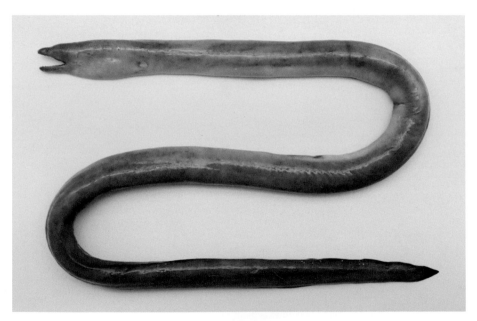

長尾彎牙海鱔是香港水域偶見的大型魚類，非本地漁業主要捕捉目標，多以拖網或延繩釣方式捕獲，艇釣偶有釣獲。市售個體由數兩至十多斤不等，產自本地或華南地區。生命力強，離水後存活時間長，會到處鑽動，遇到危險時會蜷曲身體以利逃脫。產量不多，雖然身體十分延長，但小型者卻不像油鮀般多肉，故售價不高，當作雜魚販賣。外貌與俗稱骨鱔的豆齒鰻類相似，但本種與油鮀一樣具尖齒，口大，咬合力強，處理時須小心。台灣學者研究發現本屬（genus）在台灣目前一共包含四個物種，其中一種於 2020 年發表，不排除香港分佈不止一種彎牙海鱔。

最大可達 4 米，肉食性，棲息於近海沿岸 1 至 300 米的河口或砂泥底區。

骨鱔

雜食豆齒鰻 ｜ 波路荳齒蛇鰻

學名：*Pisodonophis boro* (Hamilton, 1822)
英文名稱：Rice-paddy eel

分佈地區

印度太平洋：索馬里、印度、斯里蘭卡、玻里尼西亞、日本、澳洲等。

魚貨來源	本地養殖	境外養殖	本地野生	**外地野生**		販賣方式	輪切	**全魚**	清肉	加工品	特別部位

販賣狀態	活魚	**冰鮮**	急凍	乾貨	價格	貴價	中等	**低價**	市面常見程度	常見	普通	**少見**	罕見

主要產季：全年有產
烹調或食用方式：肉質細緻，大型者可清蒸，或可用於浸酒或燉湯。

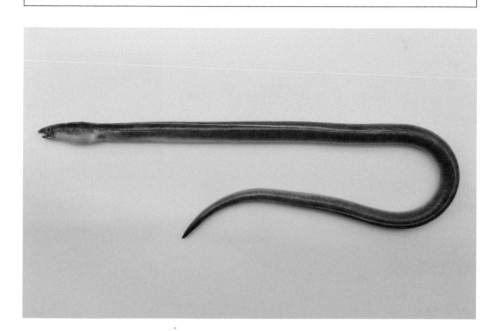

雜食豆齒鰻是香港水域常見的中大型魚類，非本地漁業主要捕捉目標，多以拖網方式捕獲，艇釣或投釣常有釣獲。市售個體約數兩，產自本地或華南地區。生命力強，離水後存活時間長，會到處鑽動。身體尾端尖銳且堅硬，用作於砂泥質海床挖穴棲息。大型者於香港少見，體形愈大價格愈高，在內地及台灣常使用本屬（genus）魚類浸酒或燉湯，被認為對補腰有藥用功效，惟香港常見主要為小型個體，大多以下雜魚方式處理。

最大可達1米，肉食性，棲息於近海沿岸2至30米的河口或砂泥底區，偶然會進入淡水。

鰻鱺目 ｜ 鰻形目 ANGUILLIFORMES

蛇鰻科 Ophichthidae

門鱔、青門鱔

海鰻｜灰海鰻

學名：*Muraenesox cinereus* (Forsskål, 1775)
英文名稱：Daggertooth pike conger

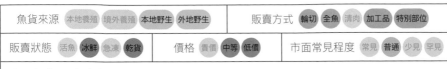

分佈地區

印度西太平洋：紅海、波斯灣、印度西岸、斯里蘭卡、斐濟群島、吐瓦魯、日本、韓國、澳洲北部等。

魚貨來源	本地養殖 境外養殖 **本地野生** **外地野生**	販賣方式	**輪切** **全魚** 清肉 **加工品** 特別部位
販賣狀態	活魚 **冰鮮** 急凍 **乾貨**	價格	貴價 **中等** 低價
	市面常見程度	常見 **普通** 少見 罕見	

主要產季：全年有產

烹調或食用方式：肉質細緻，味鮮，小刺略多，小型者可配以蒜頭豆豉蒸或滾湯，大型者輪切後可清蒸，或起肉後以骨切法[1]將骨絲切斷，炆或炒球均可。此外大型者亦可曬成門鱔乾，清蒸、炒、炆或煮煲仔飯均合適。

圖一

海鰻是香港水域常見的大型魚類，也是本地及華南一帶漁業主要捕捉目標，多以延繩釣方式捕獲，小型者則以拖網捕獲，艇釣或沉底釣法偶有釣獲。市售個體由數兩至十多斤不等，產自本地或華南地區。牙齒鋒利，咬合力強，為免釣線被咬斷，漁民大多會以鋼絲作釣（圖一）。遇到危險會變得具攻擊性，處理時須小心。門鱔除了以冰鮮形式販賣，亦會製成罐頭或魚蛋等加工品，此外體形大者的氣鰾會曬成花膠（門鱔膠），魚身亦可曬成門鱔乾，本地大多開邊曬，內地則會切成圓網狀曬乾。

最大可達 2.2 米，壽命可達 15 年，肉食性，棲息於近海沿岸 20 至 800 米的河口或砂泥底區，偶然會進入淡水水域。

1　日本針對多骨絲的魚種而衍生的處理手法，目的將骨絲切斷，使魚肉較容易入口，骨絲也能被咬碎，與鯪魚球中的碎骨有異曲同工之妙。

曹白

鰳｜長鰳

學名：*Ilisha elongata* (Anonymous [Bennett], 1830)
英文名稱：Slender shad

分佈地區

印度太平洋：印度、馬來西亞、印尼、日本、韓國、俄羅斯等。

魚貨來源	本地養殖	境外養殖	**本地野生**	**外地野生**		販賣方式	輪切	**全魚**	清肉	加工品	特別部位

販賣狀態	活魚	**冰鮮**	急凍	**乾貨**	價格	貴價	**中等**	低價	市面常見程度	**常見**	普通	少見	罕見

主要產季：全年有產，春季產量較多
烹調或食用方式：肉質細緻，味鮮多骨，可以骨切法將骨絲切斷清蒸，或醃鹹後以薑絲清蒸，亦可曬成鹹魚。

鰳是香港水域常見的中型魚類，是本地及華南一帶漁業主要捕捉目標，多以圍網或流刺網方式捕獲，岸磯或假餌釣偶有釣獲。市售個體約斤裝，產自本地或華南地區。離水後存活時間短，魚鱗容易脫落。腹緣具有稜鱗，鱗的下緣尖而突出，排列呈鋸狀，故稱為鋸腹鰳（圖一），處理時須小心。《本草綱目》中有提及曹白與鰳魚長相相似，兩者可從頭形分辨。內地坊間諺語「四月鰳魚勿刨鱗」指曹白4月最為肥美，不刨鱗烹調為佳。曹白鹹魚在眾多鹹魚中頗為有名，香氣略勝其他用作曬鹹魚的石首魚科魚類。

圖一

最大可達60厘米，幼魚浮游生物食性，成魚肉食性，棲息於近海沿岸5至20米的河口或砂泥底區之中表層。

鳳尾魚

七絲鱭

學名：*Coilia grayii* Richardson, 1845
英文名稱：Seven filamented anchovy

分佈地區

印度太平洋：東海、黃海、渤海、南海等。

魚貨來源	本地養殖 境外養殖 **本地野生** 外地野生	販賣方式	輪切 **全魚** 清肉 **加工品** 特別部位

販賣狀態	活魚 **冰鮮** 急凍 乾貨	價格	貴價 中等 **低價**	市面常見程度	常見 **普通** 少見 罕見

主要產季：冬末及春季

烹調或食用方式：肉質細緻嫩滑，小骨略多，體薄肉少，可清蒸或油炸；其卵巢稱鳳尾子，曬乾後可鋪在飯上蒸熟。

七絲鱭為香港水域偶見的小型魚類，是本地及華南一帶漁業主要捕捉目標，多以流刺網或拖網方式捕獲，於本港水域甚少有釣獲紀錄。市售個體約數兩，產自本地或華南地區。離水後存活時間短，魚鱗容易脫落，能依照身體上魚鱗的多寡來判斷新鮮度，新鮮者身體佈有較多

圖一

魚鱗（圖一）。為於淡水出生，並於海洋長大的魚類，成魚會溯河產卵。七絲鱭在內地和港澳有名的原因莫過於鳳尾魚罐頭，上世紀七、八十年代鳳尾魚產量甚多，最馳名的產地為浙江的溫州，油炸後製成罐頭能避免漁獲太多，導致滯銷而變得不新鮮。罐頭鳳尾魚能連骨吞嚥，美味之餘十分好伴飯，是在香港有名的特色產品。市面的鳳尾魚約有兩種，除本種外還有鳳鱭（*C. mystus*），兩者只能憑鱗列及鰭絲的數目不同作分辨。

最大可達25厘米，浮游生物食性，棲息於近海沿岸0至20米的湖泊、中國內地的大江河、鹹淡水交界或內灣。

公魚

印度側帶小公魚

學名：*Stolephorus indicus* (van Hasselt, 1823)
英文名稱：Indian anchovy

分佈地區

印度太平洋：紅海、南非、香港、澳州等

魚貨來源	本地養殖 境外養殖 本地野生 **外地野生**		販賣方式	輪切 **全魚** 清肉 加工品 特別部位
販賣狀態	活魚 **冰鮮** 急凍 **乾貨**	價格　貴價 中等 **低價**	市面常見程度	常見 **普通** 少見 罕見

主要產季：全年有產
烹調或食用方式：肉質細緻，小骨略多，可清蒸，魚乾可炒花生或辣椒成伴酒菜，或用作炒
餸提鮮的配料。

印度側帶小公魚是香港水域偶見的小型魚類，非本地漁業主要捕捉目標，多以圍網
或流刺網方式捕獲，大多是捕魚時的混獲，於本港水域甚少有釣獲紀錄，市售個體
約一、二兩，產自本地。常伴隨油鰮或鳳尾魚一同捕獲，大多曬成魚乾或當作下雜
魚販賣。其幼魚是台灣魩鱙漁業的重要漁獲物之一，水煮或曬乾後可作為各種菜餚
的配料。市售的公魚最少有三種，外貌極為相似，難以憑肉眼分辨，只能靠胸鰭與
腹鰭間小稜鱗數及鰓耙數不同作分辨。
最大可達15.5厘米，浮游生物食性，棲息於近海沿岸0至50米的海洋表層。

鯡形目　CLUPEIFORMES

鯷科　Engraulidae

黃姑

漢氏稜鯷

學名：*Thryssa hamiltonii* Gray, 1835
英文名稱：Hamilton's thryssa

分佈地區
印度西太平洋：
印度、緬甸、台
灣等。

魚貨來源	本地養殖	境外養殖	**本地野生**	外地野生		販賣方式	輪切	**全魚**	清肉	加工品	特別部位

販賣狀態	活魚	**冰鮮**	急凍	乾貨		價格	貴價	中等	**低價**		市面常見程度	常見	**普通**	少見	罕見

主要產季：全年有產
烹調或食用方式：肉質細緻，小骨略多，味腥，體薄肉少，可清蒸、油炸或曬成魚乾。

漢氏稜鯷是香港水域常見的小型魚類，非本地漁業主要捕捉目標，多以圍網、拖網
或流刺網方式捕獲，岸磯、艇釣或假餌釣常有釣獲。市售個體約數兩，產自本地。
離水後存活時間短，魚鱗容易脫落。因以吞水進行濾食的攝食方式，大多被釣上的
黃姑均有吞鉤（入扣）的現象。食用價值不高，多被用作飼料中魚粉的原料，或直接
投餵予肉食性養殖魚。市售的黃姑最少約有四至五種，外貌極為相似，難以憑肉眼
分辨，只能靠腹部稜鱗數及鰓耙數不同
來分辨。黃鯽（*Setipinna tenuifilis*）（圖
一）為另一種市售黃姑，產量較少，利
用方法類同。

最大可達 27 厘米，浮游生物食性，棲息
於近海沿岸 0 至 30 米的河口或海洋表
層。

圖一

西刀

寶刀魚

學名：*Chirocentrus dorab* (Forsskål, 1775)
英文名稱：Wolf-herring

分佈地區

印度太平洋：紅海、非洲東岸、所羅門群島、日本、澳洲等。

魚貨來源	本地養殖	境外養殖	**本地野生**	**外地野生**		販賣方式	輪切	**全魚**	清肉	加工品	特別部位

販賣狀態	活魚	**冰鮮**	急凍	乾貨		價格	貴價	中等	**低價**		市面常見程度	常見	普通	**少見**	罕見

主要產季：全年有產
烹調或食用方式：肉質一般，多骨，體薄肉少，可煎封或曬成鹹魚。

寶刀魚是香港水域偶見的中大型魚類，非本地漁業主要捕捉目標，多以拖網或流刺網方式捕獲，於本港水域甚少有釣獲紀錄。市售個體約數兩，產自本地或華南地區，產量不多。身體十分延長，外形酷似刀，未煮熟時軟爛易壞，體薄，取肉率低，屬於食用價值不高的非經濟性魚類。本種有別於其他鯡形目

圖一

魚類，鯡形目魚類大多為濾食性魚類，僅少數種類擁有尖齒，而寶刀魚則是其中一員，口中佈有大犬齒（圖一）的牠主要以捕食小魚為生。香港共有兩種寶刀魚，除本種外，另一種為長頷寶刀魚（*C. nudus*），可以靠上頷骨末端有否到達前鰓蓋骨來分辨，上頷骨末端到達前鰓蓋骨的是長頷寶刀魚。長頷寶刀魚數量稀少。
最大可達 1 米，肉食性，棲息於近海沿岸 0 至 120 米的河口或礁區。

黃魚

圓吻海鰶｜高鼻海鰶

學名：*Nematalosa nasus* (Bloch, 1795)
英文名稱：Thread–finned gizzard shad

分佈地區

印度西太平洋：
波斯灣、中南半
島、南中國海、
韓國等。

魚貨來源	本地養殖	境外養殖	**本地野生**	外地野生		販賣方式	輪切	**全魚**	清肉	加工品	特別部位

販賣狀態	活魚	**冰鮮**	急凍	乾貨	價格	貴價	中等	**低價**	市面常見程度	常見	**普通**	少見	罕見

主要產季：全年有產，春季及冬季產量較多
烹調或食用方式：肉質細緻，味鮮多骨，可以骨切法（圖一）將骨絲切斷清蒸，或醃鹹後以
薑絲清蒸。可曬成鹹魚。

圖一

圖二

圓吻海鰶是香港水域常見的小型魚類，是本地漁業主要捕捉目標，多以流刺網方式
捕獲，磯釣或多門仕掛釣法[1]偶有釣獲，但食餌慾望一般不大。市售個體約數兩，產
自本地。外省人稱的黃魚指的是大黃魚，即黃花魚，而香港稱的黃魚均指海鰶屬魚
類。黃魚價廉物美可惜小骨多，深受老饕及嚐魚人歡迎。除了野生捕獲外，少部分
產自養殖魚塘，因基圍塘或海水塘在潮漲時會把黃魚苗帶入塘中，魚苗繼而長大，
收成時與主要飼養對象一併收成。本科魚類離水後生存時間極短，難以養活。日本
海鰶（*N. japonica*）為另一種市售的黃魚（圖二），食味均類同。
最大可達 25 厘米，浮游生物食性，棲息於近海沿岸 0 至 30 米的河口或礁砂混合區。

1　多門仕掛指主幹釣線上延伸出多於一個魚鉤的釣組，此釣組可同時釣上多於一尾的魚，使用時一般針對群居
　　性魚種為對象。

橫澤、青鱗、沙丁、沙甸

小沙丁魚

學名：*Sardinella* spp.
英文名稱：Sardinella

分佈地區
印度西太平洋。

鯡形目　CLUPEIFORMES

鯡科　Clupeidae

魚貨來源	本地養殖 境外養殖 **本地野生** 外地野生	販賣方式	輪切 **全魚** 清肉 **加工品** 特別部位
販賣狀態	活魚 **冰鮮** 急凍 **乾貨**	價格	貴價 中等 **低價**	市面常見程度	常見 **普通** 少見 罕見

主要產季：夏季及秋季產量較多
烹調或食用方式：肉質一般，味腥多骨，可油炸。

小沙丁魚是香港水域常見的小型魚類，非本地漁業主要捕捉目標，於世界各地是漁業主要捕捉的目標，多以流刺網或圍網方式捕獲，仕掛釣法偶有釣獲，但食餌慾望一般不大。市售個體約數兩，產自本地或華南地區。沙丁魚類是海洋食物鏈的底層魚類，為大型魚類、海鳥及海洋哺乳類動物提供食糧。全球的年產量在十萬至五十萬公噸之間，是產量極高的經濟性魚種，主要製成加工醃製食品或罐頭，新鮮且大型者於日本被視作刺身用魚。本科魚類同時是飼料中魚粉的原材料，亦可直接投餵予肉食性養殖魚。市售的橫澤種類最少達八種，外貌極為相似，難以憑肉眼分辨，只能靠鱗片的特徵及鰓耙數不同來分辨。

香港有分佈的小沙丁魚最大者為黃小沙丁魚（*S. lemuru*），體長可達23厘米，浮游生物食性，棲息於近海沿岸0至100米的河口、內灣或大洋表層。

鯡形目　CLUPEIFORMES

鯡科　Clupe dae

笛仔、小公魚

銀帶小體鯡｜日本銀帶鯡

學名：*Spratelloides gracilis* (Temminck & Schlegel, 1846)
英文名稱：Silver-stripe round herring

分佈地區

印度西太平洋：紅海、非洲東岸、薩摩亞、台灣、日本、澳洲等。

魚貨來源	本地養殖 境外養殖 **本地野生** 外地野生	販賣方式	輪切 **全魚** 清肉 加工品 特別部位
販賣狀態	活魚 **冰鮮** 急凍 **乾貨**	價格　貴價 **中等** **低價**	市面常見程度　常見 **普通** 少見 罕見

主要產季：全年有產，春季及冬季產量較多
烹調或食用方式：味鮮，可炒蛋或原條油炸，炸脆後配上椒鹽或梅子醬，是伴酒和開胃的小菜。可曬成魚乾，用作炒餸提鮮的配料。

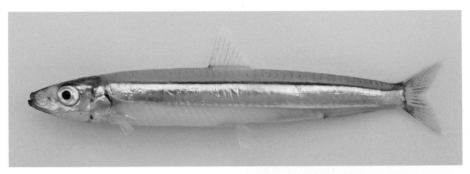

銀帶小體鯡是香港水域常見的小型魚類，是本地漁業主要捕捉目標，多以網眼小的流刺網或圍網方式捕獲。體形細小且為浮游生物食性，故難以釣獲。市售個體小於一兩，產自本地，大多曬成魚乾，偶見於海味店。群居性魚類，經常在清澈水域群游濾食（圖一）。除食用外，亦廣泛被用作釣餌，惟肉質易爛，上餌後易散，可先用鹽醃製，迫出水分令肉質變得結實，水上人吪（釣）石狗公或下魚（延繩釣）會以笛仔當餌。市面多以一碟一份的方式販售（圖二）。
最大可達 10.5 厘米，浮游生物食性，棲息於近海沿岸 0 至 50 米的潟湖、礁區、礁砂混合區或海洋表層。

圖一

圖二

虱目魚、牛奶魚

遮目魚 ｜ 虱目魚

學名：*Chanos chanos* (Forsskål, 1775)
英文名稱：Milkfish

分佈地區
印度太平洋的熱帶及亞熱帶海域。

魚貨來源	本地養殖	**境外養殖**	**本地野生**	外地野生		販賣方式	輪切	**全魚**	清肉	**加工品**	特別部位

販賣狀態	活魚	**冰鮮**	急凍	乾貨	價格	貴價	中等	**低價**	市面常見程度	常見	**普通**	少見	罕見

主要產季：全年有產
烹調或食用方式：肉質一般，味鮮，小骨極多，魚腹油脂豐富，嫩滑甘香，可清蒸、打成魚蛋或滾湯。

遮目魚是香港水域偶見的大型魚類，非本地漁業主要捕捉目標，多以流刺網方式捕獲，磯釣或筏釣偶有釣獲。市售個體約斤裝，主要是台灣的養殖魚（圖一）。東南亞地區的虱目魚養殖業發達，除捕苗養成外，人工繁殖亦已成功。廣鹽性魚類，可接受純淡水，常伴隨著烏頭出沒。香港食用虱目魚的文化不甚流行，反之在台灣是家喻戶曉的魚種，各個部位如魚頭、魚腹、魚背、魚腸等均有販賣，亦有整尾已去骨的出售。此外還會製成罐頭、魚乾、魚漿等加工品。

圖一

最大可達 1.8 米，重達 14 公斤，壽命可達約 15 年，幼魚素食性，成魚能接受肉類餌料，棲息於近海沿岸 0 至 80 米的淡水域、河口、礁區或砂泥底區。

坑鮎

線紋鰻鯰

學名：*Plotosus lineatus* (Thunberg, 1787)
英文名稱：Striped eel catfish

分佈地區

印度太平洋：非洲、紅
海、薩摩亞、韓國、日
本、澳洲、羅得豪島等。

魚貨來源	本地養殖 境外養殖 **本地野生** 外地野生		販賣方式	輪切 **全魚** 清肉 加工品 特別部位
販賣狀態	**活魚 冰鮮** 急凍 乾貨	價格　**貴價 中等 低價**	市面常見程度	常見 普通 **少見** 罕見

主要產季：全年有產，春季產量較多
烹調或食用方式：肉質細緻嫩滑，略帶腥味，可配以蒜頭豆豉蒸。

線紋鰻鯰是香港水域常見的小型魚類，非本地漁業主要捕捉目標，多以拖網、延繩釣或籠具方式捕獲，艇釣、投釣或沉底釣法常有釣獲。市售個體約數兩，產自本地。「一魟、二虎、三沙毛」是台灣針對有毒魚類所流傳的諺語，當中排行第三的「沙毛」正是本種在台灣的俗名，可見其毒性不弱。毒處在於胸鰭棘（圖一）和背鰭棘（圖二），處理時須小心。視乎體質，被刺後出現的反應會有差異，但不幸被刺後應帶同魚隻盡快到醫院求醫，本港曾有被刺後休克及致命的個案。販售前魚販一般會先把鰭棘去除（圖三），以免在處理時發生意外。幼魚極具群體性，會形成俗稱「鯰球」的球狀在海中覓食。小型個體體色黑白相間鮮明（圖四），可當作海水觀賞魚，幼魚常見於水族市場。

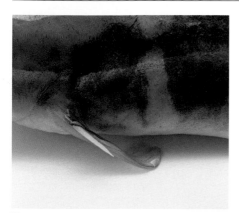

最大可達32厘米，壽命可達約7年，雜食性，棲息於近海沿岸0至60米的河口或砂泥底區。

圖一

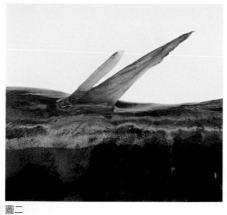

圖二

圖三

圖四

奄釘、庵釘、赤魚

海鯰

學名：*Arius* spp.
英文名稱：Spotted catfish

分佈地區
印度西太平洋：印度東岸及西岸、斯里蘭卡、巴基斯坦、緬甸、東海等。

鯰形目　SILURIFORMES

海鯰科　Ariidae

魚貨來源	本地養殖 境外養殖 **本地野生** 外地野生	販賣方式	輪切 **全魚** 清肉 加工品 特別部位
販賣狀態	活魚 **冰鮮** 急凍 乾貨	價格 貴價 中等 **低價**	市面常見程度 常見 普通 **少見** 罕見

主要產季：全年有產，春季及夏季產量較多
烹調或食用方式：肉質結實粗糙，味腥，以炆煮的方式烹調能令肉質變軟綿，烹調時宜加薑去腥，可以蒜頭豆豉蒸，或配上白蘿蔔炆，完成後隔天食用能更入味及減輕腥味。

海鯰是香港水域偶見的中大型魚類，非本地漁業主要捕捉目標，多以拖網或延繩釣方式捕獲，艇釣、投釣或沉底釣法常有釣獲。市售個體由數兩至斤裝不等，產自本地或華南地區。本種為口孵魚類，雄魚負責口孵，在口孵時雄魚不會進食。背鰭棘和胸鰭棘有毒，前後緣具小鋸齒（圖一、二），被刺後會產生疼痛及紅腫，屬蛋白毒，不足以致命，但處理時必須小心。

圖一

十分雜食，屬群體魚類，通常群體出沒與覓食。
本港最大的海鯰為海鯰（*A. maculatus*），最大可達80厘米，雜食性，棲息於近海沿岸10至100米的河口或砂泥底區。

圖二

白飯魚

中國銀魚

學名：*Salanx chinensis* (Osbeck, 1765)
英文名稱：Chinese noodlefish

魚貨來源	本地養殖 境外養殖 **本地野生** 外地野生	販賣方式	輪切 **全魚** 清肉 加工品 特別部位
販賣狀態	活魚 **冰鮮** 急凍 **乾貨**	價格　賣價 **中等** **低價**	市面常見程度　常見 **普通** 少見 罕見

主要產季：全年有產
烹調或食用方式：味鮮，可炒蛋或原條油炸，炸脆後配上椒鹽或梅子醬，是伴酒和開胃的小菜。可曬成魚乾，用作炒餸提鮮的配料。

中國銀魚是香港水域偶見的小型魚類，是本地漁業主要捕捉目標，多以拖網或圍網方式捕獲，於本港水域甚少有釣獲紀錄。市售個體小於一兩，產自本地或華南地區。江河洄游魚類，成魚會到淡水域產卵繼而死亡。活體呈半透明，死後呈乳白色。為家喻戶曉的魚類，骨骼柔軟，大多以原條食用的方式品嚐，白飯魚炒蛋亦為本港有名的傳統菜餚。市場多以數十尾一組的方式販售，近年捕獲量有下降趨勢。最大可達 16.1 厘米，浮游生物食性或肉食性，棲息於近海沿岸 10 至 100 米的江湖、河口或內灣。

仙女魚、姬魚

日本姬魚

學名：*Hime japonica* (Günther, 1877)
英文名稱：Japanese thread-sail fish

分佈地區

西太平洋：台灣、日本、菲律賓等。

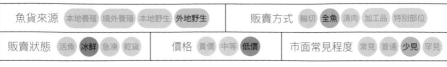

魚貨來源	本地養殖 境外養殖 本地野生 **外地野生**		販賣方式	輪切 **全魚** 清肉 加工品 特別部位
販賣狀態	活魚 **冰鮮** 急凍 乾貨	價格 貴價 中等 **低價**	市面常見程度	常見 普通 **少見** 罕見

主要產季：全年有產

烹調或食用方式：肉質鬆散，味鮮，小刺多，可炒成魚鬆或煲湯。

日本姬魚目前在香港水域沒有分佈紀錄，因香港海域水深不是其主要棲息深度。屬小型魚類，非漁業主要捕捉目標，多以一支釣、延繩釣或拖網方式捕獲。市售個體約數兩，主要產自華南地區或台灣。台灣水域產量較多，通常為深水延繩釣或拖網的混獲，在當地屬於非主流食用魚類，也是飼料中魚粉的原材料之一，亦可直接投餵予肉食性養殖魚。本地市場甚為少見，僅少量伴隨其他漁獲流入市面，一般以數尾一組方式，或當作雜魚販售。

最大可達 22.3 厘米，肉食性，棲息於離岸 85 至 501 米的砂泥底區或深海。

九肚魚、龍頭魚

龍頭魚 ｜ 印度鐮齒魚

學名：*Harpadon nehereus* (Hamilton, 1822)
英文名稱：Bombay-duck

分佈地區

印度西太平洋：
韓國、日本、南
中國海、台灣、
東印度洋等。

仙女魚目　AULOPIFORMES

狗母魚科 ｜ 合齒魚科　Synodontidae

魚貨來源	本地養殖	境外養殖	**本地野生**	**外地野生**		販賣方式	輪切	**全魚**	清肉	加工品	特別部位

販賣狀態	活魚	**冰鮮**	急凍	乾貨		價格	貴價	**中等**	低價		市面常見程度	**常見**	普通	少見	罕見

主要產季：全年有產
烹調或食用方式：肉質細嫩綿爛，味淡，含水量高，可油炸。

龍頭魚是香港水域常見的小型魚類，是本地及
華南一帶漁業主要捕捉目標，多以拖網方式捕
獲，於本港水域甚少有釣獲紀錄。市售個體約
數兩，主要產自華南地區，此外台灣及日本均
有產九肚魚。文獻指出本種每年能產卵約六
次。身體披有魚鱗，但鱗薄且極易脫落，因
此被捕獲後的漁獲體表通常光滑滑溜。離水後
存活時間極短，故此市面上沒有活體販售。肉
食性魚類，被捕獲時口中經常還咬著小魚（圖
一）。短臂龍頭魚（*H. microchir*）（圖二）為另
一種市售九肚魚，相對較少見，食味類同。
最大可達40厘米，肉食性，棲息於近海沿岸
50至500米的河口或砂泥底區，亦能見於大陸
棚至深海。

圖一

圖二

狗棍

多齒蛇鯔

學名：*Saurida tumbil* (Bloch, 1795)
英文名稱：Greater lizardfish

分佈地區

印度西太平洋：非洲東岸、菲律賓、台灣、澳洲等。

| 魚貨來源 | 本地養殖 | 境外養殖 | **本地野生** | 外地野生 | | 販賣方式 | 輪切 | **全魚** | 清肉 | **加工品** | 特別部位 |

| 販賣狀態 | 活魚 | **冰鮮** | 急凍 | 乾貨 | 價格 | 貴價 | 中等 | **低價** | 市面常見程度 | **常見** | 普通 | 少見 | 罕見 |

主要產季：全年有產
烹調或食用方式：肉質一般，味鮮多骨，可清蒸、打成魚蛋或炒成魚鬆。

多齒蛇鯔是香港水域常見的中型魚類，是本地及華南一帶漁業主要捕捉目標，多以拖網方式捕獲，艇釣或假餌釣常有釣獲。市售個體約數兩，產自本地或華南地區。口大且佈滿小齒，能吞下較大型的獵物，上頜骨部分尖齒甚至外露（圖一），使捕得的獵物不易掙脫。砂泥底海床常見的魚類，會藏身於砂泥中伏擊經過的獵

圖一

物。市售的狗棍最少有兩種，另一種為長蛇鯔（*S. elongate*），外貌極為相似，只能靠鱗列數不同來分辨：多齒蛇鯔的側線鱗數是 47–55；長蛇鯔的側線鱗數是 59–65。最大可達 60 厘米，肉食性，棲息於近海沿岸 10 至 700 米（主要棲息深度為 10 至 60 米）的砂泥底區。

花棍、沙棍

大頭狗母魚 ｜ 大頭花桿狗母

學名：*Trachinocephalus myops* (Forster, 1801)
英文名稱：Snakefish

分佈地區
全球，東太平洋海域除外。

仙女魚目　AULOPIFORMES

狗母魚科 ｜ 合齒魚科　Synodontidae

魚貨來源	本地養殖	境外養殖	**本地野生**	**外地野生**		販賣方式	輪切	**全魚**	清肉	**加工品**	特別部位

販賣狀態	活魚	**冰鮮**	急凍	乾貨		價格	貴價	中等	**低價**		市面常見程度	**常見**	普通	少見	罕見

主要產季：全年有產
烹調或食用方式：肉質一般，味鮮多骨，可清蒸、打成魚蛋或炒成魚鬆。

大頭狗母魚是香港水域常見的中型魚類，是本地及華南一帶漁業主要捕捉目標，多以拖網方式捕獲，艇釣或假餌釣常有釣獲。市售個體約數兩，產自本地或華南地區。習性與狗棍類同，棲地有重疊，可憑體表的花紋簡單分辨兩者。活體身上花紋亮麗，死後漸變暗淡。市

圖一

面偶有其他種類的花棍如紅花斑狗母魚 (*Synodus rubromarmoratus*)（圖一）販賣，利用方法與狗棍類同。

最大可達 40 厘米，壽命可達約 7 年，肉食性，棲息於近海沿岸 3 至 400 米（主要棲息深度為 3 至 90 米）的砂泥底區。

坑鮎斑

多鬚鬚鼬鳚 ｜ 多鬚鼬魚

學名：*Brotula multibarbata* Temminck & Schlegel, 1846
英文名稱：Goatsbeard brotula

分佈地區
印度太平洋：紅海、非洲東岸、夏威夷、日本、羅得豪島等。

魚貨來源	本地養殖 **本地野生** 外地野生		販賣方式	輪切 **全魚** 清肉 加工品 特別部位
販賣狀態	活魚 **冰鮮** 急凍 乾貨	價格 貴價 **中等** 低價	市面常見程度	常見 普通 **少見** 罕見

主要產季：全年有產
烹調或食用方式：肉質細緻軟綿，味淡，可清蒸。

多鬚鬚鼬鳚目前在香港水域沒有分佈紀錄，香港海域水深不是其主要棲息深度。屬中大型魚類，於台灣是漁業主要捕捉目標，多以拖網或深水延繩釣方式捕獲，南海油田或外海水域偶有釣獲。

圖一

市售個體約數兩至斤裝，主要產自華南地區或台灣，產量不多。因外形貌似坑鮎但肉質與嫩滑像石斑，故有坑鮎斑的稱呼。本科魚類棲息於較深水域，部分物種棲息深度達千米，不常見於近海沿岸，離水後大多因中壓[1]，只能以冰鮮方式販售。棘鼬鳚（*Hoplobrotula armata*）（圖一）為另一種市售坑鮎斑，亦有俗稱鬚鱈。

最大可達1米，肉食性，棲息於近海沿岸至離岸1至650米（主要棲息深度為180至200米）的礁砂混合區或砂泥底區。

---

1 魚體不能適應水壓的變化，行內稱「中壓」。

鮟鱇魚

黑鮟鱇 ｜ 黑口鮟鱇

學名：*Lophiomus setigerus* (Vahl, 1797)
英文名稱：Blackmouth angler, Goosefish

分佈地區

印度太平洋。

鮟鱇目　LOPHIIFORMES

鮟鱇科　Lophiidae

魚貨來源	本地養殖	境外養殖	本地野生	**外地野生**		販賣方式	輪切	**全魚**	清肉	加工品	特別部位
販賣狀態	活魚	**冰鮮**	急凍	乾貨	價格	貴價	**中等**	低價	市面常見程度	常見 普通 少見 **罕見**	

主要產季：全年有產
烹調或食用方式：肉質結實彈牙，皮富膠質，肝臟極為美味，可配上豆腐、昆布等材料製成石頭鍋，或煮成味噌湯。

黑鮟鱇目前在香港水域沒有分佈紀錄，香港海域水深不是其主要棲息深度。屬中型魚類，在內地、台灣和日本等地是漁業主要捕捉目標，多以拖網方式捕獲。市售個體由數兩至斤裝不等，甚為罕見，主要產自華南地區或台灣。部分鮟鱇魚類是日本經濟性食用魚類，身上各部位皆可入饌，肌肉鬆軟，須吊在架子上處理。其習性廣為人知，會以頭頂類似釣竿的吻觸手，吸引獵物靠近再把其吞食。

最大可達 40 厘米，肉食性，棲息於近海沿岸 30 至 800 米的砂泥底區，可見於大陸棚至深海。

躄魚

康氏躄魚

學名：*Antennarius commerson* (Lacepède, 1798)
英文名稱：Commerson's frogfish

分佈地區

印度太平洋：非洲、紅海、巴拿馬、日本、夏威夷、社會群島等。

魚貨來源	本地養殖	境外養殖	本地野生	外地野生		販賣方式	輪切	全魚	清肉	加工品	特別部位

販賣狀態	活魚	冰鮮	急凍	乾貨	價格	貴價	中等	低價	市面常見程度	常見	普通	少見	罕見

主要產季：全年有產

烹調或食用方式：肉質具纖維感而無渣，魚餃肉質彈牙爽口，魚鰾皮富膠質，肝臟極為美味。宜清蒸，或斬件後配上豆腐、昆布等材料製成石頭鍋，烹調前須先剝皮。

康氏躄魚是香港水域罕見的中小型魚類，非本地漁業主要捕捉目標，多以籠具捕獲，極少有釣獲紀錄，市售個體由半斤至斤裝不等，主要產自華南地區。體色多變，善於隱身於礁石間，除可躲避捕食者外，亦有利捕獵。吻上方具有觸手，用作誘騙獵物靠近繼而將其吞食。受驚時會大量吞水令體形改變，行為與河魨相似。產下之魚卵黏稠，呈團狀且具有漂浮力。近數年食用風氣增加，本科部分小型種為觀賞水族的人氣物種，常於水族市場流通。

最大可達 44 厘米，肉食性，棲息於近海沿岸 0 至 70 米的礁區或礁砂混合區。

鯭魚

長鰭莫鯔

學名：*Moolgarda cunnesius* (Valenciennes, 1836)
英文名稱：Longarm mullet

分佈地區

印度太平洋：南非、所羅門群島、日本南部、澳洲等。

魚貨來源	本地養殖	境外養殖	**本地野生**	外地野生		販賣方式	輪切	**全魚**	清肉	加工品	特別部位

販賣狀態	活魚	**冰鮮**	急凍	乾貨		價格	貴價	中等	**低價**		市面常見程度	**常見**	普通	少見	罕見

主要產季：全年有產

烹調或食用方式：肉質細緻，富有魚味，可清蒸或以蒜頭豆豉蒸（圖一）。

長鰭莫鯔是香港水域常見的小型魚類，是本地漁業主要捕捉目標，多以流刺網或圍網方式捕獲，磯釣或手竿釣常有釣獲，同時常被用作沉底釣法的釣餌。市售個體約數兩，產自本地或華南地區，產量多且穩定。鯭魚價廉物美，是家常菜的好選擇。市售的鯭魚最少約有七種，包含共兩屬，外貌極為相似。幼魚

圖一

鯔形目　MUGILIFORMES

鯔科　Mugilidae

圖二

圖三

經常與烏頭幼魚一同群居。除了野生捕捉外，少部分產自養殖魚塘，基圍塘或海水塘在潮漲時會把魚苗帶入塘中，繼而長大，與主要飼養對象一併收成。龜鮻（*Chelon haematocheilus*）（圖二）及前鱗龜鮻（*C. affinis*）（圖三）為另外兩種市售鯔魚，前者俗稱紅眼鯔，後者俗稱蜆鯔。

最大可達41厘米，雜食性，棲息於近海沿岸0至40米的淡水域、河口、礁區或砂泥底區。

藍尾鯔、藍尾烏頭

圓吻凡鯔｜薛氏凡鯔

學名：*Crenimugil seheli* (Forsskål, 1775)
英文名稱：Bluespot mullet

分佈地區

印度太平洋：紅海、非洲東岸、日本南部、夏威夷、澳洲等。

魚貨來源	本地養殖	境外養殖	**本地野生**	外地野生		販賣方式	輪切	**全魚**	清肉	加工品	特別部位

販賣狀態	活魚	**冰鮮**	急凍	乾貨	價格	貴價	**中等**	低價	市面常見程度	常見	普通	**少見**	罕見

主要產季：全年有產，夏季產量較多
烹調或食用方式：肉質結實，富有魚味，可清蒸或配以蒜頭豆豉蒸，亦可不刮鱗清蒸，放涼後擠上檸檬汁或沾豆醬。

圓吻凡鯔是香港水域偶見的中小型魚類，非本地漁業主要捕捉目標，多以流刺網或圍網方式捕獲，磯釣偶有釣獲。市售個體由數兩至斤裝不等，產自本地或華南地區，產量不多。廣鹽性魚類，獨行或數尾結成小群出沒，習性及外貌與烏頭相似，可從胸鰭的顏色、鰭基上方的黑點及尾鰭淡藍色簡單分辨。於市面上流通量不高，漁獲中偶然會混有一兩尾（圖一），食味略勝烏頭。最大可達 30 厘米，雜食性，棲息於近海沿岸 0 至 80米的淡水域、河口礁區或砂泥底區。

圖一

烏頭

鯔

學名：*Mugil cephalus* Linnaeus, 1758
英文名稱：Flathead grey mullet

分佈地區
全球的溫、熱帶海域。

魚貨來源	本地養殖	境外養殖	本地野生	外地野生		販賣方式	輪切	全魚	清肉	加工品	特別部位

販賣狀態	活魚	冰鮮	急凍	乾貨	價格	貴價	中等	低價	市面常見程度	常見	普通	少見	罕見

主要產季：全年有產，冬季產量較多
烹調或食用方式：肉質結實，富有魚味，養魚偶有泥味，可配以蒜頭豆豉蒸，或不刨鱗清蒸放涼後，擠上檸檬汁或沾豆醬。

鯔是香港水域常見的中大型魚類，是本地漁業主要捕捉目標，多以流刺網或圍網方式捕獲，排筏釣或磯釣常有釣獲。市售個體由十餘兩至斤裝不等，通常是本地或內地魚塘的養殖魚，以捕苗養成方式養殖。廣鹽性魚類，可接受純淡水，極具群體性，群落數量多時可達千尾，常群體出沒在混濁的水域（圖一）。

香港自 1930 年起開始發展魚塘養殖，烏頭為當時主要養殖魚類之一。其內臟包括嗉囊（即魚胃，俗稱魚扣）（圖二）、卵巢及精巢（烏魚子、烏魚鰾）在台灣是高經濟價值的水產品，偶有加工曬乾後的烏魚子販售至香港。

最大可達 1 米，壽命可達約 16 年，雜食性，棲息於近海沿岸 0 至 120 米（主要棲息深度為 0 至 10 米）的淡水域、河口、礁區或砂泥底區。

圖一

圖二

重鱗

銀漢魚

學名：*Atherinomorus* spp.
英文名稱：Hardyhead silverside

魚貨來源	本地養殖	境外養殖	**本地野生**	外地野生		販賣方式	輪切	**全魚**	清肉	加工品	特別部位

販賣狀態	活魚	**冰鮮**	急凍	乾貨		價格	貴價	中等	**低價**		市面常見程度	常見	**普通**	少見	罕見

主要產季：全年有產，秋、冬季產量較多
烹調或食用方式：肉質結實，富魚味，可配以酸菜滾湯。

銀漢魚是香港水域常見的小型魚類，非本地漁業主要的捕捉目標，多以圍網或流刺網方式捕獲，岸釣偶有釣獲。市售個體約一、二兩，產自本地，多以下雜魚方式販賣，經濟價值低。群居性魚類，常數千尾一同在水表層群游及覓食。體形小且量多，是海洋生物鏈的次級消費者，屬海洋中重要的餌料生物，為中大型肉食性魚類提供食糧，稚魚亦是台灣魩鱙漁業其中一種會捕獲的魚種。肉質佳，惟取肉率低且魚鱗堅硬不易去除，在香港是非主流食用魚類。

香港有分佈的最大銀漢魚科魚類為南洋美銀漢魚（*A. lacunosus*），最大可達25厘米，雜食性，棲息於近海沿岸0至39米的水表層。

飛魚

花鰭燕鰩魚 ｜ 斑鰭飛魚

學名：*Cypselurus poecilopterus* (Valenciennes, 1847)
英文名稱：Yellow-wing flying fish

分佈地區

印度西太平洋：非洲東岸、薩摩亞、日本、澳洲等。

魚貨來源	本地養殖　境外養殖　本地野生　**外地野生**		販賣方式	輪切　**全魚**　清肉　加工品　特別部位
販賣狀態	活魚　**冰鮮**　急凍　乾貨	價格　貴價　中等　**低價**	市面常見程度	常見　普通　**少見**　罕見

主要產季：春、夏季
烹調或食用方式：肉質結實，刺多，富魚味，可香煎、製成一夜乾或曬成鹹魚。

花鰭燕鰩魚目前在香港水域沒有分佈紀錄。屬小型魚類，在台灣是漁業主要捕捉目標，多以流刺網或定置網方式捕獲。市售個體約數兩，主要產自華南水域。群居性魚類，主要於表水層活動。本科魚類胸鰭十分闊大，呈翅膀狀，尾鰭下葉比上葉延長，這都有助魚類跳躍出水面且進行長距離的滑翔，以便逃離捕食者的追捕。產黏性卵，可附著於漂游物或大型海藻上，台灣會利用編織草蓆進行飛魚卵採收。於本地產量少，食用風氣不大。

最大可達 27 厘米，浮游生物食性，棲息於近海沿岸 0 至 20 米的水表層。

水針

斑鱵

學名：*Hemiramphus far* (Forsskål, 1775)
英文名稱：Black-barred halfbeak

分佈地區
印度西太平洋：紅海、非洲東岸、日本、澳洲等。

魚貨來源	本地養殖 境外養殖 **本地野生** 外地野生	販賣方式	輪切 **全魚** 清肉 加工品 特別部位

販賣狀態	活魚 **冰鮮** 急凍 乾貨	價格	貴價 **中等** 低價	市面常見程度	常見 **普通** 少見 罕見

主要產季：全年有產，春、夏季產量較多
烹調或食用方式：肉質細緻，味鮮，可清蒸或香煎，若鮮度及來源合適，可以刺身方式食用。

斑鱵是香港水域常見的小型魚類，是本地漁業主要的捕捉目標，多以圍網、定置網或流刺網方式捕獲，外礁磯釣偶有釣獲。市售個體約由數兩至半斤不等，產自本地或華南地區。鱵科魚類跟一般魚類有著十分大的形態差異，其下顎遠比上顎突出，呈長針狀，因此被稱作水針。此外，本科魚類尾鰭下葉比上葉延長，少數魚類如鶴鱵、飛魚等擁有此特徵，這有助魚類跳躍出水面，以便逃離捕食者的追捕。水針幼魚為浮游生物食性，成魚雜食但偏向素食性。為日本常見的刺身用魚。杜氏下鱵魚（*H. dussumieri*）（圖一）為另一種市售水針，食用方式類同。

最大可達45厘米，雜食性，棲息於近海沿岸0至30米的水表層或海草繁生的水域。

圖一

鶴鱵

鱷形圓頜針魚 ｜ 鱷形叉尾鶴鱵

學名：*Tylosurus crocodilus* (Péron & Lesueur, 1821)
英文名稱：Needle fish

分佈地區
印度西太平洋的
溫熱帶海域。

魚貨來源	本地養殖 境外養殖 **本地野生** 外地野生	販賣方式	輪切 **全魚** 清肉 加工品 特別部位
販賣狀態	活魚 **冰鮮** 急凍 乾貨	價格　貴價 中等 **低價**	市面常見程度　常見 普通 **少見** 罕見

主要產季：夏季產量較多
烹調或食用方式：肉質一般，味略腥，可煎封或烤焗。

鱷形圓頜針魚是香港水域常見的大型魚類，非本地漁業主要捕捉目標，多以流刺網方式捕獲，磯釣或假餌釣常有釣獲。市售個體由數兩至斤裝不等，產自本地或華南地區。牙齒鋒利，吻尖（圖一），捕食慾望大，經常於內灣表層捕食小魚。離水後會S形掙扎及擺動身體，外國就有人類身體部位被其吻部刺穿的案例，處理時須小心。

肌肉常有寄生蟲，應避免生食。脊椎骨呈藍綠色，屬正常現象，食用時無須擔心。

最大可達1.5米，重達6.4公斤，肉食性，棲息於近海沿岸0至13米的礁區、砂泥底區及水表層。

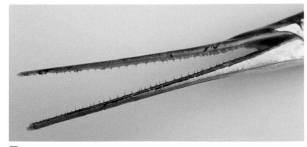

圖一

長壽魚、燧鯛

達氏橋棘鯛 ｜ 達氏橋燧鯛

學名：*Gephyroberyx darwinii* (Johnson, 1866)
英文名稱：Darwin's slimehead

魚貨來源	本地養殖	境外養殖	本地野生	**外地野生**		販賣方式	輪切	**全魚**	清肉	加工品	特別部位
販賣狀態	活魚	**冰鮮**	**急凍**	乾貨		價格	貴價	**中等**	低價		市面常見程度	常見	普通	少見	**罕見**

主要產季：全年有產
烹調或食用方式：肉質細緻，魚味較淡，可香煎或鹽焗。

達氏橋棘鯛目前在香港水域沒有分佈紀錄，香港海域水深不是其主要棲息深度。屬中大型魚類，在大西洋海域沿海國家是漁業主要捕捉目標，多以一支釣或延繩釣方式捕獲。市售個體約斤裝至數斤不等，冰鮮個體主要由台灣進口，本科其他物種的急凍個體主要由新西蘭或澳洲等地進口。屬深海魚類，部分物種棲息深度可達1500米，壽命可長達百多年。本科魚類鱗片邊緣及上

圖一

方具棘，前鰓蓋下方具有一根長而尖的棘，腹鰭與臀鰭之間具一排尖銳的稜鱗，處理時須注意。胸棘鯛屬（*Hoplostethus* spp.）（圖一）的物種均同樣以長壽魚一名進行販賣，但更為少見。

最大可達60厘米，肉食性，棲息於離岸9至1210米（主要棲息深度為200至500米）的深海。

金目鯛、紅皮刀

掘氏擬棘鯛 ｜ 掘氏棘金眼鯛

學名：*Centroberyx druzhinini* (Busakhin, 1981)
英文名稱：Bight redfish

分佈地區

印度西太平洋：
日本、新喀里多
尼亞、台灣等。

魚貨來源	本地養殖	境外養殖	本地野生	**外地野生**		販賣方式	輪切	**全魚**	清肉	加工品	特別部位
販賣狀態	活魚	**冰鮮**	急凍	乾貨	價格	貴價	**中等**	低價	市面常見程度	常見	普通	**少見**	罕見

主要產季：全年有產
烹調或食用方式：肉質細緻，富有魚味，可清蒸或香煎，若鮮度及來源合適，可以刺身方式
食用。

掘氏擬棘鯛目前在香港水域沒有分佈紀錄，香港海域水深不是其主要棲息深度。屬
小型魚類，在內地、台灣和日本是漁業主要捕捉目標，多以一支釣或延繩釣方式捕
獲。市售個體約半斤，主要產自華南地區或由台灣進口。線紋擬棘鯛（*C. lineatus*）
是本港唯一有分佈紀錄的金眼鯛魚類，惟於市面上極為罕見。偶有體形較大的金眼
鯛科魚類，經處理後以刺身方式於日式百貨公司販售。
最大可達 23 厘米，肉食性，棲息於近海沿岸至離岸 100 至 300 米的礁區或礁砂混合
區。

將軍甲、深水將軍甲

日本骨鰓 ｜ 日本骨鱗魚

學名：*Ostichthys japonicus* (Cuvier, 1829)
英文名稱：Japanese soldierfish

分佈地區

印度西太平洋：
日本南部、安達
曼海、澳洲、斐
濟群島等。

金眼鯛目　BERYCIFORMES

鰓科 ｜ 金鱗魚科　Holocentridae

魚貨來源	本地養殖	境外養殖	本地野生	**外地野生**	販賣方式	輪切	**全魚**	清肉	加工品	特別部位
販賣狀態	活魚	**冰鮮**	急凍	乾貨	價格	貴價	**中等**	低價	市面常見程度	常見 **普通** 少見 罕見

主要產季：全年有產
烹調或食用方式：肉質一般，大型者略粗糙，富有魚味，可清蒸或不刨鱗以凍魚方式食用。

日本骨鰓是香港水域偶見的中型魚類，是本地漁業主要捕捉目標，多以一支釣或延
繩釣方式捕獲，外海艇釣偶有釣獲，主要產自華南地區。市售個體由斤裝至數斤不
等。夜行性魚類，棲地主要在離岸水域，棲息深度較深，上水後常因中壓而不能存
活，故此市場上只能以冰鮮方式販售。鱗片邊緣呈鋸齒狀，十分堅固，難以脫落，
鰓蓋亦佈有鋸齒狀硬棘，處理時須小心。
最大可達 45 厘米，肉食性，棲息於近海沿岸至離岸 30 至 240 米的礁區。

將軍甲

點帶棘鱗魚 ｜ 黑帶棘鰭魚

學名：*Sargocentron rubrum* (Forsskål, 1775)
英文名稱：Redcoat

分佈地區

印度太平洋的溫熱帶海域：紅海、日本、瓦努阿圖、澳洲等。

魚貨來源	本地養殖	境外養殖	本地野生	外地野生		販賣方式	輪切	全魚	清肉	加工品	特別部位

販賣狀態	活魚	冰鮮	急凍	乾貨	價格	貴價	中等	低價	市面常見程度	常見	普通	少見	罕見

主要產季：全年有產
烹調或食用方式：肉質略粗糙，富有魚味，可清蒸或不去鱗以凍魚方式食用。

點帶棘鱗魚是香港水域偶見的小型魚類，在東南亞國家是漁業主要捕捉目標，多以一支釣及延繩釣方式捕獲，艇釣或岸釣偶有釣獲。市售個體約數兩，產自本地、華南地區或東、西沙群島。夜行性魚類，日間會躲在珊瑚礁縫隙或洞穴。本科魚類觀賞價值高於食用價值，在水族市場流通性甚高。視乎產地，肌肉或含雪卡毒，應避免一次過大量食用。鱗片邊緣呈鋸齒狀，前鰓蓋骨棘（圖一）及鰭棘尖而硬，刺到會產生疼痛和輕微麻痺，處理時須小心。鋸鱗魚屬（*Myripristis* spp.）魚類（圖二）為另一種市售的將軍甲，頗為少見。
最大可達 32 厘米，肉食性，棲息於近海沿岸 1 至 84 米礁區或珊瑚礁區。

圖一

圖二

紅玫瑰

尖吻棘鱗魚

學名：*Sargocentron spiniferum* (Forsskål, 1775)
英文名稱：Sabre squirrelfish

魚貨來源	本地養殖	境外養殖	本地野生	**外地野生**		販賣方式	輪切	**全魚**	清肉	加工品	特別部位

| 販賣狀態 | **活魚** | **冰鮮** | 急凍 | 乾貨 | | 價格 | **貴價** | **中等** | 低價 | | 市面常見程度 | 常見 | 普通 | **少見** | 罕見 |

主要產季：全年有產
烹調或食用方式：肉質結實爽口，富有魚味，或出現沙皮，宜碎蒸。

尖吻棘鱗魚是香港水域罕見的中型魚類，以往在香港並沒有紀錄，但有可能因放生活動流入香港水域。在東南亞國家是漁業主要捕捉目標，多以一支釣及延繩釣方式捕獲。市售個體由十餘兩至斤裝不等，主要產自東、西沙群島或印尼。本種特徵及行為與將軍甲類同。可當作觀賞魚，幼魚或亞成魚偶見於水族市場。

最大可達 51 厘米，重達 2.6 公斤，肉食性，棲息於近海沿岸 1 至 122 米的礁區或珊瑚礁區，幼魚會棲息於淺水礁區，成魚則棲息於深水礁區。

多利魚、的鯛

遠東海魴 ｜ 日本的鯛

學名：*Zeus faber* Linnaeus, 1758
英文名稱：John dory

分佈地區
全球各大海域。

魚貨來源	本地養殖 境外養殖 本地野生 **外地野生**		販賣方式	輪切 **全魚** 清肉 加工品 特別部位
販賣狀態	**冰鮮** **急凍** 活魚 乾貨	價格 貴價 **中等** **低價**	市面常見程度	常見 普通 少見 **罕見**

主要產季：全年有產
烹調或食用方式：肉質一般，味鮮，可紅燒，若鮮度及來源合適，可以刺身方式食用。

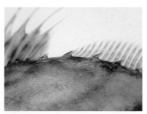

圖一

圖二

遠東海魴是香港水域罕見的中大型魚類，在日本及其他地區是漁業主要捕捉目標，多以底拖網或一支釣方式捕獲，於本港水域甚少有釣獲紀錄。市售個體約斤裝，主要產自華南地區。本種為海魴科目前唯一有分佈至香港的物種，但於本地產量極少。本種又被稱作多利魚，以急凍魚片的形式在超市販售。背鰭、腹鰭及臀鰭邊緣具有尖棘（圖一），處理及進食時必須小心。嘴巴大且可伸縮（圖二），可吞下大型獵物。於日本為刺身用魚。

最大可達 90 厘米，重達 8 公斤，壽命可達約 12 年，肉食性，棲息於近海沿岸 5 至 400 米（主要棲息深度為 50 至 150 米）的砂泥底區。

馬鞭魚、喇叭魚、紅殼

鱗煙管魚｜鱗馬鞭魚

學名：*Fistularia petimba* Lacepède, 1803
英文名稱：Red cornetfish

魚貨來源	本地養殖　境外養殖　**本地野生**　外地野生		販賣方式	**輪切**　**全魚**　清肉　加工品　特別部位
販賣狀態	活魚　**冰鮮**　急凍　乾貨	價格　貴價　**中等**　低價		市面常見程度　常見　普通　**少見**　罕見

主要產季：全年有產
烹調或食用方式：肉質細緻，有淡香，骨刺少，可清蒸或滾湯，若鮮度及來源合適，可以刺
身方式食用。

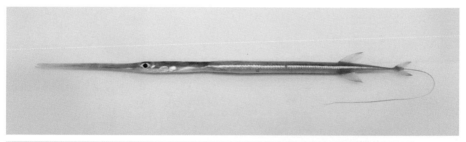

圖一

鱗煙管魚是香港水域偶見的大型魚類，非本地漁業主要捕捉目標，多以一支釣或拖
網方式捕獲，磯釣或岸釣偶有釣獲。市售個體約十餘兩，產自本地或華南地區。外
貌奇特，嘴巴呈管狀，可把獵物快速吸入，偏好捕食活餌如活蝦。受驚時會分泌黏
稠的體液。鮮度佳及捕獲地合適的個體，在日本及台灣是高級刺身用魚。香港共兩
種馬鞭魚，除本種以外，另一種為無鱗煙管魚（*F. commersonii*）（圖一），體色呈淡
綠或淡褐色，可簡單從顏色區分。
最大可達 2 米，重達 4.7 公斤，肉食性，棲息於近海沿岸 10 至 200 米（主要棲息深
度為 18 至 57 米）的礁區或砂泥底區。

簑鮋屬　*Pterois*

獅子魚

翱翔簑鮋 │ 魔鬼簑鮋

學名：*Pterois volitans* (Linnaeus, 1758)
英文名稱：Red lionfish

分佈地區

印度太平洋：南韓、日本、台灣等。

魚貨來源	本地養殖 境外養殖 **本地野生** 外地野生	販賣方式	輪切 **全魚** 清肉 加工品 特別部位
販賣狀態	活魚 **冰鮮** 急凍 乾貨	價格 **貴價** **中等** 低價	市面常見程度	常見 普通 少見 **罕見**

主要產季：全年有產
烹調或食用方式：肉質細緻嫩滑，富有魚味，可清蒸。

圖一

翱翔簑鮋為香港水域偶見的中小型魚類，非本地漁業主要捕捉目標，多以一支釣方式捕獲，艇釣偶有釣獲。市售個體約半斤至斤裝不等，產自本地或華南地區。本屬（genus）魚類鰭棘有劇毒，被刺後會產生疼痛及紅腫，處理時須小心，若不慎被刺宜馬上求醫，不宜怠慢。獅子魚為非主流食用魚類，釣友釣獲大多自取食用，於市場上非常少見。香港暫時共分佈約五種獅子魚。形態獨特且體色鮮艷，可當作海水觀賞魚，小型個體常於水族市場流通（圖一）。獅子魚於加勒比一帶海域屬於強勢的入侵物種，眾多科學家對於入侵原因有不同的看法。族群在沒有天敵的情況下不斷擴大，對原生魚類造成極大威脅。當地政府及環保組織已推出一系列措施，包括舉辦捕獵獅子魚活動及開發獅子魚食譜，藉此減少獅子魚族群的數量及進一步擴大的風險。

最大可達 38 厘米，肉食性，棲息於近海沿岸 0 至 55 米的礁區。

石崇、石松

鬚擬鮋

學名：*Scorpaenopsis cirrosa* (Thunberg, 1793)
英文名稱：Weedy scorpionfish

魚貨來源	本地養殖	境外養殖	**本地野生**	外地野生		販賣方式	輪切	**全魚**	清肉	加工品	特別部位

販賣狀態	**活魚**	**冰鮮**	急凍	乾貨		價格	**貴價**	**中等**	低價		市面常見程度	常見	**普通**	少見	罕見

主要產季：全年有產
烹調或食用方式：肉質一般，富有魚味，可清蒸或配上沙參、玉竹、瘦肉等材料煲湯。

鬚擬鮋是香港水域常見的小型魚類，是本地漁業主要捕捉目標，多以一支釣或延繩釣方式捕獲，岸釣或艇釣常有釣獲。市售個體約數兩，產自本地或華南地區，偶有非本地產的大型擬鮋屬個體販賣（圖一），與本地常見的鬚擬鮋為不同物種。本種頭部佈有小棘，各鰭棘有毒，被刺後會產生疼痛及紅腫，毒性屬蛋白毒，不會致命，但處理時仍須小心。坊間認為石崇對手術後的傷口復原有幫助，連同同屬（genus）魚類亦具相似功效，雖然沒實質文獻記載，但本地傳統食療文化源遠流長，可當作參考。俗稱石獅的魔擬鮋（*S. neglecta*）（圖二）是另一種市售的擬鮋屬魚類，價格略低於石崇。

最大可達 23.1 厘米，肉食性，棲息於近海沿岸 3 至 91 米的礁區。

圖一

圖二

深水石狗公、假喜知次

赫氏無鰾鮋

學名：*Helicolenus hilgendorfii* (Döderlein, 1884)
英文名稱：Stonefish

分佈地區

西北太平洋：台灣、東海、日本南部等。

魚貨來源	本地養殖 境外養殖 本地野生 **外地野生**		販賣方式	輪切 **全魚** 清肉 加工品 特別部位
販賣狀態	活魚 **冰鮮** 急凍 乾貨	價格 貴價 **中等** 低價	市面常見程度	常見 普通 **少見** 罕見

主要產季：全年有產
烹調或食用方式：肉質細緻，魚味淡，可清蒸或滾湯。

赫氏無鰾鮋目前在香港水域沒有分佈紀錄，香港海域水深不是其主要棲息深度。屬中小型魚類，在台灣是漁業主要捕捉目標，多以一支釣或延繩釣方式捕獲。市售個體約數兩，主要產地為台灣，偶有少量個體流入本地市場。於香港為非主流食用魚類，在台灣則是常見食用魚類。本種與於日本具有名氣、俗稱喜知次的大翅鮶鮋 (*Sebastolobus macrochir*) 相似，喜知次體色極為鮮紅，背鰭具有一個明顯的大黑斑，可簡單作區分。兩者的價格與食味差異甚大，購買時須注意。口腔內至咽喉部呈深黑色，屬正常現象，無食安疑慮。頭部佈有小棘，處理時須小心。
最大可達 27 厘米，肉食性，棲息於近海沿岸至離岸 150 至 500 米的砂泥底區或深海。

石狗公

褐菖鮋｜石狗公

學名：*Sebastiscus marmoratus* (Cuvier, 1829)
英文名稱：False kelpfish

分佈地區

西太平洋：菲律
賓、台灣、日本
及南中國海等。

鮋形目　SCORPAENIFORMES

鮋亞目　SCORPAENOIDEI

平鮋科　Sebastidae

魚貨來源	本地養殖	境外養殖	**本地野生**	外地野生		販賣方式	輪切	**全魚**	清肉	加工品	特別部位
販賣狀態	**活魚**	**冰鮮**	急凍	乾貨	價格	貴價	**中等**	低價	市面常見程度	常見	**普通**	少見	罕見

主要產季：全年有產，冬季產量較多
烹調或食用方式：肉質結實爽口，富有魚味，可清蒸或配上豆腐、小白菜等材料煲湯。

褐菖鮋是香港水域常見的小型魚類，是本地漁業主要捕
捉目標，多以一支釣或延繩釣方式捕獲，各種釣法常有
釣獲。市售個體約數兩，產於本地。是泥鯭之外另一種
廣為香港人認識的魚類，岸邊常有釣獲，惟近年沿岸
數量有減少趨勢。本種繁殖季在冬季，屆時沿岸常有

圖一

懷孕的雌魚被釣上，若釣上個體腹部異常脹大，甚至有魚卵或稚魚排出，建議放生
讓其繁殖後代。卵胎生魚類，剛出生之稚魚已具游泳能力。棲息水深較淺者體色偏
黑，較深者則偏紅。常與石崇混淆，本種臀鰭棘上無紋，可簡單作區分。頭部佈有
小棘，處理時須小心。市面偶有俗稱深水石狗公的白斑菖鮋（*S. albofasciatus*）（圖
一）販售，肉質略遜於本種，主要產自華南、台灣或日本水域。
最大可達 36.2 厘米，重達 2.8 公斤，肉食性，棲息於近海沿岸 0 至 40 米的礁區或
珊瑚礁區。

鮋形目　SCORPAENIFORMES

鮋亞目　SCORPAENOIDEI

毒鮋科　Synanceiidae

老虎魚

中華鬼鮋

學名：*Inimicus sinensis* (Valenciennes, 1833)
英文名稱：Spotted ghoul

分佈地區

印度西太平洋：
印度洋至台灣、
菲律賓、印尼、
澳洲等。

魚貨來源	本地養殖	境外養殖	**本地野生**	外地野生		販賣方式	輪切	**全魚**	清肉	加工品	特別部位

販賣狀態	**活魚**	**冰鮮**	急凍	乾貨	價格	**貴價**	**中等**	低價	市面常見程度	常見	普通	少見	**罕見**

主要產季：全年有產
烹調或食用方式：肉質細緻嫩滑，味鮮，可清蒸或滾湯，肝臟尤其美味，亦可去皮後油浸。

中華鬼鮋是香港水域少見的小型魚類，非本地漁業主要捕捉目標，多以拖網捕獲，艇釣偶有釣獲。市售個體約數兩，產自本地或華南地區。本種鰭棘有劇毒，被刺後會產生疼痛及紅腫，處理時必須小心，宜以熟水或冰水浸泡至昏迷後處理，若不慎被刺宜馬上求醫，不宜怠慢。具偽裝能力，能模仿礁石。胸鰭下方有兩根游離鰭條（圖一），用於支撐身體、在海床爬行及幫助覓食，胸鰭內側的花紋可用作分辨本屬（genus）魚類的特徵（圖二）。被認為具藥用功效，能解毒補肝腎，主治腰腿痛、小兒頭瘡及肝炎。

最大可達 26 厘米，肉食性，棲息於近海沿岸 5 至 90 米的砂泥底區或碎石區。

圖一

圖二

石頭魚

玫瑰毒鮋

學名：*Synanceia verrucosa* Bloch & Schneider, 1801
英文名稱：Reef stonefish

魚貨來源	本地養殖 境外養殖 **本地野生** 外地野生	販賣方式	輪切 **全魚** 清肉 加工品 特別部位
販賣狀態	**活魚** **冰鮮** 急凍 乾貨	價格	**貴價** **中等** 低價	市面常見程度	常見 普通 **少見** 罕見

主要產季：全年有產
烹調或食用方式：肉質嫩滑，富有魚味，可清蒸、起肉炒球、火鍋或滾湯。

玫瑰毒鮋是香港水域偶見的中小型魚類，在東南亞國家是漁業主要捕捉目標，多以一支釣方式捕獲，有些外國地區的漁民會徒手捕捉，於本港水域甚少有釣獲紀錄。市售個體由斤裝至數斤不等，主要由印尼或菲律賓進口，偶有產自華南地區。本種鰭棘具劇毒，被厚皮膜所包覆，在正常情況下不會外露，難以察覺。被刺後傷口會出現麻痺腫脹，甚至腐爛，伴隨各種身體症狀如發燒、精神錯亂、呼吸困難等，嚴重者會休克甚至死亡，雖目前有抗毒血清，處理時仍須非常小心，非有經驗者切勿隨意徒手接觸活體。毒鮋（*S. horrida*）為另一種市售的石頭魚，冰鮮魚大多已去除背鰭毒棘（圖一）。

最大可達 40 厘米，重達 2.4 公斤，肉食性，棲息於近海沿岸 0 至 40 米的礁區或珊瑚礁區。

圖一

老虎魚

長棘擬鱗鮋

學名：*Paracentropogon longispinis* (Cuvier, 1829)
英文名稱：Wispy waspfish

分佈地區

印度太平洋：印度、東南亞、南中國海、台灣等。

魚貨來源	本地養殖	境外養殖	**本地野生**	外地野生		販賣方式	輪切	**全魚**	清肉	加工品	特別部位

販賣狀態	活魚	**冰鮮**	急凍	乾貨	價格	貴價	中等	**低價**	市面常見程度	常見	普通	**少見**	罕見

主要產季：全年有產
烹調或食用方式：可食用，惟取肉率少，可滾湯。

長棘擬鱗鮋為香港水域常見的小型魚類，非本地漁業主要捕捉目標，多以拖網方式捕獲，岸釣常有釣獲。市售個體約一、二兩，產自本地。本種鰭棘有劇毒，被刺後會產生疼痛及紅腫，眼眶下亦具有尖棘，處理時必須小心，若不慎被刺宜馬上求醫，不宜怠慢。市面所稱的老虎魚最少包含三屬（genus）數個物種，當中除鬼鮋屬體形較大，具食用價值

圖一

外，其他體形細小，食用價值低，一般當雜魚販賣。虎鮋屬（*Minous* spp.）（圖一）的魚類偶有流入市場，並同樣以老虎魚的稱呼販售。

最大可達 13 厘米，肉食性，棲息於近海沿岸 1 至 70 米的礁區或砂泥底區。

角魚、飛機魚

綠鰭魚 ｜ 黑角魚

學名：*Chelidonichthys kumu* (Cuvier, 1829)
英文名稱：Bluefin gurnard

魚貨來源	本地養殖	境外養殖	本地野生	**外地野生**		販賣方式	輪切	**全魚**	清肉	加工品	特別部位

販賣狀態	活魚	**冰鮮**	急凍	乾貨		價格	貴價	中等	**低價**		市面常見程度	常見	普通	**少見**	罕見

主要產季：全年有產
烹調或食用方式：肉質結實，略腥，可清蒸、紅燒或滾湯，若鮮度及來源合適，可以刺身方式食用，在日本為刺身用魚。

綠鰭魚是香港水域偶見的中型魚類，非本地漁業主要捕捉目標，多以底拖網方式捕獲，遠投或艇釣偶有釣獲。市售個體約數兩，主要產自華南地區。胸鰭闊大，張開後有助在海床滑行，上方的斑紋是其中一個分辨魴鮄科物種的特徵；胸鰭下方具數根游離鰭條，有助行動和翻動泥砂，尋找棲息在海床的獵物，輔助覓食。因胸鰭斑紋亮麗且形態獨特，小型個體偶有引進水族店當觀賞魚販賣。尖棘角魴鮄（*Pterygotrigla hemisticta*）（圖一）和貢氏紅娘魚（*Lepidotrigla guentheri*）（圖二）為另外兩種市售的角魚，利用方式類同。

最大可達 60 厘米，重達 1.5 公斤，壽命可達約 15 年，肉食性，棲息於近海沿岸 1 至 200 米的砂泥底區。

圖一

圖二

牛鰍

鯒｜印度牛尾魚

學名：*Platycephalus indicus* (Linnaeus, 1758)
英文名稱：Bartail flathead

魚貨來源	本地養殖 境外養殖 **本地野生** **外地野生**	販賣方式	輪切 **全魚** 清肉 加工品 特別部位
販賣狀態	**活魚** **冰鮮** 急凍 乾貨	價格 貴價 **中等** 低價	市面常見程度 **常見** 普通 少見 罕見

主要產季：全年有產
烹調或食用方式：肉質略粗糙，味鮮，可清蒸或煲湯，大型者可起肉炒球。

鯒是香港水域常見的中大型魚類，是本地及華南一帶漁業主要捕捉目標，多以底拖網或一支釣方式捕獲，各種釣法常有釣獲。市售個體由數兩至數斤不等，產自本地或華南地區。身體十分縱扁，屬於底棲魚類，不善於游泳，常藏身於砂泥中伏擊獵物。鰓蓋兩旁具分叉的硬棘（圖一），離水後會左右擺動身體，處理時須注意避免被割傷。市面的牛鰍體形愈小價格一般愈便宜。在本地食療文化中，牛鰍被視為其中一種適合用作食療的魚類，可補血氣，適合動刀後煲湯飲用。

圖一

最大可達1米，重達3.5公斤，肉食性，棲息於近海沿岸1至200米的河口或砂泥底區。

石鮋、鱷魚鮋

點斑鱷鯒｜點斑鱷牛尾魚

學名：*Cociella crocodilus* (Cuvier, 1829)
英文名稱：Crocodile flathead

分佈地區

印度西太平洋：紅海、非洲東岸、所羅門群島、日本南部、澳洲等。

魚貨來源	本地養殖 境外養殖 **本地野生** 外地野生	販賣方式	輪切 **全魚** 清肉 加工品 特別部位
販賣狀態	活魚 **冰鮮** 急凍 乾貨	價格　賣價 **中等** 低價	市面常見程度　常見 **普通** 少見 罕見

主要產季：全年有產

烹調或食用方式：肉質略粗糙，味鮮，可清蒸或煲湯，大型者可起肉炒球。

點斑鱷鯒是香港水域常見的中型魚類，是本地及華南一帶漁業主要捕捉目標，多以底拖網或一支釣方式捕獲，各種釣法常有釣獲。市售個體由數兩至數斤不等，產自本地或華南地區。習性與牛鮋類似，惟多棲息於礁砂混合之環境，身上的斑紋有助偽裝成礁石。離水後會左右擺動身體，頭部佈有許多小棘，雖然無毒但處理時須注意避免被刺傷。石鮋相對牛鮋較為少見，又因飲食文化與習慣關係，消費者大多挑選牛鮋，故石鮋的價格一般略低。

最大可達 50 厘米，肉食性，棲息於近海沿岸 0 至 300 米的砂泥底區或礁砂混合區。

飛機魚

東方豹魴鮄 ｜ 東方飛角魚

學名：*Dactyloptena orientalis* (Cuvier, 1829)
英文名稱：Oriental flying gurnard

魚貨來源	本地養殖	境外養殖	**本地野生**	**外地野生**		販賣方式	輪切	**全魚**	清肉	加工品	特別部位
販賣狀態	活魚	**冰鮮**	急凍	乾貨	價格	貴價	中等	**低價**	市面常見程度	常見	普通	**少見**	罕見

主要產季：全年有產
烹調或食用方式：肉質硬且粗糙，食用前須先剝皮，食用價值不高。

東方豹魴鮄是香港水域偶見的中小型魚類，非本地漁業主要捕捉目標，多以拖網方式捕獲，艇釣或投釣偶有釣獲。市售個體約數兩，產自本地或華南地區。胸鰭闊大，張開時像翅膀，因而有飛機魚一名，可當作觀賞魚，幼魚偶見於水族市場。坊間亦有稱其作「角鬚紋」，但此俗名原指稜鬚簑鮋（*Apistus carinatus*）（圖一），兩者形態略有相似，但屬於不同科別的魚類。皮硬，前鰓蓋骨下方具一硬刺，處理時須小心。食用價值不高，大多當作雜魚販賣（圖二）。

最大可達 40 厘米，肉食性，棲息於近海沿岸 1 至 100 米的砂泥底區。

圖一

圖二

鱸形目　PERCIFORMES

鱸亞目　PERCOIDEI

雙邊魚科　Ambassidae

透明疏籬

雙邊魚

學名：*Ambassis* spp.
英文名稱：Glass perchlet

印度西太平洋：
紅海、菲律賓、
南中國海、澳洲
等。

魚貨來源	本地養殖	境外養殖	**本地野生**	**外地野生**		販賣方式	輪切	**全魚**	清肉	加工品	特別部位

販賣狀態	活魚	**冰鮮**	急凍	乾貨	價格	貴價	中等	**低價**	市面常見程度	常見	**普通**	少見	罕見

主要產季：全年有產
烹調或食用方式：體形小，味鮮，主要以滾湯方式烹調。

雙邊魚是香港水域常見的小型魚類，是本地漁業主要捕
捉目標，多以圍網方式捕獲，手絲釣法常有釣獲。市售
個體小於一兩，產於本地。香港有分佈的雙邊魚目前共
五種，主要以頭部上小棘的分佈位置作分類依據，須用
顯微鏡輔助觀察，肉眼難以判斷種類。群居性魚類，多
棲息於表層，可於鹽度較低的岸邊以肉眼發現其蹤影。
體形小，市售個體約 5 至 6 厘米，於香港以外之地區不

圖一

具食用價值，因捕獲量多（圖一）且味鮮，成為香港受歡迎的滾湯魚之一，是具本地
特色的食魚文化。本科部分物種能於淡水生存，並以「玻璃魚」的名稱在水族市場
上流通，部分會被注入人工螢光色素以吸引消費者。
香港有分佈的雙邊魚最大者為眶棘雙邊（*A. gymnocephalus*），最大可達 16 厘米，肉
食性，棲息於近海沿岸 0 至 10 米的河口、砂泥底區或礁砂混合區。

盲䱽

尖吻鱸

學名：*Lates calcarifer* (Bloch, 1790)
英文名稱：Barramundi

魚貨來源	本地養殖	境外養殖	本地野生	外地野生		販賣方式	輪切	全魚	清肉	加工品	特別部位

販賣狀態	活魚	冰鮮	急凍	乾貨		價格	貴價	中等	低價		市面常見程度	常見	普通	少見	罕見

主要產季：全年有產
烹調或食用方式：肉質嫩滑，味淡，可豉汁蒸、古法蒸[1]或以較重口味之調味方式烹調，大型者可起肉炒球。

尖吻鱸是香港水域偶見的大型魚類，是本地漁業主要捕捉目標，多以一支釣方式捕獲，沉底或前打釣法偶有釣獲。市售個體約斤裝，主要為內地養殖魚，偶有本地野生之大型個體以輪切方式販賣。本種為東南亞養殖漁業主要飼養物種之一，可於海水或淡水中飼養。前鰓蓋骨棘鋒利，鰭棘尖而硬，處理時須小心。本種同時屬於休閒漁業主要放養魚

圖一

種之一，供釣客享受釣魚樂趣。在台灣，魚販會將其上頜骨及尾柄以繩子綁起呈 U 形，此法稱為「弓魚」（圖一），源於福建，目的是讓魚在不能動的情況下仍能呼吸，延長存活時間，同時方便活魚運輸及販賣，但這手法經常引發動物權益的爭議。

最大可達 2 米，重達 60 公斤，肉食性，棲息於近海沿岸 0 至 40 米的淡水、河口、礁區或砂泥底區。

1　粵菜中較傳統及古老的蒸魚方法，主要會加入冬菇絲、金華火腿絲、肉絲等配料提鮮。

百花鱸

斑花鱸

學名：*Lateolabrax maculatus* (McClelland, 1844)
英文名稱：Spotted sea bass

分佈地區

印度太平洋：黃海、東海、日本、南中國海等。

魚貨來源	本地養殖 境外養殖 本地野生 外地野生	販賣方式	輪切 全魚 清肉 加工品 特別部位
販賣狀態	活魚 冰鮮 急凍 乾貨	價格 貴價 中等 低價	市面常見程度 常見 普通 少見 罕見

主要產季：全年有產，野生個體冬季產量較多
烹調或食用方式：肉質細緻，魚味淡，可清蒸，香煎，油泡或配以冬菇、肉絲、金華火腿絲等材料以古法清蒸方式烹調。

斑花鱸是香港水域常見的大型魚類，是本地漁業主要捕捉目標，多以一支釣方式捕獲。艇釣、假餌釣或前打釣法偶有釣獲。市售個體由斤裝至數斤不等，主要為內地養殖魚，偶然有本地野生之大型個體以輪切方式販賣。本種是內地、台灣及日本重要的養殖魚類之一，主要於箱網或魚塘中飼養，本港以往有在基圍中養殖。前鰓蓋下緣具數根尖棘，各鰭棘尖銳，處理時須注意。具有強烈捕食慾望，經常被視為假餌釣的目標魚種。經常出沒於河口或鹽度較低的水域，成魚冬季會於河口繁殖，幼魚可見於春季。

最大可達約1米，肉食性，棲息於近海沿岸 5 至 30 米的河口、礁區或砂泥底區。

赤鯥

赤鯥

學名：*Doederleinia berycoides* (Hilgendorf, 1879)
英文名稱：Blackthroat seaperch

魚貨來源	本地養殖 境外養殖 本地野生 **外地野生**		販賣方式	輪切 **全魚** 清肉 加工品 特別部位
販賣狀態	活魚 **冰鮮** 急凍 乾貨	價格 貴價 **中等** 低價	市面常見程度	常見 普通 **少見** 罕見

主要產季：全年有產
烹調或食用方式：肉質嫩滑，富有魚味，適合各種烹調方式。

赤鯥目前在香港水域沒有分佈紀錄，香港海域水深不是其主要棲息深度。屬中小型魚類，在台灣及菲律賓是漁業主要捕捉目標，多以一支釣或拖網方式捕獲。市售個體由數兩至斤裝不等，均為進口魚。在香港為非主流食用魚類，於日本及台灣則是高級食用魚類。日本曾有米芝蓮餐廳主廚以本種魚類入饌，花費兩天時間製作出連魚鱗及骨骼都可食用的料理，可見本種在日本的飲食文化中備受重視。本種體形愈大香氣愈重，價格亦愈高。雖於台灣被稱為紅喉，但口腔內呈深黑色，屬正常現象，無食安問題。

最大可達 40 厘米，肉食性，棲息於近海沿岸 100 至 600 米的大陸棚斜坡或砂泥底區。

黑瓜子斑

紅嘴煙鱸 ｜ 煙鱠

學名：*Aethaloperca rogaa* (Forsskål, 1775)
英文名稱：Redmouth grouper

分佈地區

印度西太平洋：紅海、非洲東岸、日本、澳洲、南非、波斯灣、泰國、印度、印尼、巴布亞新幾內亞、菲律賓、台灣、帛琉、所羅門群島及加羅林環礁等。

魚貨來源	本地養殖 境外養殖 本地野生 **外地野生**	販賣方式	輪切 **全魚** 清肉 加工品 特別部位
販賣狀態	**活魚 冰鮮** 急凍 乾貨	價格	**貴價 中等** 低價	市面常見程度	**常見** 普通 少見 罕見

販賣狀態 **活魚 冰鮮** 急凍 乾貨　　價格 **貴價 中等** 低價　　市面常見程度 **常見** 普通 少見 罕見

主要產季：全年有產
烹調或食用方式：肉質嫩滑，富有魚味，可清蒸。

紅嘴煙鱸是香港水域罕見的中型石斑魚類，在東南亞地區是漁業主要捕捉目標，多以一支釣或籠具方式捕獲。岸釣或艇釣偶有釣獲，不排除是放生個體。市售個體由數兩至數斤不等，大型個體近年少見，主要由東南亞國家或馬爾代夫進口。口腔內呈紅色，故英文名稱直接用此特徵稱呼。本地離岸有產另一種原生石斑鳶鱠 (*Triso dermopterus*)，同樣被稱作黑瓜子斑，亦有釣友稱呼其為南油黑瓜子斑。鳶鱠在分類與紅嘴煙鱸僅同科，卻不同屬 (genus) 和種 (species)，形態具明顯差異，可簡單從兩者的頭形和口腔內的顏色分辨，鳶鱠食味不及紅嘴煙鱸。

最大可達 60 厘米，肉食性，棲息於近海沿岸 1 至 200 米的礁區或珊瑚礁區。

臘腸斑

白線光腭鱸

學名：*Anyperodon leucogrammicus* (Valenciennes, 1828)
英文名稱：Slender grouper

分佈地區

印度太平洋：紅海、
非洲東岸、馬歇爾群
島、日本、澳洲、菲
律賓、印尼、巴布亞
新幾內亞、台灣等。

魚貨來源	本地養殖	境外養殖	本地野生	**外地野生**

販賣方式	輪切	**全魚**	清肉	加工品	特別部位

販賣狀態	**活魚**	**冰鮮**	急凍	乾貨

價格	**貴價**	**中等**	低價

市面常見程度	常見	**普通**	少見	罕見

主要產季：全年有產
烹調或食用方式：肉質嫩滑，富有魚味，可清蒸。

白線光腭鱸是香港水域罕見的中型魚類，在東南亞地區是漁業主要捕捉目標，多以
一支釣或籠具方式捕獲。岸釣偶有釣獲，不排除是放生個體。市售個體由數兩至斤
裝不等，主要從東南亞國家或馬爾代夫進口。文獻指出本種幼魚的體色與紫色海豬
魚（*Halichoeres purpurescens*）的幼魚相似，海豬魚一般不以魚類為主食，故魚
類對其的警戒心不大，所以與海豬魚相似的體色能讓肉食性的臘腸斑更容易靠近獵
物，繼而捕食。可當作觀賞魚，幼魚偶見於水族市場。
最大可達 65 厘米，肉食性，棲息於近海沿岸 5 至 80 米（主要棲息深度為 5 至 50
米）的礁區或珊瑚礁區。

鱸形目　PERCIFORMES

鱸亞目　PERCOIDEI

鮨科　Serranidae

花鱸

許氏菱牙鮨 ｜ 許氏菱齒花鮨

學名：*Caprodon schlegelii* (Günther, 1859)
英文名稱：Sunrise perch

分佈地區
太平洋：日本南部、東海、台灣、夏威夷、澳洲及智利等。

魚貨來源	本地養殖 境外養殖 本地野生 **外地野生**	販賣方式	輪切 **全魚** 清肉 加工品 特別部位
販賣狀態	活魚 **冰鮮** 急凍 乾貨	價格　貴價 **中等** 低價	市面常見程度　常見 普通 **少見** 罕見

主要產季：全年有產
烹調或食用方式：肉質細緻鬆散，魚味較淡，或出現沙皮，可清蒸。

許氏菱牙鮨目前在香港水域沒有分佈紀錄，香港海域水深不是其主要棲息深度。屬中小型魚類，在台灣是漁業主要捕捉目標，多以延繩釣或一支釣方式捕獲。市售個體約斤裝，主要產於華南或台灣水域。於香港為非主流食用魚類，於台灣屬常見食用魚類。先雌後雄魚類，雄魚體形較大，頭部呈粉紅

圖一

色，有數條不規則的黃色條紋，各鰭呈黃色，背鰭中間位具一塊黑斑，黑斑或會隨成長消失；雌魚（圖一）身體呈橘紅色，背鰭基部具四至五塊大小不一之暗斑，兩者外貌容易區分。雌魚肉質一般較雄魚細緻，大型個體之雄魚肉質結實，可碎蒸。有可能帶有石壓味，腹腔尤其明顯，挑選時可輕壓魚體，嗅聞從肛門流出的液體是否有濃烈氣味。

最大可達 35 厘米，肉食性，棲息於近海沿岸 70 至 250 米的深水礁區。

藍星斑

斑點九棘鱸 ｜ 斑點九刺鮨

學名：*Cephalopholis argus* Bloch & Schneider, 1801
英文名稱：Peacock hind

分佈地區

印度太平洋：紅海、非洲東岸、法屬玻里尼西亞、澳洲、日本及小笠原群島等。

魚貨來源	本地養殖	境外養殖	本地野生	**外地野生**		販賣方式	輪切	**全魚**	清肉	加工品	特別部位

販賣狀態	**活魚**	**冰鮮**	急凍	乾貨		價格	貴價	**中等**	低價		市面常見程度	常見	**普通**	少見	罕見

主要產季：全年有產
烹調或食用方式：肉質一般，魚味略淡，可清蒸或紅燒。

斑點九棘鱸是香港水域罕見的中型魚類，在東南亞地區是漁業主要捕捉目標，多以一支釣或籠具捕獲。岸釣或艇釣偶有釣獲，不排除是放生個體。市售個體由數兩至斤裝不等，甚少超過兩斤，主要從東南亞國家或馬爾代夫進口。藍星斑雖有星斑一名，但在分類上與星斑類如東星、西星或花面星等不同屬（genus），反而與烏絲斑較接近，得藍星斑之名只因身上佈滿藍色的點紋；亦因花紋對比強烈，小型個體偶有於水族店流通。相比其他星斑，因藍星斑的肉質較結實，魚味較淡，價格一般較低。最大可達 60 厘米，肉食性，棲息於近海沿岸 1 至 40 米（主要棲息深度約為 1 至 15 米）的礁區或珊瑚礁區。

烏絲斑

橫紋九棘鱸 ｜ 九刺鮨

學名：*Cephalopholis boenak* (Bloch, 1790)
英文名稱：Chocolate hind

分佈地區

印度西太平洋之熱帶、亞熱帶海域：肯尼亞、莫桑比克、台灣、香港等。

魚貨來源	本地養殖	境外養殖	**本地野生**	外地野生	販賣方式	輪切	**全魚**	清肉	加工品	特別部位

販賣狀態	**活魚**	**冰鮮**	急凍	乾貨	價格	**貴價**	**中等**	低價	市面常見程度	常見	**普通**	少見	罕見

主要產季：全年有產，夏季產量較多
烹調或食用方式：肉質嫩滑，富有魚味，或出現沙皮，可清蒸。

橫紋九棘鱸是香港水域常見的小型魚類，是本地漁業主要的捕捉目標，多以一支釣或延繩釣捕獲，岸釣或艇釣常有釣獲。市售個體由數兩至半斤不等，產自本地。幼魚階段身體後方三分之一位置呈淡黃色，其餘呈淡紫色。雖然體形不大，斤頭已是極限，但因其食味甚佳，在市場上一直維持在中高價

圖一

格，常有活體以數尾一組的形式販賣。藍線九棘鱸（*C. formosa*）（圖一）為另一種市售的九棘鱸屬魚類，俗稱藍紋斑，外形與烏絲斑相似，惟身上佈有藍色條紋，且體形一般較大，目前於香港無分佈紀錄，市面罕見，均為進口魚。
最大可達30厘米，壽命可達約11年，肉食性，棲息於近海沿岸1至64米（主要棲息深度為4至30米）的珊瑚礁區或礁區。

珠星斑、雜星斑

青星九棘鱸 ｜ 青星九刺鮨

學名：*Cephalopholis miniata* (Forsskål, 1775)
英文名稱：Coral hind

分佈地區

印度太平洋：紅海、非洲東岸、萊恩群島、日本、澳洲等。

魚貨來源	本地養殖 境外養殖 本地野生 **外地野生**	販賣方式	輪切 **全魚** 清肉 加工品 特別部位
販賣狀態	**活魚 冰鮮** 急凍 乾貨	價格　貴價 **中等** 低價	市面常見程度　常見 **普通** 少見 罕見

主要產季：全年有產
烹調或食用方式：肉質嫩滑，富有魚味，或出現沙皮，可清蒸。

青星九棘鱸目前在香港水域沒有分佈紀錄，但不排除經人為活動而棲息於本港水域，屬中小型石斑，是東南亞漁業主要的捕捉目標，多以一支釣、延繩釣或籠具方式捕獲，於本港水域甚少有釣獲紀錄。市售個體由數兩至斤裝不等，主要產自東、西沙水域或從東南亞國家進口。本種外貌跟東星斑相似，

圖一

亦因身上同樣佈有藍點紋而被稱為星斑，但肉質略遜東星斑，在分類上相對與烏絲斑較為接近。六斑九棘鱸（*C. sexmaculatus*）（圖一）為另一種市售的珠星斑，其背鰭基部具六條垂直黑條紋，可簡單作區分。兩者肉質類同。
最大可達50厘米，肉食性，棲息於近海沿岸至離岸2至200米的礁區或珊瑚礁區。

鱸形目　PERCIFORMES

鱸亞目　PERCOIDEI

鮨科　Serranidae

紅瓜子斑

紅九棘鱸 | 宋氏九刺鮨

學名：*Cephalopholis sonnerati* (Valenciennes, 1828)
英文名稱：Tomato hind

分佈地區

印度太平洋：紅海、非洲東岸、萊恩群島、日本、澳洲等。

魚貨來源	本地養殖 境外養殖 **本地野生** **外地野生**		販賣方式	輪切 **全魚** 清肉 加工品 特別部位
販賣狀態	**活魚** **冰鮮** 急凍 乾貨	價格 **貴價** 中等 低價	市面常見程度	常見 **普通** 少見 罕見

主要產季：全年有產

烹調或食用方式：肉質嫩滑，富有魚味，或出現沙皮，可清蒸，大型者可起肉炒球。

紅九棘鱸是香港水域偶見的中型魚類，在東南亞地區是漁業主要捕捉目標，多以一支釣或籠具方式捕獲，艇釣偶有釣獲。市售個體由數兩至數斤不等，主要產自東、西沙水域或從東南亞國家進口，本地只偶然有產，大型個體近年少見。獨行性魚類，主要棲息在香港離岸較深的水域，沿岸不排除有因放生活動而定居的個體。雖名為紅瓜子斑，但部分個體呈深紅色（圖一），甚至近乎黑色，在分類上均為同種，屬於個體上或成長環境上的差異，不構成食安問題，食用風味亦類同。七帶九棘鱸（*C. igarashiensis*）（圖二）外形與紅瓜子類似，頭部及身上具有鮮黃色的斑帶，在本地市場稱為海皇星斑，極為罕見。

圖一

圖二

最大可達 57 厘米，肉食性，棲息於近海沿岸至離岸 10 至 150 米的珊瑚礁區。

白尾斑、V 尾斑

尾紋九棘鱸 ｜ 尾紋九刺鮨

學名：*Cephalopholis urodeta* (Forster, 1801)
英文名稱：Darkfin hind

分佈地區

印度太平洋：非
洲東岸、法屬玻
里尼西亞、日本
南部、澳洲大堡
礁等。

魚貨來源	本地養殖	境外養殖	**本地野生**	**外地野生**		販賣方式	輪切	**全魚**	清肉	加工品	特別部位

販賣狀態	**活魚**	**冰鮮**	急凍	乾貨		價格	貴價	**中等**	低價		市面常見程度	常見	普通	**少見**	罕見

主要產季：全年有產
烹調或食用方式：肉質細緻嫩滑，富有魚味，可清蒸。

尾紋九棘鱸是香港水域偶見的小型魚類，是本地漁業主要的捕捉目標，多以一支
釣、延繩釣或籠具方式捕獲，岸釣或艇釣偶有釣獲。市售個體約數兩，產於本地。
獨行性魚類，一般單獨覓食及活動。產量少，經常混雜其他小型石斑以數尾一組的
方式販賣。體色及花紋存在個體差異，身體主要呈紅色，後半部漸變深紅色，身上
或有白斑，但尾鰭的白條紋為穩定特徵，可簡單辨認。可當作觀賞魚，惟本種屬肉
食性魚類，混養小魚時須注意。小型個體偶見於水族市場。
最大可達 28 厘米，肉食性，棲息於近海沿岸 1 至 60 米的礁區或珊瑚礁區。

老鼠斑

駝背鱸

學名：*Cromileptes altivelis* (Valenciennes, 1828)
英文名稱：Humpback grouper

分佈地區

西太平洋：日本、台灣、南中國海、菲律賓、印尼、澳洲、關島等。

魚貨來源	本地養殖	境外養殖	本地野生	外地野生		販賣方式	輪切	全魚	清肉	加工品	特別部位

販賣狀態	活魚	冰鮮	急凍	乾貨		價格	貴價	中等	低價		市面常見程度	常見	普通	少見	罕見

主要產季：全年有產
烹調或食用方式：肉質嫩滑，富有魚味，可清蒸。

駝背鱸是香港水域罕見的中型魚類，在東南亞地區是漁業主要捕捉目標，多以一支釣或籠具方式捕獲，於本港水域甚少有釣獲紀錄。市售個體由十多兩至數斤不等，大型者較少見，主要由東南亞國家進口。價格領先眾多石斑魚類，早期有香港魚皇之稱。在上世紀六、七十年代主要產自東沙群島一帶水域，因捕獲量少、外形獨特和食味極佳，故此身價一直高企，直至近年馬來西亞、新加坡和台灣等地成功進行人工繁殖後，價格才開始稍微回落，但本種成長速度慢，且對水質要求高，即使是養殖個體，價格亦不菲。本種目前在 IUCN 的《瀕危物種紅色名錄》中被列為易危，消費者應評估是否食用野生個體。小型個體偶見於水族市場。

最大可達 70 厘米，壽命可達約 19 年，肉食性，棲息於近海沿岸 2 至 40 米（主要棲息深度為 5 至 25 米）的珊瑚礁區或礁區。

鱸形目 PERCIFORMES

鱸亞目 PERCOIDEI

鮨科 Serranidae

火燒腰、番梘魚

雙帶黃鱸 ｜ 雙帶鱸

學名：*Diploprion bifasciatum* Cuvier, 1828
英文名稱：Barred soapfish

分佈地區

印度西太平洋：馬爾代夫、巴布亞新幾內亞、日本、澳洲等。

魚貨來源	本地養殖 境外養殖 **本地野生** 外地野生	販賣方式	輪切 **全魚** 清肉 加工品 特別部位
販賣狀態	**活魚** **冰鮮** 急凍 乾貨	價格 貴價 中等 **低價**	市面常見程度 常見 普通 少見 **罕見**

主要產季：全年有產
烹調或食用方式：肉質結實爽口，味淡，略帶甘味，可清蒸或煎，烹調前須徹底去除身上黏液。

雙帶黃鱸是香港水域偶見的小型魚類，非本地漁業主要的捕捉目標，多以一支釣或籠具方式捕獲，艇釣偶有釣獲。市售個體約數兩，體形不大，斤頭已是極限，產於本地。本種於市場上十分罕見，西貢海鮮艇偶有活體販售。其俗名番梘魚，指受驚時身上會分泌像肥皂般的黏液，黏液帶有黑鱸素（grammistin），溶於水後會產生泡沫。黑鱸素主要由魚類皮膚的黏液腺分泌，具刺激性之餘帶有苦味，手上有傷口者應避免直接接觸。黑鱸素雖然不會對人類構成生命威脅，但不排除會令人體產生生理反應，故此應避免進食為妙。體色鮮艷，可當作觀賞魚，但因黑鱸素可毒死存活在同一水體的魚類，故不適合與其他魚類混養。

最大可達25厘米，肉食性，棲息於近海沿岸1至100米（主要棲息深度為5至50米）的珊瑚礁區。

紅斑

赤點石斑魚

學名：*Epinephelus akaara* (Temminck & Schlegel, 1842)
英文名稱：Hong Kong grouper

分佈地區

西太平洋：南中國海、香港、台灣、東海、南韓及日本等。

魚貨來源	本地養殖	**境外養殖**	**本地野生**	外地野生		販賣方式	輪切	**全魚**	清肉	加工品	特別部位

販賣狀態	**活魚**	**冰鮮**	急凍	乾貨		價格	**貴價**	中等	低價		市面常見程度	常見	普通	**少見**	罕見

主要產季：全年有產，冬季與春季產量較多
烹調或食用方式：肉質嫩滑，富有魚味，可清蒸，大型者可起肉炒球。

赤點石斑魚是香港水域偶見的中型魚類，是本地漁業主要的捕捉目標，多以一支釣或籠具方式捕獲，艇釣偶有釣獲。市售個體由斤裝至數斤不等，產自本地或華南地區。本種在海鮮業界名氣甚大，能見於高級海鮮販賣店，價格甚為昂貴。紅斑是香港世界自然基金會「海洋十寶」其中一寶，屬於香港原生魚類，具有一定代表性。內地、台灣及日本等地已成功人工繁殖並量產，以

圖一

供應龐大海鮮市場。養殖個體體色略為暗啞，產於日本者身上的紅斑點紋特別明顯（圖一），食味遜於本地紅斑。本種目前在 IUCN 的《瀕危物種紅色名錄》中被列為瀕危，消費者應評估是否避免食用野生個體。

最大可達 58 厘米，重達 2.5 公斤，肉食性，棲息於近海沿岸 1 至 55 米的珊瑚礁區或礁區。

黃釘

青石斑魚

學名：*Epinephelus awoara* (Temminck & Schlegel, 1842)
英文名稱：Yellow grouper

分佈地區

西北太平洋：韓國、日本、南中國海、越南及台灣等。

魚貨來源	本地養殖 境外養殖 **本地野生** 外地野生	販賣方式	輪切 **全魚** 清肉 加工品 特別部位
販賣狀態	**活魚** **冰鮮** 急凍 乾貨	價格　賣價 **中等** 低價	市面常見程度　**常見** 普通 少見 罕見

主要產季：全年有產
烹調或食用方式：肉質結實，略粗糙，味淡，可清蒸，大型者可起肉炒球。

青石斑魚是香港水域常見的中型魚類，是本地漁業主要的捕捉目標，多以一支釣或延繩釣方式捕獲，手絲、投釣、磯釣、假餌釣或艇釣常有釣獲。市售個體由數兩至斤裝不等，產自本地。常以數尾一組販賣，偶有過斤的大型個體以冰鮮形式販賣。一斤以下者大多棲息於沿岸，大型者則棲息於離岸較深水域，體色亦較黃。本種食味在眾多石斑魚類中較為一般，是價格較親民的石斑魚類。雖然目前已成功進行人工繁殖，但因野生數量不少，且需求量不大，香港市售個體主要為野生魚。

最大可達60厘米，肉食性，棲息於近海沿岸至離岸1至50米的礁區、珊瑚礁區、砂泥底區或碎石區。

芝麻斑、橙點芝麻斑

布氏石斑魚

學名：*Epinephelus bleekeri* (Vaillant, 1878)
英文名稱：Duskytail grouper

魚貨來源	本地養殖	境外養殖	**本地野生**	**外地野生**		販賣方式	**輪切**	**全魚**	清肉	加工品	特別部位

販賣狀態	**活魚**	**冰鮮**	急凍	乾貨		價格	**貴價**	**中等**	低價		市面常見程度	常見	普通	**少見**	罕見

主要產季：全年有產
烹調或食用方式：肉質細緻，略結實，富有魚味，可清蒸，大型者可起肉炒球。

布氏石斑魚是香港水域常見的中大型魚類，是本地漁業主要的捕捉目標，多以一支釣或延繩釣方式捕獲，各種釣法偶有釣獲。市售個體由數兩至數斤不等，產自本地或華南地區。是廣被認識的石斑魚類之一，以往於香港有進行箱網養殖，惟收成率不高且成長速度慢，漸被其他養殖魚種取代。小型者常見於沿岸，大型者則主要棲息於外海較深水的礁石區或沉船排。外貌與俗稱青斑的橘點石斑魚（*E. coioides*）相似，本種尾鰭上半部具有橙點紋，末端略呈橙色，可簡單作區分。俗稱深水芝麻斑的日本石斑魚（*E. japonicus*）（圖一）及俗稱白尾芝麻斑的寶石石斑魚（*E. areolatus*）（圖二）是另外兩種市面偶見的芝麻斑。
最大可達 76 厘米，肉食性，棲息於近海沿岸至離岸 30 至 105 米的礁區或珊瑚礁區。

圖一

圖二

鱸形目 PERCIFORMES

鱸亞目 PERCOIDEI

鮨科 Serranidae

油斑、泥斑、雙牙斑

褐石斑魚

學名：*Epinephelus bruneus* Bloch, 1793
英文名稱：Longtooth grouper

魚貨來源	本地養殖 境外養殖 **本地野生** **外地野生**		販賣方式	輪切 **全魚** **清肉** 加工品 **特別部位**
販賣狀態	**活魚** **冰鮮** 急凍 乾貨	價格 **貴價** **中等** 低價	市面常見程度	常見 **普通** 少見 罕見

主要產季：全年有產
烹調或食用方式：肉質嫩滑，富有魚味，可清蒸，大型者可起肉炒球，頭、骨腩可配上蒜蓉碎蒸。

褐石斑魚是香港水域常見的大型魚類，是本地漁業主要的捕捉目標，多以一支釣或延繩釣方式捕獲，岸釣或艇釣偶有釣獲。市售個體體形差距大，由數兩至數十斤不等，大型者俗稱泥躉（圖一），主要是香港鄰近水域的漁獲。成魚分佈於沿岸至離岸，部分會棲息於泥質海床，故此有「泥斑」一名。本種與後面介紹的黃勒（*E. moara*）過往在分類上存在分歧，並與油斑共用同一個拉丁學名「*E. bruneus*」；及後經學者研究後釐清兩者為獨立有效物種。市面偶然有大型油斑的頭、腩和骨等部位分開販賣。

圖一

最大可達 1.3 米，重達 33 公斤，肉食性，棲息於近海沿岸至離岸 20 至 200 米的礁區或砂泥底區。

青斑

橘點石斑魚｜點帶石斑魚

學名：*Epinephelus coioides* (Hamilton, 1822)
英文名稱：Orange-spotted grouper

分佈地區

印度西太平洋：非洲
東岸、紅海、日本南
部、澳洲等。

魚貨來源	本地養殖 境外養殖 本地野生 外地野生	販賣方式	輪切 全魚 清肉 加工品 特別部位
販賣狀態	活魚 冰鮮 急凍 乾貨	價格 貴價 中等 低價	市面常見程度 常見 普通 少見 罕見

主要產季：全年有產
烹調或食用方式：野生魚肉質結實爽口，富有魚味；養殖魚肉質一般，部分略為粗糙，魚味
較淡。可清蒸，大型者可起肉炒球。

橘點石斑魚是香港水域常見的大型魚類，是本地漁業主要的捕捉目標，多以一支
釣或延繩釣方式捕獲，各種釣法常有釣獲。市售青斑體形差距非常大，由數兩、斤
裝、十餘斤至數十斤不等，主要為內地養殖魚或本地野生魚。乃常見的養殖魚種，
但近年養殖趨勢多以新品種石斑魚替代純種石斑魚，以致本種於市面上流通的數量
有所下降，但依然為市面常見的石斑魚之一。野生個體食味較養殖者為佳，同時大
型者的肉質與香氣比小型者佳。養殖個體體色暗啞，且身上的橘色點紋大多呈深紅
色或黑色。本種外貌與花鬼斑相似，兩者外觀分別在於後者身上沒有橘色點紋，而
是佈有白色點紋，可簡單區分。
最大可達 1.2 米，重達 15 公斤，壽命可達約 22 年，肉食性，棲息於近海沿岸 1 至
100 米的河口、礁區或砂泥底區。

蘇鼠斑

珊瑚石斑魚｜黑駁石斑魚

學名：*Epinephelus corallicola* (Valenciennes, 1828)
英文名稱：Coral grouper

魚貨來源	本地養殖	境外養殖	本地野生	**外地野生**		販賣方式	輪切	**全魚**	清肉	加工品	特別部位

販賣狀態	**活魚**	**冰鮮**	急凍	乾貨		價格	**貴價**	中等	低價		市面常見程度	常見	**普通**	少見	罕見

主要產季：全年有產
烹調或食用方式：肉質結實細緻，富有魚味，可清蒸。

珊瑚石斑魚是香港水域罕見的中型魚類，是本地及東南亞漁業主要的捕捉目標，多以一支釣、魚槍或籠具方式捕獲，於本港水域甚少有釣獲紀錄。雖然本種於香港水域有分佈紀錄，但數量稀少。市售個體由數兩至斤裝不等，主要產於印尼或馬爾代夫，能見於高級海鮮販賣店。本種在斑紋及體色上與老鼠斑略有相似，且俗名均有鼠斑的稱呼，但後者頭小吻尖，體形較高，在外形上容易區分。

最大可達 49 厘米，肉食性，棲息於近海沿岸 1 至 60 米的礁區，偶見於河口。

橡皮斑

克雷格氏石斑魚

學名：*Epinephelus craigi* Frable, Tucker & Walker, 2018
英文名稱：Brokenbar grouper

分佈地區

印度太平洋：南中國海、印尼、越南等。

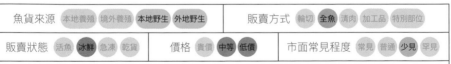

魚貨來源	本地養殖 境外養殖 **本地野生** **外地野生**	販賣方式	輪切 **全魚** 清肉 加工品 特別部位
販賣狀態	活魚 **冰鮮** 急凍 乾貨	價格　貴價 **中等** **低價**	市面常見程度 常見 普通 **少見** 罕見

主要產季：全年有產，秋、冬季產量較多
烹調或食用方式：肉質結實，大型者略粗糙，味淡，可紅燒。

克雷格氏石斑魚是香港罕見的小型魚類，是本地漁業主要的捕捉目標，多以一支釣或延繩釣方式捕獲，外海艇釣偶有釣獲。市售個體由半斤至一斤不等，主要產自華南地區。肉質一般，售價不高，屬低價石斑魚。本種以往在分類上一直沿用雙棘石斑魚（*E. diacanthus*）一名，直至 2018 年才被學者發現本種是獨立的有效物種，並以漁業科學家 Dr. Matthew T. Craig 命名，表揚他在石斑保育上的重要貢獻，發表時部分模式標本在香港採集。

最大可達 25 厘米，肉食性，棲息於近海沿岸 28 至 93 米的砂泥底區。

藍瓜子斑

藍鰭石斑魚｜細點石斑魚

學名：*Epinephelus cyanopodus* (Richardson, 1846)
英文名稱：Speckled blue grouper

魚貨來源	本地養殖	境外養殖	本地野生	外地野生		販賣方式	輪切	全魚	清肉	加工品	特別部位

販賣狀態	活魚	冰鮮	急凍	乾貨		價格	貴價	中等	低價		市面常見程度	常見	普通	少見	罕見

主要產季：全年有產
烹調或食用方式：肉質嫩滑，富有魚味，可清蒸，大型者可起肉炒球。

藍鰭石斑魚是香港水域罕見的大型魚類，在東南亞地區是漁業主要捕捉目標，多以一支釣、延繩釣或籠具方式捕獲，於本港水域甚少有釣獲紀錄。市售個體由數兩至斤裝不等，於香港野外有分佈紀錄，惟市售之野生個體主要產於東南亞地區，而養殖個體除少部分產於本地外，大部分產於內地的海南島一帶。各個種的個體間

圖一

的體色多變，包括灰白色、淺藍色或黑色，大型個體身上佈有不規則的黑色斑紋，或有白色塊狀斑紋；各魚鰭於活體時呈現藍色，故稱藍瓜子斑。外國有研究指出本種有可能含有雪卡毒，本港暫時未有確實進食後中毒的報告，但應避免進食大型個體。俗稱白瓜子斑的波紋石斑魚（*E. undulosus*）（圖一）是另一種市售瓜子斑，甚為罕見，外貌與藍瓜子相似，惟兩者身上花紋不同，可簡單作區分。
最大可達 1.2 米，重達 13.7 公斤，肉食性，棲息於近海沿岸 2 至 150 米的珊瑚礁區。

鱸形目 PERCIFORMES

鱸亞目 PERCOIDEI

鮨科 Serranidae

石釘

帶點石斑魚｜斑帶石斑魚

學名：*Epinephelus fasciatomaculosus* (Peters, 1865)
英文名稱：Rock grouper

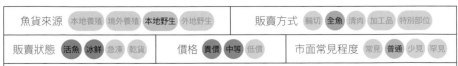

分佈地區

西太平洋：馬來西亞、越南、菲律賓、南中國海、台灣及日本南部等。

魚貨來源	本地養殖 境外養殖 **本地野生** 外地野生	販賣方式	輪切 **全魚** 清肉 加工品 特別部位
販賣狀態	**活魚 冰鮮** 急凍 乾貨	價格 **貴價 中等** 低價	市面常見程度 常見 **普通** 少見 罕見

主要產季：全年有產，夏季產量較多
烹調或食用方式：肉質嫩滑，富有魚味，可清蒸。

帶點石斑魚是香港水域常見的小型魚類，是本地漁業主要的捕捉目標，多以一支釣或延繩釣方式捕獲，岸釣或艇釣均能釣獲。市售個體由數兩至斤裝不等，產於本地。與烏絲斑一樣同為香港沿岸常見的石斑魚類，雖然體形不大，斤頭已是極限，但因食味甚佳，故此在市場上一直維持在中上價格，常有活體以數尾一組的形式販賣。大型者外貌與紅斑相似，下頜至腹鰭前均略呈紅色，本種身上佈有褐色斑點紋，而非紅色細點紋，可簡單作區分。

最大可達 30 厘米，肉食性，棲息於近海沿岸 15 至 30 米的礁區。

紅釘

橫條石斑魚 | 橫帶石斑魚

學名：*Epinephelus fasciatus* (Forsskål, 1775)
英文名稱：Blacktip grouper

魚貨來源	本地養殖	境外養殖	**本地野生**	**外地野生**		販賣方式	輪切	**全魚**	清肉	加工品	特別部位

販賣狀態	**活魚**	**冰鮮**	急凍	乾貨		價格	**貴價**	**中等**	低價		市面常見程度	常見	普通	**少見**	罕見

主要產季：全年有產
烹調或食用方式：肉質結實爽口，富有魚味，或出現沙皮，可清蒸。

橫條石斑魚是香港水域偶見的中型魚類，是本地漁業主要的捕捉目標，多以一支釣或延繩釣方式捕獲，艇釣或外礁磯釣偶有釣獲。市售個體由數兩至斤裝不等，大型者可達兩斤但極為罕見，產於本地或東、西沙水域。本種在日本海鮮文化中為高價魚食材之一，當地已成功人工繁殖且量產。鮮紅體色

圖一

令牠在海鮮市場上具一定名氣，可惜體形不大且產量少，故此在香港食用風氣不太普及。背鰭連接硬棘的鰭膜末端具黑斑紋，故英文名稱為 Blacktip grouper。俗稱玫瑰斑的半月石斑魚 (*E. rivulatus*)（圖一）為另一種偶見的市售石斑魚，主要產自菲律賓海域，外貌與紅釘相似，惟背鰭不具黑緣，肉質尚佳。

最大可達 40 厘米，重達 2 公斤，壽命可達約 19 年，肉食性，棲息於近海沿岸 4 至 160 米（主要棲息深度為 20 至 45 米）的礁區。

黃瓜子斑、黃鰭藍瓜子斑

黃鰭石斑魚

學名：*Epinephelus flavocaeruleus* (Lacepède, 1802)
英文名稱：Blue-and-yellow grouper

魚貨來源	本地養殖 境外養殖 本地野生 **外地野生**		販賣方式	輪切 **全魚** 清肉 加工品 特別部位
販賣狀態	**活魚 冰鮮** 急凍 乾貨	價格 **貴價** 中等 低價	市面常見程度	常見 普通 少見 **罕見**

主要產季：全年有產
烹調或食用方式：肉質較結實，富有魚味，可清蒸。

黃鰭石斑魚目前在香港水域沒有分佈紀錄，屬中型石斑，在東南亞地區是漁業主要捕捉目標，多以一支釣、延繩釣或籠具捕獲。市售個體由數兩至斤裝不等，主要由東南亞地區進口，部分活體來自東、西沙水域或馬爾代夫。台灣近年開始養殖並量產，本地漁排亦有引進魚苗與藍瓜子斑苗一同養殖，惟供應量少。外形與藍瓜子斑相似，魚鰭主要為黃色，身上佈有白色點紋，有機會隨成長而消失。體色鮮艷，小型個體偶見於水族市場。

最大可達 90 厘米，重達 15 公斤，肉食性，棲息於近海沿岸 10 至 150 米的礁區。

老虎斑

棕點石斑魚

學名：*Epinephelus fuscoguttatus* (Forsskål, 1775)
英文名稱：Brown–marbled grouper

魚貨來源	本地養殖	境外養殖	本地野生	外地野生		販賣方式	輪切	全魚	清肉	加工品	特別部位

販賣狀態	活魚	冰鮮	急凍	乾貨		價格	貴價	中等	低價		市面常見程度	常見	普通	少見	罕見

主要產季：全年有產
烹調或食用方式：野生魚肉質嫩滑，富有魚味，膠質豐富；養殖魚肉質一般。可清蒸，大型者可起肉炒球。

棕點石斑魚是香港水域偶見的大型魚類，是本地及東南亞漁業主要的捕捉目標，多以一支釣或籠具方式捕獲，岸釣或艇釣偶有釣獲。市售老虎斑大小不一，由半斤至十餘斤不等，主要為內地養殖魚或由東南亞國家進口。過往為本地及內地主要養殖魚類，但近年隨養殖生物科技的進步，愈來愈多新品種被開發，其中包括老虎斑混杉斑，俗稱虎杉斑（*Epinephelus fuscoguttatus* x *Epinephelus polyphekadion*）的

圖一

圖二

新品種石斑魚，因養成速度較快，養殖戶現時大多改為飼養虎杉斑，使市面上的純種老虎斑（圖一）變少。市售的老虎斑大致分為兩種，分別為老虎斑及黃皮老虎斑，但在分類上兩者屬於同一物種，體色上的差異主要因產地及餌料不同而有所影響，黃皮老虎斑大多是野生魚，體形亦偏大，體色偏黑者以養殖魚居多。市面上偶有大型黃皮老虎斑販賣，販賣方式與其他大型石斑類同，不同身體部位以至內臟均有販賣（圖二）。大型個體有可能累積雪卡毒，本種目前在 IUCN 的《瀕危物種紅色名錄》中被列為近危，消費者應評估是否食用野生個體。

最大可達 1.2 米，重達 11 公斤，壽命可達約 40 年，肉食性，棲息於近海沿岸 1 至 150 米的礁區或珊瑚礁區。

沙巴龍躉

龍虎斑

學名：*Epinephelus fuscoguttatus* x *Epinephelus lanceolatus* N/A
英文名稱：Sabah grouper

魚貨來源	本地養殖 境外養殖 本地野生 外地野生	販賣方式	輪切 全魚 清肉 加工品 特別部位
販賣狀態	活魚 冰鮮 急凍 乾貨	價格 貴價 中等 低價	市面常見程度 常見 普通 少見 罕見

主要產季：全年有產
烹調或食用方式：肉質細緻，魚味淡，若養殖環境或飼料品質欠佳，脂肪有可能帶有飼料或泥臭味。可清蒸，大型者可起肉炒球或碎蒸。

龍虎斑是香港水域常見的魚類，非本地漁業主要的捕捉目標，多以一支釣方式捕獲，任何釣法常有釣獲。市售個體由斤裝至十餘斤不等，主要為內地或本港的養殖魚。由馬來西亞沙巴大學於 2006 年經研發，以鞍帶石斑魚（*E. lanceolatus*，花尾龍躉）和棕點石斑魚（*E. fuscoguttatus*，老虎斑）進行混種而成的新品種魚類，故此俗名直接稱為沙巴龍躉，現時已有利用不同石斑與花尾龍躉進行混種，供應龐大的海鮮市場。混種魚因併合兩種魚類的優勢，無疑能解決人類糧食短缺問題，亦減輕野生捕撈的壓力，但在生態環境的角度上，若這些「怪獸品種」因放生活動或養殖逃逸流入野外環境，一來牠們本身具生存優勢，同時屬於大型肉食性魚類，對原生物種的生存有可能構成威脅。此外，已有實驗證明混種石斑在沒有人為干擾的情況下，可自然產生後代，打破混種生物無法繁殖下一代的觀念，亦衍生原生石斑魚基因庫被擾亂及污染的問題，對生態體系構成嚴重威脅。
最大體長未知，肉食性，棲息於近海沿岸的河口或礁區。

鱸形目 PERCIFORMES

鱸亞目 PERCOIDEI

鮨科 Serranidae

花尾龍躉

鞍帶石斑魚

學名：*Epinephelus lanceolatus* (Bloch, 1790)
英文名稱：Giant grouper

分佈地區

印度太平洋：非洲東岸、紅海、日本南部、澳洲西北部等。

魚貨來源	本地養殖	境外養殖	本地野生	外地野生		販賣方式	輪切	全魚	清肉	加工品	特別部位

販賣狀態	活魚	冰鮮	急凍	乾貨		價格	貴價	中等	低價		市面常見程度	常見	普通	少見	罕見

主要產季：全年有產

烹調或食用方式：野生魚肉質嫩滑，富有魚味，膠質豐富；養殖魚肉質一般，若養殖環境或飼料品質欠佳，脂肪有可能帶有飼料或泥臭味。可清蒸，大型者可起肉炒球或碎蒸。

鞍帶石斑魚是香港水域偶見的大型魚類，是本地漁業主要的捕捉目標，多以一支釣方式捕獲，岸釣或艇釣偶有釣獲。市售個體由數斤、數十斤或百餘斤不等，本種目前是體形最大的鮨科魚類，最大幾乎接近 3 米。市售個體來源甚多，包括內地、台灣和香港的養殖魚，偶然有來自印尼或菲律賓等地的大型野生魚。本種於東南亞地區亦為重要的大型養殖魚類。養殖個體肉色較暗啞，脂肪含量極高；野生個體肉色

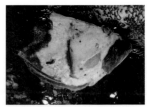

圖一

潔白，脂肪相對較少。因體形龐大，市面上有各種部位包括已削鱗的頭部（圖一）、腩部、背肉，魚鮫及內臟（魚雜）分開販賣，當中以龍躉扣（魚胃）名氣較大，用作燉湯或快炒同樣美味。部分大型個體本經由宗教放生活動流入本港沿岸水域。
最大可達 2.7 米，重達 400 公斤，肉食性，棲息於近海沿岸至離岸 1 至 500 米的礁區，幼魚會進入河口。

疏籬斑

縱帶石斑魚｜寬帶石斑魚

學名：*Epinephelus latifasciatus* (Temminck & Schlegel, 1842)
英文名稱：Striped grouper

魚貨來源	本地養殖	境外養殖	**本地野生**	外地野生		販賣方式	輪切	**全魚**	清肉	加工品	特別部位
販賣狀態	活魚	**冰鮮**	急凍	乾貨		價格	貴價	**中等**	低價		市面常見程度 常見 普通 **少見** 罕見

主要產季：全年有產
烹調或食用方式：肉質一般，富有魚味，可清蒸，大型者可起肉炒球。

縱帶石斑魚是香港水域偶見的大型魚類，是本地
漁業主要的捕捉目標，多以一支釣或延繩釣方式
捕獲，艇釣偶有釣獲。市售個體由數兩至數斤不
等，產於本地或華南一帶水域。本種幼魚與成魚
花紋截然不同，幼魚身上的條紋會隨成長變成點
紋（圖一）。成魚棲息於離岸較深水層，市場上
較為少見。幼魚顏色特別，可當作觀賞魚，但因

圖一

棲息深度較深，漁獲上水後大多因中壓導致不能存活，故此市面上甚少有活體販賣。
最大可達 1.37 米，重達 58.6 公斤，肉食性，棲息於近海沿岸至離岸 20 至 240 米的
礁區或砂泥底區。

花英斑

花點石斑魚

學名：*Epinephelus maculatus* (Bloch, 1790)
英文名稱：Highfin grouper

分佈地區

印度太平洋：印尼、南中國海、薩摩亞、日本南部、羅得豪島等。

魚貨來源	本地養殖 境外養殖 本地野生 **外地野生**	販賣方式	輪切 **全魚** 清肉 加工品 特別部位
販賣狀態	**活魚 冰鮮** 急凍 乾貨	價格	**貴價** 中等 低價	市面常見程度	常見 **普通** 少見 罕見

主要產季：全年有產
烹調或食用方式：肉質嫩滑，富有魚味，可清蒸。

花點石斑魚是香港水域罕見的中型魚類，是本地和東南亞地區漁業的主要捕捉目標，多以一支釣、魚槍或籠具方式捕獲，於本港水域甚少有釣獲紀錄。市售個體由斤裝至數斤不等，大型個體較為少見，主要產於東、西沙水域、印尼或馬爾代夫，能見於高級海鮮販賣店。香港水域雖然有分佈紀錄，但數量十分稀少。大型個體有可能累積雪卡毒，消費者應評估是否食用。幼魚體背具有兩個明顯白斑，體色鮮明，偶見於水族市場。

最大可達 60.5 厘米，肉食性，棲息於近海沿岸 2 至 100 米的珊瑚礁區。

花鬼斑

瑪拉巴石斑魚

學名：*Epinephelus malabaricus* (Bloch & Schneider, 1801)
英文名稱：Malabar grouper

魚貨來源	本地養殖	境外養殖	**本地野生**	**外地野生**		販賣方式	輪切	**全魚**	清肉	加工品	特別部位
販賣狀態	**活魚**	**冰鮮**	急凍	乾貨	價格	**貴價**	**中等**	低價	市面常見程度	常見	普通	**少見**	罕見

主要產季：全年有產
烹調或食用方式：肉質嫩滑，富有魚味，可清蒸，大型者可起肉炒球。

瑪拉巴石斑魚是香港水域偶見的大型魚類，是本地漁業主要的捕捉目標，多以一支
釣或魚槍方式捕獲，岸釣或艇釣偶有釣獲。市售個體體形差距非常大，由斤裝至數
十斤不等，產於本地。外貌與青斑相似，但風味勝於青斑。以往在香港有進行人
工養殖，台灣現時僅少數養殖戶進行飼養，但並沒有供應香港市場。市售均為野生
魚，價格偏高。本種最大可超過兩米，惟或因香港的水深所限，非大型個體主要的
棲息深度，故本地數量較少，大多從印尼或菲律賓進口。
最大可達 2.3 米，重達 150 公斤，肉食性，棲息於近海沿岸 0 至 150 米的河口或礁
區。

花頭梅

蜂巢石斑魚｜網紋石斑魚

學名：*Epinephelus merra* Bloch, 1793
英文名稱：Honeycomb grouper

分佈地區
印度太平洋：南非、法屬玻里尼西亞等。

魚貨來源	本地養殖 境外養殖 **本地野生** 外地野生		販賣方式	輪切 **全魚** 清肉 加工品 特別部位
販賣狀態	**活魚 冰鮮** 急凍 乾貨	價格 貴價 **中等** 低價	市面常見程度	常見 **普通** 少見 罕見
主要產季：全年有產				
烹調或食用方式：肉質結實，魚味較淡，可清蒸、香煎或紅燒。				

蜂巢石斑魚是香港水域常見的小型魚類，是本地漁業主要的捕捉目標，多以一支釣或籠具方式捕獲，各種釣法常有釣獲。市售個體約數兩，產自本地。棲息深度十分淺的石斑魚類，偶見於石灘，常見於沿岸淺水區礁區。體形不大，達半斤者已是大型個體，常以數尾

圖一

一組的方式販賣。菲律賓有進行人工養殖試驗，惟目前沒有養殖個體於市面販售。可當作觀賞魚，偶見於水族市場。六角石斑魚（*E. hexagonatus*）（圖一）為另一種市售花頭梅。

最大可達 32 厘米，肉食性，棲息於近海沿岸 0 至 150 米的礁區。

鱸形目　PERCIFORMES

鱸亞目　PERCOIDEI

鮨科　Serranidae

黃勒、石雙牙

雲紋石斑魚

學名：*Epinephelus moara* (Temminck & Schlegel, 1843)
英文名稱：Kelp grouper

分佈地區

西太平洋：南中
國海、香港、台
灣、東海、南韓
及日本等。

鱸形目　PERCIFORMES

鱸亞目　PERCOIDEI

鮨科　Serranidae

魚貨來源	本地養殖 境外養殖 **本地野生** 外地野生		販賣方式	輪切 **全魚** 清肉 加工品 特別部位
販賣狀態	**活魚 冰鮮** 急凍 乾貨	價格 **貴價** 中等 低價	市面常見程度	常見 普通 **少見** 罕見

主要產季：全年有產
烹調或食用方式：肉質嫩滑，富有魚味，可清蒸。

雲紋石斑魚是香港水域偶見的大型魚類，是本地漁業主要的捕捉目標，多以一支釣方式捕獲，岸釣或艇釣偶有釣獲。市售個體由斤裝至數斤不等，主要產自本地。雖然本港甚少出現十斤以上的個體，但大型個體於日本和台灣卻是十分常見（圖一），估計因香港水深所限，不符大型個體的棲息條件。本種在坊間有「斑皇」的稱號，惟數量稀少，價格高。本種外貌與油斑相似，本種

圖一

背鰭和尾鰭邊緣呈黃色，身上斜紋斷續，可簡單區分。本種過往在分類上亦存在分歧，一直被認為是油斑的同種異名，至近年確認兩者各自是獨立的有效物種。因主要棲息於礁石區，故有「石雙牙」一俗名。近年日本有使用本種與花尾龍躉進行混種，研發新品種魚類以供應龐大海鮮市場。

最大可達超過1米，肉食性，棲息於近海沿岸的礁區。

油杉、假杉斑

紋波石斑魚

學名：*Epinephelus ongus* (Bloch, 1790)
英文名稱：White–streaked grouper

分佈地區

印度西太平洋：非洲東岸、斐濟群島、日本南部、澳洲、新喀里多尼亞等。

魚貨來源	本地養殖 境外養殖 本地野生 **外地野生**	販賣方式	輪切 **全魚** 清肉 加工品 特別部位
販賣狀態	**活魚** **冰鮮** 急凍 乾貨	價格 貴價 **中等** 低價	市面常見程度 常見 普通 **少見** 罕見

主要產季：全年有產
烹調或食用方式：肉質結實爽口，富有魚味，可清蒸。

紋波石斑魚是香港水域罕見的中小型魚類，是本地和東南亞地區漁業的主要捕捉目標，多以一支釣、延繩釣或籠具方式捕獲，於本港水域甚少有釣獲紀錄。市售個體由十數兩至斤裝不等。香港水域雖然有分佈紀錄，但數量稀少。市售個體主要由東南亞地區進口，偶見於高級海鮮販賣店。獨居魚類，幼魚常棲息於鹹淡水域的礁石或洞穴，成魚則通常棲息於水深 20 米以下。可當作觀賞魚，幼魚偶見於水族市場。最大可達 40 厘米，肉食性，棲息於近海沿岸至離岸 5 至 60 米的河口、礁區、珊瑚礁區。

杉斑

清水石斑魚

學名：*Epinephelus polyphekadion* (Bleeker, 1849)
英文名稱：Camouflage grouper

分佈地區

印度太平洋：非
洲東岸、法屬玻
里尼西亞、日本
南部、澳洲及羅
得豪島等。

魚貨來源	本地養殖	境外養殖	本地野生	**外地野生**		販賣方式	輪切	**全魚**	清肉	加工品	特別部位

販賣狀態	**活魚**	**冰鮮**	急凍	乾貨		價格	**貴價**	中等	低價		市面常見程度	常見	**普通**	少見	罕見

主要產季：全年有產
烹調或食用方式：肉質嫩滑，富有魚味，或出現沙皮，可清蒸。

清水石斑魚是香港水域偶見的中大型魚類，是本地和東南亞地區漁業的主要捕捉目
標，多以一支釣、延繩釣或籠具方式捕獲，於本港水域甚少有釣獲紀錄。市售個體
由斤裝至數斤不等，大型個體較為少見，主要為來自印尼或馬爾代夫的野生魚，能
見於高級海鮮販賣店。香港水域雖然有分佈紀錄，但數量稀少。大型個體有可能累
積雪卡毒，且在 IUCN 的《瀕危物種紅色名錄》中被列為易危，消費者應評估是否
食用。小型個體大多獨居，成魚會聚集成群產卵。近年有使用本種與老虎斑進行混
種，俗稱虎杉斑。
最大可達 90 厘米，肉食性，棲息於近海沿岸至離岸 1 至 46 米的礁區或珊瑚礁區。

金錢斑

玳瑁石斑魚

學名：*Epinephelus quoyanus* (Valenciennes, 1830)
英文名稱：Longfin grouper

分佈地區
西太平洋：日本、台灣、澳洲等。

魚貨來源	本地養殖 境外養殖 **本地野生** 外地野生	販賣方式	輪切 **全魚** 清肉 加工品 特別部位
販賣狀態	**活魚** **冰鮮** 急凍 乾貨	價格　賣價 **中等** 低價	市面常見程度　常見 **普通** 少見 罕見

主要產季：全年有產
烹調或食用方式：肉質結實，富有魚味，可清蒸，大型者可起肉炒球。

玳瑁石斑魚是香港水域偶見的中型魚類，是本地和台灣漁業的主要捕捉目標，多以一支釣或延繩釣方式捕獲，艇釣、外礁磯釣或岸釣偶有釣獲。市售個體由數兩至斤頭不等，主要產自東、西沙一帶水域。常與俗稱花頭梅的六角石斑魚（*Epinephelus hexagonatus*）和蜂巢石斑魚混淆，本種頭部更為圓鈍及有較大的胸鰭。台灣產量較多，尤其以澎湖產量為全台之冠，是當地主要食用魚類之一。

最大可達 40 厘米，肉食性，棲息於近海沿岸 1 至 50 米的礁區或珊瑚礁區。

石斑魚屬　*Epinephelus*

鬼頭斑

三斑石斑魚

學名：*Epinephelus trimaculatus* (Valenciennes, 1828)
英文名稱：Threespot grouper

分佈地區

西北太平洋：韓國、日本、中國大陸沿岸及台灣等。

魚貨來源	本地養殖 境外養殖 **本地野生** 外地野生		販賣方式	輪切 **全魚** 清肉 加工品 特別部位
販賣狀態	**活魚** **冰鮮** 急凍 乾貨	價格 貴價 **中等** 低價	市面常見程度	常見 普通 **少見** 罕見

主要產季：全年有產
烹調或食用方式：肉質結實，富有魚味，可清蒸，大型者可起肉炒球。

三斑石斑魚是香港水域偶見的中型魚類，非本地漁業的主要捕捉目標，多以一支釣或延繩釣方式捕獲，艇釣或磯釣偶有釣獲。市售個體由數兩至斤頭不等，產自本地。獨行性魚類，單獨活動及覓食，偏好棲息於礁邊溶氧量較高的環境。外貌與芝麻斑略為相似，本種體背具有三個黑斑，因此有三斑石斑魚的中文名稱，可簡單作區分。

最大可達50厘米，肉食性，棲息於近海沿岸0至30米的礁區或珊瑚礁區。

鱸形目　PERCIFORMES

鱸亞目　PERCOIDEI

鮨科　Serranidae

鱸形目 PERCIFORMES

鱸亞目 PERCOIDEI

鮨科 Serranidae

金錢躉

藍身大石斑魚｜藍身大斑石斑魚

學名：*Epinephelus tukula* Morgans, 1959
英文名稱：Potato grouper

分佈地區

印度西太平洋：非洲東岸、紅海、日本、澳洲等。

魚貨來源	本地養殖 境外養殖 本地野生 外地野生		販賣方式	輪切 全魚 清肉 加工品 特別部位
販賣狀態	活魚 冰鮮 急凍 乾貨	價格 貴價 中等 低價	市面常見程度	常見 普通 少見 罕見

主要產季：全年有產
烹調或食用方式：野生魚肉質嫩滑，富有魚味，膠質豐富；養殖魚肉質一般，若養殖環境或飼料品質欠佳，脂肪有可能帶有飼料或泥臭味。

藍身大石斑魚是香港水域偶見的大型魚類，是本地漁業主要的捕捉目標，多以一支釣或魚槍方式捕獲，艇釣偶有釣獲。市售個體約數十斤，主要為內地或台灣的養殖魚，野生個體產量少，香港有少數以箱網養殖，但產量極少。獨行性魚類，具強烈領域性，會驅趕入侵者，潛水員觀察時須注意不要騷擾。因體形龐大，市面上有各種部位及內臟（魚雜）分開販賣，當中以龍躉扣（魚胃）名氣較大，用作燉湯或快炒同樣美味。部分大型個體本經由宗教放生活動流入本港沿岸水域。
最大可達 2 米，重達 110 公斤，肉食性，棲息於近海沿岸至離岸 10 至 400 米的礁區或珊瑚礁區。

賊斑

白邊纖齒鱸

學名：*Gracila albomarginata* (Fowler & Bean, 1930)
英文名稱：Masked grouper

魚貨來源	本地養殖	境外養殖	本地野生	**外地野生**		販賣方式	輪切	**全魚**	清肉	加工品	特別部位

販賣狀態	**活魚**	**冰鮮**	急凍	乾貨	價格	**貴價**	**中等**	低價	市面常見程度	常見	普通	少見	**罕見**

主要產季：全年有產
烹調或食用方式：肉質細緻嫩滑，富有魚味，可清蒸，大型者可起肉炒球。

白邊纖齒鱸目前在香港水域沒有分佈紀錄，屬中小型魚類，非漁業主要捕捉目標，多以一支釣方式捕獲。市售個體由半斤至斤裝不等，主要產自東、西沙群島或台灣一帶水域。屬獨行性魚類，捕獲量零星，於本地市場甚為罕見。活體

圖一

大多為半斤左右的小型個體，大型個體（圖一）棲息於較深水的岩礁斜坡，捕獲量較少之餘離水後一般難以存活。頭部具有一條暗斜帶紋橫貫眼睛，此特徵於活體上較為明顯，恍似蒙眼的小偷，因而在本地有「賊斑」一名，其英文名字亦有著相近的意思。幼魚全身呈紫色，部分鰭緣具紅色斑紋，偶有於水族市場上流通。

最大可達 40 厘米，肉食性，棲息於近海沿岸 6 至 120 米（主要棲息深度為 15 至 120 米）的礁區。

東洋鱸

東洋鱸

學名：*Niphon spinosus* Cuvier, 1828
英文名稱：Ara

分佈地區

西北太平洋：日本、菲律賓、台灣等。

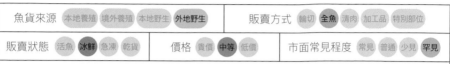

魚貨來源	本地養殖 境外養殖 本地野生 **外地野生**		販賣方式	輪切 **全魚** 清肉 加工品 特別部位
販賣狀態	活魚 **冰鮮** 急凍 乾貨	價格 貴價 **中等** 低價	市面常見程度	常見 普通 少見 **罕見**

主要產季：全年有產
烹調或食用方式：肉質細緻嫩滑，富有魚味，可清蒸，大型者可起肉炒球。

東洋鱸目前在香港水域沒有分佈紀錄，香港海域水深不是其主要棲息深度。屬大型魚類，在台灣是漁業主要捕捉目標，多以一支釣方式捕獲。市售個體由斤裝至十多斤不等，主要產自華南或台灣一帶水域。前鰓蓋下緣及鰓蓋骨分別具有一根及三根尖棘，各鰭棘尖銳，處理時宜小心。幼魚身上黑白相間分明，成魚則消失。日本漢字名字為「魸」，在日本屬於高級食用魚類。幼魚可當作觀賞魚，小型個體偶有於外國的水族市場流通。

最大可達 1 米，重達 11 公斤，肉食性，棲息於離岸 100 至 200 米的礁區。

西星斑

藍點鰓棘鱸｜藍點刺鰓鮨

學名：*Plectropomus areolatus* (Rüppell, 1830)
英文名稱：Squaretail coralgrouper

分佈地區

印度太平洋：紅海、薩摩亞、琉球群島、澳洲等。

| 魚貨來源 | 本地養殖 | 境外養殖 | 本地野生 | **外地野生** | | 販賣方式 | 輪切 | **全魚** | 清肉 | 加工品 | 特別部位 |

| 販賣狀態 | **活魚** | **冰鮮** | 急凍 | 乾貨 | | 價格 | **貴價** | **中等** | 低價 | | 市面常見程度 | 常見 | **普通** | 少見 | 罕見 |

主要產季：全年有產
烹調或食用方式：肉質嫩滑細緻，富有魚味，可清蒸。

藍點鰓棘鱸是香港水域罕見的中大型魚類，在東南亞地區是漁業主要捕捉目標，多以一支釣、魚槍或籠具方式捕獲，岸釣或艇釣偶有釣獲。市售個體由斤裝至數斤不等，主要是東南亞地區進口的野生魚，能見於高級海鮮販賣店。香港有分佈紀錄，但數量十分稀少，偶有零星個體於岸邊被釣獲，由於香港沿岸非其主要棲息環境，可推斷有個體本經由宗教放生活動流入本港沿岸水域。

圖一

以往主要產地為西沙群島附近，且因身上佈有藍點紋，點紋外有黑圈包圍（圖一），恍似星星，故有西星斑一名。主要棲地為珊瑚環礁群，有可能含有雪卡毒，應避免進食大型個體。本種體色差異大，由深紅至淺紅色不等，食味僅略次於東星斑，價格亦較低。本種在 IUCN 的《瀕危物種紅色名錄》中被列為易危，消費者應評估是否食用野生個體。

最大可達 80 厘米，肉食性，棲息於近海沿岸 1 至 20 米的礁區或珊瑚礁區。

皇帝星斑

黑鞍鰓棘鱸 ｜ 橫斑刺鰓鮨

學名：*Plectropomus laevis* (Lacepède, 1801)
英文名稱：Blacksaddled coralgrouper

印度太平洋：非洲東岸、土木土群島、日本、澳洲等。

魚貨來源	本地養殖	**境外養殖**	本地野生	**外地野生**		販賣方式	輪切	**全魚**	清肉	加工品	特別部位

販賣狀態	**活魚**	**冰鮮**	急凍	乾貨		價格	**貴價**	中等	低價		市面常見程度	常見	普通	**少見**	罕見

主要產季：全年有產
烹調或食用方式：肉質嫩滑細緻，富有魚味，可清蒸。

黑鞍鰓棘鱸是香港水域罕見的大型魚類，在東南亞地區是漁業主要捕捉目標，多以一支釣、魚槍或籠具方式捕獲，於本港水域甚少有釣獲紀錄。市售個體由斤裝至數斤不等，主要由東南亞地區進口，現時有進行人工繁養殖但並無量產，偶見於高級海鮮販賣店。香港雖然有分佈紀錄，但數量十分稀少，主要棲地為珊瑚環礁群，有可能含有雪卡毒，應避免進食大型個體。因金黃體色討好且產量少，在市場上價格一直高企，偶然會有全黑個體（圖一）流入市面，食味與鮮黃色者類同，只是體色

圖一

圖二

不甚討好令價格略低。研究指出幼魚行為及泳姿會模仿有毒的橫帶扁背魨（圖二），以逃過被捕食。本種在 IUCN 的《瀕危物種紅色名錄》中被列為易危，消費者應評估是否食用野生個體。小型個體偶見於水族市場。

最大可達 1.2 米，重達 24.2 公斤，肉食性，棲息於近海沿岸至離岸 4 至 100 米的礁區或珊瑚礁區。

東星斑

豹紋鰓棘鱸 ｜ 花斑刺鰓鮨

學名：*Plectropomus leopardus* (Lacepède, 1802)
英文名稱：Leopard coralgrouper

魚貨來源	本地養殖	**境外養殖**	本地野生	**外地野生**		販賣方式	**輪切**	**全魚**	清肉	加工品	特別部位

| 販賣狀態 | **活魚** | **冰鮮** | **急凍** | 乾貨 | | 價格 | **貴價** | 中等 | 低價 | | 市面常見程度 | **常見** | 普通 | 少見 | 罕見 |

主要產季：全年有產
烹調或食用方式：肉質嫩滑細緻，富有魚味，可清蒸。

豹紋鰓棘鱸是香港水域偶見的大型魚類，在東南亞地區是漁業主要捕捉目標，多以一支釣、魚槍或籠具方式捕獲，岸釣或艇釣偶有釣獲。市售個體由斤裝至數斤不等，主要為由東南亞地區或澳洲進口的野生魚，極少數為本地野生，常見於高級海鮮販賣店。本種於香港東邊水域較為常見，以往主要產地為東沙群島一帶水域附近，且因身上佈有細小藍點紋（圖一），恍似繁星，故有東星斑一名。於菲律賓、印尼等地為養殖魚種，以往養殖個體體色較暗啞，但隨飼料添加技術及養殖環境的進步，現時養殖魚亦不乏鮮紅個體；野生魚亦因產地不同，具有體色上的差異，故此

鱸形目 PERCIFORMES

圖一

圖二

鱸亞目 PERCOIDEI

鮨科 Serranidae

兩者難以用肉眼分辨，但就食味而言，養殖魚魚味相對較淡。本種在 IUCN 的《瀕危物種紅色名錄》中被列為近危，消費者應評估是否食用野生個體。蠕線鰓棘鱸（*P. pessuliferus*）（圖二）為另一種市售星斑，俗稱緬甸珠星，相對較少見，香港水域並無分佈，主要由緬甸、馬爾代夫或印尼等地進口，身上有蠕線狀的藍紋，有別於豹紋鰓棘鱸的點狀紋，可簡單作區分，兩者食味類同。

最大可達 1.2 米，重達 23.6 公斤，壽命可達 26 年，肉食性，棲息於近海沿岸至離岸 3 至 100 米的礁區或珊瑚礁區。

泰星斑

斑鰓棘鱸 | 斑刺鰓鮨

學名：*Plectropomus maculatus* (Bloch, 1790)
英文名稱：Spotted coralgrouper

分佈地區

西太平洋：泰國、
新加坡、菲律賓、
印尼、巴布亞新幾
內亞、澳洲等。

魚貨來源	本地養殖	境外養殖	本地野生	**外地野生**		販賣方式	輪切	**全魚**	清肉	加工品	特別部位

販賣狀態	**活魚**	**冰鮮**	急凍	乾貨		價格	**貴價**	**中等**	低價		市面常見程度	常見	**普通**	少見	罕見

主要產季：全年有產
烹調或食用方式：肉質嫩滑細緻，魚味較淡，可清蒸。

斑鰓棘鱸是香港水域罕見的大型魚類，在東南亞地區是
漁業主要捕捉目標，多以一支釣、魚槍或籠具方式捕
獲，偶有零星個體於岸邊被釣獲，由於香港沿岸非其主
要棲息環境，可推斷有個體本經由宗教放生活動流入本
港沿岸水域。市售個體由斤裝至數斤不等，主要由東南
亞地區進口，偶見於高級海鮮販賣店。主要棲地為珊瑚
環礁群，有可能含有雪卡毒，應避免進食大型個體。在

圖一

眾多星斑魚類中，本種魚味較淡，故價格屬於中下。外貌與東星斑相似，本種斑紋
呈長橢圓形（圖一），於頭部尤其明顯，可簡單作區分。
最大可達 1.25 米，重達 25 公斤，肉食性，棲息於近海沿岸至離岸 5 至 100 米的礁
區或珊瑚礁區。

花面星斑

點線鰓棘鱸 ｜ 點線刺鰓鮨

學名：*Plectropomus oligacanthus* (Bleeker, 1855)
英文名稱：Highfin coralgrouper

| 魚貨來源 | 本地養殖 | 境外養殖 | 本地野生 | **外地野生** | | 販賣方式 | 輪切 | **全魚** | 清肉 | 加工品 | 特別部位 |

| 販賣狀態 | **活魚** | **冰鮮** | 急凍 | 乾貨 | 價格 | **貴價** | 中等 | 低價 | 市面常見程度 | 常見 | 普通 | **少見** | 罕見 |

主要產季：全年有產
烹調或食用方式：肉質嫩滑細緻，富有魚味，可清蒸。

點線鰓棘鱸目前在香港沒有分佈紀錄，屬中型石斑，在東南亞地區是漁業主要捕捉目標，多以一支釣、魚槍或籠具方式捕獲，於本港水域甚少有釣獲紀錄。市售個體由斤裝至數斤不等，主要由東南亞地區進口的野生魚，偶見於高級海鮮販賣店。偶有零星個體於岸邊被釣獲，由於香港沿岸非花面星斑主要棲息環境，可推斷有個體本經由宗教放生活動流入本港沿岸水域。主要棲地為珊瑚環礁群，有可能含有雪卡毒，應避免進食大型個體。本種與東星斑的外貌略有相似，但背鰭及臀鰭前方末端呈尖狀，臉部佈有不規則的藍色蠕狀花紋（圖一），且胸鰭前部為黑色（圖二），容易從外觀分辨。食味與東星斑相似，市場價格高。

最大可達 75 厘米，重達 1.2 公斤，肉食性，棲息於近海沿岸 5 至 147 米的礁區或珊瑚礁區。

圖一

圖二

黃金斑

鮑氏澤鮨｜褒氏貧鱠

學名：*Saloptia powelli* Smith, 1964
英文名稱：Golden grouper

魚貨來源	本地養殖	境外養殖	本地野生	外地野生		販賣方式	輪切	全魚	清肉	加工品	特別部位
販賣狀態	活魚	冰鮮	急凍	乾貨		價格	貴價	中等	低價		市面常見程度	常見	普通	少見	罕見

主要產季：全年有產
烹調或食用方式：小型者肉質細緻嫩滑，大型者肉質較結實，富有魚味，可清蒸。

鮑氏澤鮨目前在香港沒有分佈紀錄，屬中型石斑，是台灣漁業主要的捕捉目標，多以一支釣方式捕獲。市售個體由半斤至斤裝不等，產於台灣或華南一帶水域。目前本種在分類上為一屬（genus）一種（species），同屬並沒有其他物種。體色鮮黃，辨認度極高。主要棲息在破百米水深的深水礁區，因此離水後難以養活。屬獨行性魚類，產量不多，僅少數個體流入本地市場，極為罕見。鮮度較差的個體黃金色的部分會呈淡黃色甚至白色，挑選時可多加注意。

最大可達52厘米，肉食性，棲息於近海沿岸至離岸140至367米的礁區。

黑瓜子斑、本地黑瓜子斑

鳶鮨 ｜ 鳶鱠

學名：*Triso dermopterus* (Temminck & Schlegel, 1842)
英文名稱：Oval grouper

分佈地區

東印度洋和西太平洋：韓國、日本、福建、台灣、香港、澳洲等。

魚貨來源	本地養殖　境外養殖　**本地野生**　外地野生	販賣方式	輪切　**全魚**　清肉　加工品　特別部位
販賣狀態	活魚　**冰鮮**　急凍　乾貨	價格 **貴價** **中等** 低價	市面常見程度 常見　普通　少見　**罕見**

主要產季：全年有產
烹調或食用方式：小型者肉質一般，大型者肉質佳，富有魚味，可清蒸。

鱸形目 PERCIFORMES

鱸亞目 PERCOIDEI

鮨科 Serranidae

鳶鮨是香港水域偶見的中型魚類，是本地漁業主要的捕捉目標，多以一支釣或延繩釣方式捕獲，外海艇釣偶有釣獲。市售個體由數兩至斤裝不等，產於華南一帶水域。目前本種在分類上為一屬（genus）一種（species），同屬並沒有其他物種。與同樣被稱為黑瓜子斑的煙鱠比較，本種於市場上相對較少見。體形細小者食味尚可，大型者食用風味更佳，惟成魚棲息

圖一

於離岸較深水層，捕獲量不多。成魚體色較淡，老成個體額部會輕微隆起（圖一）。最大可達 68 厘米，肉食性，棲息於近海沿岸至離岸 22 至 103 米的礁區或砂泥底區。

燕星斑

側牙鱸 ｜ 星鱠

學名：*Variola louti* (Forsskål, 1775)
英文名稱：Yellow-edged lyretail

魚貨來源	本地養殖	境外養殖	本地野生	**外地野生**		販賣方式	輪切	**全魚**	清肉	加工品	特別部位

販賣狀態	**活魚** **冰鮮** 急凍 乾貨	價格	**貴價** **中等** 低價	市面常見程度	**常見** 普通 少見 罕見

主要產季：全年有產
烹調或食用方式：肉質嫩滑，富有魚味，可清蒸。

側牙鱸是香港水域偶見的中大型魚類，是東南亞漁業主要的捕捉目標，多以一支釣、延繩釣或浸籠方式捕獲，艇釣及岸釣偶有釣獲，部分不排除是放生個體。市售個體由數兩至數斤不等，主要由東南亞地區，以至馬爾代夫進口，均為野生魚，本地甚少有產，常見於高級海鮮販賣店，小型個體常以數尾一組的方式販售。大型個體有可能累積雪卡毒，應避免進食大型個體。體色鮮艷，幼魚身上具一條黑色縱帶，從眼睛後方延伸至尾柄上方（圖一），成魚變淡並消失。小型個體偶見於水族市場。

圖一

圖二

世界上目前共有兩種側牙鱸，除本種外，另一種為白邊側牙鱸（*V. albimarginata*）（圖二），兩者分別在於尾鰭邊緣的顏色，前者為黃色，後者為白色，兩種於香港均有分佈。香港市面上以側牙鱸較為常見。價格一直高企，只略低於東星斑。

最大可達 83 厘米，重達 12 公斤，肉食性，棲息於近海沿岸 3 至 300 米的礁區或珊瑚礁區。

石鱲

壽魚 ｜ 扁棘鯛

學名：*Banjos banjos* (Richardson, 1846)
英文名稱：Banjofish

分佈地區

印度洋：澳洲、
印尼；西北太平
洋：南中國海、
日本等。

魚貨來源	本地養殖	境外養殖	本地野生	**外地野生**		販賣方式	輪切	**全魚**	清肉	加工品	特別部位

販賣狀態	活魚	**冰鮮**	急凍	乾貨		價格	貴價	**中等**	低價		市面常見程度	常見	普通	**少見**	罕見

主要產季：全年有產
烹調或食用方式：肉質結實細緻，富有魚味，可清蒸或香煎。

壽魚目前在香港水域沒有分佈紀錄，香港海域水深不是
其主要棲息深度。屬小型魚類，在台灣是漁業主要捕捉
目標，多以拖網、一支釣或延繩釣方式捕獲，外海艇釣
偶有釣獲。市售個體約數兩至斤裝不等，產於華南一帶
或台灣水域。獨行性魚類，單獨於砂泥底海域活動及覓
食，幼魚為拖網常見的混獲魚種。以往在分類上屬於一
科 (family) 一屬 (genus) 一種 (species)，外國學者於

圖一

2017 年為本科魚類進行統整，並發表共兩種亞種，令本科魚類物種新增至三種。產
量不多，僅少數流入本地市場，因棲息環境關係，腹腔或具泥壓味，應趁新鮮時盡
快去除內臟。幼魚（圖一）花紋與成魚截然不同，在市場上更為少見。
最大可達 20 厘米，肉食性，棲息於近海沿岸 50 至 400 米的砂泥底區。

鱸形目 PERCIFORMES

鱸亞目 PERCOIDEI

大眼鯛科 Priacanthidae

深水大眼雞、深水木棉

日本牛目鯛 ｜ 日本紅目大眼鯛

學名：*Cookeolus japonicus* (Cuvier, 1829)
英文名稱：Longfinned bullseye

分佈地區

全球熱帶及亞熱帶海域。

魚貨來源	本地養殖	境外養殖	本地野生	**外地野生**		販賣方式	輪切	**全魚**	清肉	加工品	特別部位

販賣狀態	活魚	**冰鮮**	急凍	乾貨	價格	貴價	**中等**	低價	市面常見程度	常見	普通	**少見**	罕見

主要產季：全年有產

烹調或食用方式：肉質結實，富有魚味，可蒸熟後以凍魚方式食用，若鮮度及來源合適，可以刺身方式食用，肝臟尤其美味，可保留一同入饌。

日本牛目鯛是香港水域偶見的中型魚類，是本地漁業主要的捕捉目標，多以一支釣、延繩釣或拖網方式捕獲，外海艇釣偶有捕獲。市售個體由斤裝至數斤不等，主要產於華南或台灣水域。本種的體形是眾多大眼鯛科物種中之冠，同時棲息深度較深，故在近岸難以捕獲，反之

圖一

離岸較深水域有產，且數量不少。魚鱗不易去除，為避免因去鱗時過度拉扯魚肉而影響口感，日式料理店大多以刀削方式將魚鱗去除，同時在日本當地屬刺身用魚。高背大眼鯛（*Priacanthus sagittarius*）（圖一）為另一種市售的深水大眼雞，主要產於華南一帶水域，外貌與日本牛目鯛相似，腹鰭的顏色可作區分。

最大可達 69 厘米，重達 5 公斤，壽命可達 9 年，肉食性，棲息於近海沿岸至離岸40 至 400 米（一般棲息深度為 165 至 200 米）的深水礁區或岩石陡壁。

齊尾大眼雞、齊尾木棉

短尾大眼鯛｜大棘大眼鯛

學名：*Priacanthus macracanthus* Cuvier, 1829
英文名稱：Red bigeye

分佈地區
西太平洋：日本、印尼、菲律賓、澳洲等。

魚貨來源	本地養殖 境外養殖 **本地野生** **外地野生**		販賣方式	輪切 **全魚** 清肉 加工品 特別部位
販賣狀態	活魚 **冰鮮** 急凍 乾貨	價格 貴價 **中等** 低價	市面常見程度	常見 **普通** 少見 罕見

主要產季：全年有產，秋、冬季產量較多
烹調或食用方式：肉質嫩滑細緻，富有魚味，可油鹽水浸、滾湯或蒸熟後以凍魚方式食用，肝臟尤其美味，可保留一同入饌。

短尾大眼鯛是香港水域常見的小型魚類，是本地及華南一帶漁業主要的捕捉目標，多以拖網或延繩釣方式捕獲，艇釣偶有釣獲。市售個體約數兩，主要產於本地或華南水域。本種在本地市場上的數量較俗名長尾大眼雞的長尾大眼鯛少，體形亦較細，食味較佳，故此售價較

圖一

高；相反，本種於台灣產量較長尾大眼雞多，是當地常見的食用魚類。外貌與長尾大眼雞相似，可藉尾鰭上、下葉末端是否延長呈絲狀作區分。本種尾鰭不呈絲狀，故在本地俗稱齊尾大眼雞。魚鱗不易去除，大多以剝皮方式處理。金目大眼鯛（*P. hamrur*）（圖一）為另一種市售的齊尾大眼雞，食味上類同，惟數量較少。
最大可達 30 厘米，肉食性，棲息於近海沿岸至離岸 12 至 400 米的的礁區。

長尾大眼雞、長尾木棉

長尾大眼鯛｜曳絲大眼鯛

學名：*Priacanthus tayenus* Richardson, 1846
英文名稱：Purple-spotted bigeye

分佈地區
印度西太平洋：波斯灣、菲律賓、台灣、澳洲北部等。

| 魚貨來源 | 本地養殖 | 境外養殖 | **本地野生** | 外地野生 | | 販賣方式 | 輪切 | **全魚** | 清肉 | 加工品 | 特別部位 |

| 販賣狀態 | 活魚 | **冰鮮** | 急凍 | 乾貨 | | 價格 | 貴價 | **中等** | 低價 | | 市面常見程度 | **常見** | 普通 | 少見 | 罕見 |

主要產季：全年有產
烹調或食用方式：肉質結實，略粗糙，富有魚味，可油鹽水浸、滾湯或蒸熟後以凍魚方式食用，肝臟尤其美味，可保留一同入饌。

長尾大眼鯛是香港水域常見的小型魚類，是本地及華南一帶漁業主要的捕捉目標，多以拖網或延繩釣方式捕獲，艇釣偶有釣獲。市售個體由數兩至斤裝不等，主要產於本地或華南水域。本種在上世紀六、七十年代香港的捕獲量非常多，市場售價便宜且體色討好，深受消費者歡迎，使得牠與俗稱紅衫的金線魚變成當時家喻戶曉的魚類，亦是潮州打冷食店常見的魚類之一。但隨海洋資源減少，長尾大眼雞的捕獲量和體形大不如前，以致現時價格相對以往為貴。魚鱗不易去除，大多以剝皮方式處理。市面部分無良商人，會將本種之尾鰭末端的曳絲剪除，以較高的價格當作齊尾大眼雞販售。本種除尾鰭上、下葉末端延長呈絲狀外，腹鰭具有明顯黑斑紋，可簡單與其他同科魚類作區分，以免被騙。

最大可達 35 厘米，肉食性，棲息於近海沿岸 20 至 200 米的礁區。

深水大眼雞

日本鋸大眼鯛｜日本大鱗大眼鯛

學名：*Pristigenys niphonia* (Cuvier, 1829)
英文名稱：Japanese bigeye

分佈地區

印度西太平洋：非
洲東岸、紅海、菲
律賓、台灣、澳洲
等。

魚貨來源	本地養殖	境外養殖	本地野生	**外地野生**	販賣方式	輪切	**全魚**	清肉	加工品	特別部位

販賣狀態	活魚	**冰鮮**	急凍	乾貨	價格	貴價	**中等**	低價	市面常見程度	常見	普通	**少見**	罕見

主要產季：全年有產
烹調或食用方式：肉質細緻，富有魚味，可清蒸、油鹽水浸或蒸熟後以凍魚方式食用。

日本鋸大眼鯛是香港水域罕見的小型魚類，非本地漁業主要的捕捉目標，多以一支
釣方式捕獲，外海艇釣偶有釣獲。市售個體約數兩，主要產於華南或台灣水域。於
香港為非主流食用魚類，於台灣屬中高級食用魚類。產量不豐，於同科物種中體形
相對較小，魚鱗不易去除，可煮熟後去除。偶見於水族市場（圖一），以牛眼或大力

鱸形目　PERCIFORMES

鱸亞目　PERCOIDEI

大眼鯛科　Priacanthidae

水手的俗稱販售，惟因棲息深度較深，活體畜養有一定困難，故售價偏高。黑緣鋸大眼鯛（*P. refulgens*）（圖二）為另一種市售同屬（genus）的深水大眼雞，產量稀少。本種背鰭和臀鰭軟條部及尾鰭沒有黑緣，可簡單與黑緣鋸大眼鯛作區分。

最大可達27.4厘米，肉食性，棲息於近海沿岸至離岸1至250米（主要棲息深度為5至30米）的礁區。

圖一

圖二

大炮疏籬、大舅父

垂帶似天竺鯛

學名：*Apogonichthyoides cathetogramma* (Tanaka, 1917)
英文名稱：Twobelt cardinalfish

分佈地區

西太平洋：琉球
群島、東海、台
灣、菲律賓等。

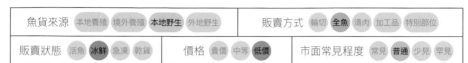

魚貨來源	本地養殖	境外養殖	**本地野生**	外地野生		販賣方式	輪切	**全魚**	清肉	加工品	特別部位
販賣狀態	活魚	**冰鮮**	急凍	乾貨	價格	貴價	中等	**低價**	市面常見程度	常見	**普通**	少見	罕見

主要產季：全年有產，春、夏、秋季產量較多
烹調或食用方式：肉質鬆散，味鮮，可配以番茄、豆腐滾湯，手掌大者可香煎。

垂帶似天竺鯛是香港水域常見的小型魚類，非本地漁業主要的捕捉目標，多以拖網或一支釣方式捕獲，岸釣或艇釣常有釣獲。市售個體約數兩，產於本地或華南一帶水域。周日行性魚類，代表不分晝夜活動及覓食，故此無論白天或晚上均有機會釣獲，但於晚上出沒較多，大多獨行。本科魚類均為口孵魚類，主要由雄性負責口孵，待魚卵成熟至稚魚時方會把魚苗從嘴巴釋放。本種屬名（genus）在 2014 年由 *Apogon* 改為 *Apogonichthyoides*。
最大可達 14 厘米，肉食性，棲息於近海沿岸 0 至 20 米的河口、礁區或砂泥底區。

鱸形目　PERCIFORMES

鱸亞目　PERCOIDEI

天竺鯛科　Apogonidae

金疏籬

斑柄鸚天竺鯛

學名：*Ostorhinchus fleurieu* Lacepède, 1802
英文名稱：Flower cardinalfish

分佈地區

印度西太平洋：非洲東岸、紅海、菲律賓、台灣、日本、澳洲等。

魚貨來源	本地養殖 境外養殖 **本地野生** 外地野生		販賣方式	輪切 **全魚** 清肉 加工品 特別部位
販賣狀態	活魚 **冰鮮** 急凍 乾貨	價格 貴價 中等 **低價**	市面常見程度	常見 **普通** 少見 罕見

主要產季：全年有產，夏季產量較多
烹調或食用方式：肉質鬆散，味鮮，可配以番茄、豆腐滾湯。

斑柄鸚天竺鯛是香港水域常見的小型魚類，非本地漁業主要的捕捉目標，多以拖網方式捕獲，岸釣或艇釣常有釣獲。市售個體約一、二兩，產於本地或華南一帶水域。周日行性魚類，代表不分晝夜活動及覓食，故此無論白天或晚上均有機會釣獲，但於晚上出沒比較多。本科魚類均為口孵魚類，主要由

圖一

雄性負責口孵，待魚卵成熟至稚魚時方會把魚苗從嘴巴釋放。市面常見的疏籬還包括俗稱大眼疏籬的半線天竺鯛（*O. semilineatus*）（圖一），售價與食味均類同。
最大可達12.5厘米，肉食性，棲息於近海沿岸1至97米（主要棲息深度為1至35米）的河口、礁區或砂泥底區。

沙鑽、星沙鑽、沙錐

雜色鱚 | 星沙鮻

學名：*Sillago aeolus* Jordan & Evermann, 1902
英文名稱：Oriental sillago

分佈地區
印度西太平洋：
新加坡、台灣、
日本等。

魚貨來源	本地養殖	境外養殖	**本地野生**	外地野生		販賣方式	輪切	**全魚**	清肉	加工品	特別部位

販賣狀態	活魚	**冰鮮**	急凍	乾貨		價格	**貴價**	**中等**	低價		市面常見程度	常見	**普通**	少見	罕見

主要產季：全年有產，夏季與秋季產量較多
烹調或食用方式：肉質結實而細緻，富有魚味，適合各種烹調方式。

雜色鱚是香港水域常見的小型魚類，是本地漁業主要的捕捉目標，多以一支釣或拖網方式捕獲，投釣或艇釣常有釣獲。市售個體約數兩，產於本地，部分大型沙鑽由印尼進口。本種身上具不規則之暗斑紋，相對較易辨認，體形亦較大。本科魚類在種類鑑定上有一定困難，除了身上有斑紋的雜色鱚較易辨認外，其他身上無斑紋的物種（圖一）須解剖後觀察魚鰾的形態差異，方能準確鑑定種類。大多單獨或成一小群，於沿岸砂泥底或砂石混合區之海域活動及覓食（圖二），亦常見於河口或內灣，能接受鹽度較低的水域。沙鑽於日本是天婦羅中常

圖一

圖二

見的食材，屬高級食用魚類，名「鱚」，又因發音「kisu」與「kiss」甚為相似，故又被稱為「kiss魚」。本科魚類警覺性高，受驚時會馬上鑽入沙中藏身，故有「沙鑽」一名。沙鑽於潮州稱為沙尖，椒鹽沙尖於潮州打冷店偶有販售，是一道特色名菜。
最大可達30厘米，肉食性，棲息於近海沿岸0至60米的河口或砂泥底區。

鱸形目 PERCIFORMES

鱸亞目 PERCOIDEI

弱棘魚科 Malacanthidae

白馬頭

白方頭魚 ｜ 白馬頭魚

學名：*Branchiostegus albus* Dooley, 1978
英文名稱：White horsehead

分佈地區

西北太平洋：日本、南中國海、越南等。

| 魚貨來源 | 本地養殖 | 境外養殖 | **本地野生** | **外地野生** | | 販賣方式 | 輪切 | **全魚** | 清肉 | 加工品 | 特別部位 |

| 販賣狀態 | 活魚 | **冰鮮** | 急凍 | 乾貨 | | 價格 | 貴價 | **中等** | 低價 | | 市面常見程度 | **常見** | 普通 | 少見 | 罕見 |

主要產季：全年有產
烹調或食用方式：肉質鬆散而細緻，味鮮，可香煎或配以冬菜蒸。

白方頭魚是香港水域常見的中型魚類，是本地及華南一帶漁業主要的捕捉目標，多以延繩釣方式捕獲，外海艇釣偶有釣獲。主要棲息在較深水層，離水後難以存活，只能以冰鮮方式販售，市售個體主要來自廣東、福建及浙江等鄰近香港的水域，極少產自本地。市售個體由數兩至兩斤不等。除白馬頭外，俗稱金馬頭的斑鰭方頭魚（*B. auratus*）（圖一）和俗稱紅馬頭的日本方頭魚（*B. japonicas*）（圖二）為另外兩種市售的馬頭魚。三種馬頭魚可輕易從體色及花紋來分辨：白馬頭眼下沒有淚

圖一

圖二

紋；金馬頭眼前方具有一條銀白色淚紋；紅馬頭淚紋則在眼後方，三種售價與食味相若。馬頭魚腹部肉質軟綿，若在運輸過程中嚴重擠壓或儲存過久造成不新鮮，內臟會更易破損，影響腹部肉質變苦，亦會令魚肉產生濃烈的泥壓味，消費者在購買時可輕壓魚體，嗅聞從肛門擠出的體液是否具強烈泥壓味，再考慮是否購買。

最大可達 45 厘米，肉食性，棲息於近海沿岸至離岸 30 至 200 米的砂泥底區。

青筋

銀方頭魚 | 銀馬頭魚

學名：*Branchiostegus argentatus* (Cuvier, 1830)
英文名稱：Horsehead tilefish

分佈地區

西北太平洋：日本至南中國海，包含越南之海域。

魚貨來源	本地養殖	境外養殖	**本地野生**	**外地野生**		販賣方式	輪切	**全魚**	清肉	加工品	特別部位
販賣狀態	活魚	**冰鮮**	急凍	乾貨	價格	貴價	中等	**低價**	市面常見程度	**常見**	普通 少見 罕見

主要產季：全年有產，春季產量較多
烹調或食用方式：肉質鬆散而細緻，味鮮，可香煎、油炸或配以冬菜蒸。

銀方頭魚是香港常見的小型魚類，是本地及華南一帶漁業主要的捕捉目標，多以延繩釣方式捕獲，於本港水域甚少有釣獲紀錄。市售個體數兩，主要產自華南地區。外形與三種市售的馬頭魚相似，分別在於本種在眼前方及中間下具有一共兩條的淚紋，且背鰭鰭膜上具有數個黑斑，可簡單與其他馬頭魚作區分。本種體形偏小，除肉質較鬆散外，食味與馬頭魚類同，價格相對便宜，常以數尾一組方式販售。不新鮮者腥味濃烈，建議以紅燒或油炸方式烹調。
最大可達 27.3 厘米，肉食性，棲息於近海沿岸至離岸 51 至 65 米的砂泥底區。

乳香魚

乳香魚 ｜ 乳鯖

學名：*Lactarius lactarius* (Bloch & Schneider, 1801)
英文名稱：False trevally

分佈地區

印度太平洋：非洲東岸、所羅門群島、日本、澳洲等。

魚貨來源	本地養殖 境外養殖 **本地野生** 外地野生	販賣方式	輪切 **全魚** 清肉 加工品 特別部位
販賣狀態	活魚 **冰鮮** 急凍 乾貨	價格　責價 **中等** 低價	市面常見程度　常見 普通 **少見** 罕見

主要產季：全年有產，夏季產量較多
烹調或食用方式：肉質鬆散而細緻，味鮮，可清蒸或香煎。

乳香魚是香港水域偶見的中小型魚類，是東南亞漁業主要的捕捉目標，多以圍網、流刺網或延繩釣方式捕獲，艇釣偶有釣獲。市售個體由數兩至斤裝不等，體形小者主要產於本地，大型者主要從東南亞國家進口（圖一）。離水後存活時間短，只能以冰鮮形式販售。肉質與俗稱瓜核鯧的刺鯧類似，惟小型者取肉率低，本地產量亦不豐，故此大多被歸類為雜魚。世界上目前僅一科（family）一屬（genus）一種（species），即本種。
最大可達 40 厘米，肉食性，棲息於近海沿岸 15 至 100 米的砂泥底區或水表層。

圖一

牛頭魚、鬼頭刀、澳頭魚

鯕鰍 | 鬼頭刀

學名：*Coryphaena hippurus* Linnaeus, 1758
英文名稱：Common dolphinfish

魚貨來源	本地養殖	境外養殖	**本地野生**	外地野生		販賣方式	**輪切**	**全魚**	清肉	**加工品**	特別部位

販賣狀態	活魚	**冰鮮**	急凍	乾貨		價格	貴價	中等	**低價**		市面常見程度	常見	普通	**少見**	罕見

主要產季：全年有產，夏季產量較多
烹調或食用方式：肉質略粗糙，味腥，可香煎或以魚扒形式烹調，或炸成魚薯條。

鯕鰍是香港水域常見的大型魚類，是台灣及外國地區漁業主要的捕捉目標，多以定置網、流刺網或曳繩釣方式捕獲，假餌釣常有釣獲。市售個體由斤裝至十多斤不等，產於華南一帶水域。群居性魚類，常於開放水域群游及覓食，偶然出現於沿岸，幼魚（圖一）經常躲在流木或大型藻類的下面。泳速快，主要捕食飛魚及沙丁魚等表層魚類，經常為捕食跳出水面，故此在台灣有飛烏虎的稱號，意指專門捕食飛魚的老虎。本種在世界上是產量高的經濟性魚種，在外國主要以煎魚扒或炸魚條的方式烹調，東南亞地區或台灣則多製成鹽漬魚及魚蛋等加工品。本種可憑頭形來分辨雌雄，圖二為左雄右雌。

圖一

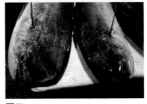

圖二

最大可達 2.1 米，重達 40 公斤，壽命可達約 4 年，肉食性，棲息於近海沿岸 0 至 85 米（一般棲息深度為 5 至 10 米）的大洋或開放水域。

懵仔魚、魚仲、懵仲

軍曹魚 ｜ 海䱛

學名：*Rachycentron canadum* (Linnaeus, 1766)
英文名稱：Cobia

分佈地區

全球各熱帶及亞熱帶海域，東太平洋除外。西大西洋：加拿大、百慕達、美國、阿根廷、墨西哥灣和加勒比海；東大西洋：摩洛哥至南非；西印度太平洋：非洲東岸、日本、澳洲等。

魚貨來源	本地養殖	境外養殖	本地野生	外地野生		販賣方式	輪切	全魚	清肉	加工品	特別部位

販賣狀態	活魚	冰鮮	急凍	乾貨		價格	貴價	中等	低價		市面常見程度	常見	普通	少見	罕見

主要產季：全年有產
烹調或食用方式：肉質細緻，富有魚味，魚肉油脂含量高，適合各種烹調方式，若鮮度及來源合適，可以刺身方式食用。

軍曹魚是香港水域常見的大型魚類，是本地漁業主要的捕捉目標，多以圍網、定置網、刺網、一支釣及延繩釣方式捕獲，艇釣常有釣獲。市售個體約數斤至十多斤不等，主要為內地養殖魚，少部分產於本地。本種的幼魚外形和習性與俗稱印魚的鮣 (*Echeneis naucrates*) 相似，經常伴隨大型軟骨魚類同游，以大型魚捕獵後的獵物碎屑為食，成魚則會尋找更大型的魚類依傍，或數尾成一群，或單獨覓食。在外國是休閒漁業的對象魚種，同時為內地、台灣及越南等地重要的箱網養殖魚類，自 1990 年代末開始進行人工養殖，於 2016 年全球產量已達四萬公噸之多，成為全球重要的經濟魚類，現時香港有少數養殖戶進行飼養，大多用於請客或平常家常便飯自用，僅少數流入市面。取肉率高且肉質佳，受消費者歡迎，但油脂含量高，過量進食會產生油膩感。

最大可達 2 米，重達 68 公斤，壽命可達約 15 年，肉食性，棲息於近海沿岸至離岸 0 至 120 米的河口、大洋或開放水域。

柴狗、印魚

鮣｜長印魚

學名：*Echeneis naucrates* Linnaeus, 1758
英文名稱：Sharksucker

魚貨來源	本地養殖	境外養殖	**本地野生**	外地野生		販賣方式	輪切	**全魚**	清肉	加工品	特別部位

販賣狀態	**活魚**	**冰鮮**	急凍	乾貨	價格	貴價	中等	**低價**	市面常見程度	常見	普通	少見	**罕見**

主要產季：全年有產
烹調或食用方式：肉質一般，或具濃烈腥味，宜以重口味方式烹調。

鮣是香港水域偶見的大型魚類，非漁業主要捕捉目標，多以拖網或定置網方式捕獲，艇釣偶有釣獲。市售個體由數兩至半斤不等，主要產自本地水域。本種是唯一於香港水域有分佈紀錄的鮣科魚類，主要為各種捕魚方法之混獲，捕獲後大多放生，僅少數流入市面。食用價值低，一般當作雜魚販售。頭頂具有一個吸盤（圖一），用作吸附在大型魚類

圖一

如鯊魚、魟魚、翻車魚或大型鰺科魚類甚至海龜等宿主身上，跟隨著宿主於大洋活動，並以宿主捕食後的殘餘食物或體外寄生蟲為食，是生物片利共生的典型例子。因其獨特之生態特性，大型水族館常有放養用作展示之用，幼魚偶見於水族市場。最大可達 1.1 米，重達 2.3 公斤，雜食性，棲息於近海沿岸至離岸 1 至 85 米的大洋表層。

鱸形目　PERCIFORMES

鱸亞目　PERCOIDEI

鰺科　Carangidae

白鬚公

長吻絲鰺 ｜ 印度絲鰺

學名：*Alectis indica* (Rüppell, 1830)
英文名稱：Indian threadfish

分佈地區

印度西太平洋：
印度洋、琉球群
島、澳洲等。

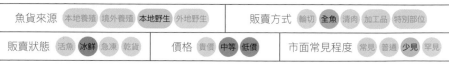

魚貨來源	本地養殖	境外養殖	**本地野生**	外地野生		販賣方式	輪切	**全魚**	清肉	加工品	特別部位

販賣狀態	活魚	**冰鮮**	急凍	乾貨	價格	貴價	**中等**	**低價**	市面常見程度	常見	普通	**少見**	罕見

主要產季：全年有產
烹調或食用方式：肉質略粗糙，味腥，可配以蒜頭豆豉蒸或香煎。

圖一

長吻絲鰺是香港水域常見的大型魚類，非本
地漁業主要捕捉目標，多以底拖網、延繩釣
或定置網方式捕獲，艇釣或岸釣常有釣獲。
市售個體由數兩至數斤不等，產自本港或華
南地區。身體十分側扁，小型者體薄肉少，
食用價值不高。幼魚背鰭及臀鰭鰭條延長呈
絲，會隨成長而變短，大型者會完全消失。
短吻絲鰺（*A. ciliaris*）（圖一）為另一種市售
的白鬚公，幼魚至亞成魚背鰭具一黑斑，成

圖二

魚則消失，兩者可從吻部長短而作區分（圖二，上為長吻絲鰺，下為短吻絲鰺），食
味類同。絲鰺屬的幼魚均可當作海水觀賞魚，惟屬大型魚類，飼養前須考慮是否能
提供足夠的活動空間。

最大可達1.6米，重達25公斤，肉食性，棲息於近海沿岸5至100米的大洋或礁區。

鱸形目　PERCIFORMES

鱸亞目　PERCOIDEI

鰺科　Carangidae

黃尾鰺、黃尾青磯

及達副葉鰺｜吉打副葉鰺

學名：*Alepes djedaba* (Forsskål, 1775)
英文名稱：Shrimp scad

分佈地區

印度太平洋：非洲東岸、印度、斯里蘭卡、印尼、泰國、菲律賓、南中國海及台灣等。

魚貨來源	本地養殖	境外養殖	**本地野生**	外地野生		販賣方式	輪切	**全魚**	清肉	加工品	特別部位
販賣狀態	活魚	**冰鮮**	急凍	乾貨	價格	貴價	**中等**	**低價**	市面常見程度	常見	**普通**	少見	罕見

主要產季：全年有產，夏、秋季產量較多
烹調或食用方式：肉質略粗糙，味鮮，可香煎。

及達副葉鰺是香港水域常見的中小型魚類，是本地漁業主要捕捉目標，多以圍網、流刺網、定置網或延繩釣方式捕獲，艇釣或磯釣常有釣獲。市售個體約數兩，產自本地。群居性魚類，泳速快，常以群體形式在水的中層和表層捕食小魚。單次捕獲量大，因屬中下價魚類且量多，不

圖一

會進行畜養，以冰鮮方式販售。本科魚類尾柄上稜鱗堅硬，邊緣尖銳，處理時須注意，可先用刀具將其削除。遊鰭葉鰺（*Atule mate*）（圖一）為另一種市售的黃尾鰺，惟不甚常見。

最大可達 40 厘米，肉食性，棲息於近海沿岸 0 至 50 米的礁區或開放水域。

蝦米鱲、蝦尾鱲

克氏副葉鰺

學名：*Alepes kleinii* (Bloch, 1793)
英文名稱：Razorbelly scad

分佈地區

印度西太平洋：巴基斯坦、斯里蘭卡、台灣、日本、菲律賓、巴布亞新幾內亞、澳洲等。

魚貨來源	本地養殖 境外養殖 **本地野生** 外地野生	販賣方式	輪切 **全魚** 清肉 加工品 特別部位
販賣狀態	活魚 **冰鮮** 急凍 乾貨	價格	貴價 **中等** 低價
		市面常見程度	常見 **普通** 少見 罕見

主要產季：全年有產，夏、秋季產量較多
烹調或食用方式：肉質細緻，味鮮，可清蒸、香煎或油炸。

克氏副葉鰺是香港水域常見的小型魚類，是本地漁業主要捕捉目標，多以圍網方式捕獲，艇釣偶有釣獲。市售個體約一、二兩，產自本地。群居性魚類，泳速快，常以群體形式在水的中層和表層捕食浮游生物。單次捕獲量大，不會進行畜養，以冰鮮方式販售。體形小，手掌大已屬於大型個體，因肉質佳，以小型魚類來說，價格屬於中高。外貌與黃尾鱲相似，本種於鰓蓋上方，側線起點具一個大黑斑，體背上具有數條暗橫紋，可簡單作區分。

最大可達16厘米，浮游生物食性或肉食性，棲息於近海沿岸0至50米的礁區或開放水域。

青磯

范氏副葉鰺

學名：*Alepes vari* (Cuvier, 1833)
英文名稱：Herring scad

分佈地區

印度西太平洋熱帶及亞熱帶海域：琉球群島、紅海、斯里蘭卡、印度、泰國、台灣等。

魚貨來源	本地養殖	境外養殖	**本地野生**	外地野生		販賣方式	輪切	**全魚**	清肉	加工品	特別部位

販賣狀態	活魚	**冰鮮**	急凍	乾貨		價格	貴價	**中等**	低價		市面常見程度	常見	普通	少見	**罕見**

主要產季：全年有產，春、夏季產量較多
烹調或食用方式：肉質略粗糙，味鮮，可香煎，若鮮度及來源合適，可以刺身方式食用。

范氏副葉鰺是香港水域偶見的中型魚類，是本地漁業主要捕捉目標，多以圍網、流刺網、定置網或一支釣方式捕獲，磯釣偶有釣獲。市售個體由斤裝至數斤不等，產自本地。獨行或結小群活動，喜好水流急且溶氧量高的水域。在眾多市售的鰺科魚類中，本種於市面甚為少見，因其於本港主要棲息在礁邊，在捕獲上有一定困難，故外礁磯釣釣獲的機率較大。本種在香港有分佈之副葉鰺屬魚類中，體形屬最大者。最大可達 56 厘米，肉食性，棲息於近海沿岸 0 至 50 米的礁區或開放水域。

走排、酒牌

青羽若鰺

學名：*Carangoides coeruleopinnatus* (Rüppell, 1830)
英文名稱：Coastal trevally

分佈地區

印度西太平洋：非洲東岸、日本、澳洲等。

魚貨來源	本地養殖 境外養殖 **本地野生** 外地野生	販賣方式	輪切 **全魚** 清肉 加工品 特別部位
販賣狀態 本地養殖 **冰鮮** 急凍 乾貨	價格 貴價 **中等** 低價	市面常見程度	常見 普通 **少見** 罕見

主要產季：全年有產，春、冬季產量較多
烹調或食用方式：肉質一般，味鮮，可香煎，若鮮度及來源合適，可以刺身方式食用。

青羽若鰺是香港水域偶見的中小型魚類，是本地漁業主要捕捉目標，多以圍網、流刺網、定置網或一支釣方式捕獲，艇釣或假餌釣偶有釣獲。市售個體約數兩，產自本地。會以數尾一群的方式於開放水域活動，產量少，在眾多市售的鰺科魚類中，本種於市面甚為少見。海蘭德若鰺（*C. hedlandensis*）（圖一）為另一種市售的走排，雖然屬群居性魚類，惟於本港族群數量不多，故產

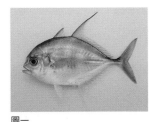

圖一

量同樣不多，反之在台灣單次捕獲量高，是當地常見的食用魚類。
最大可達 41 厘米，肉食性，棲息於近海沿岸 20 至 100 米的礁區或開放水域。

牛廣、GT、大魚仔

珍鰺｜浪人鰺

學名：*Caranx ignobilis* (Forsskål, 1775)
英文名稱：Giant trevally

鱸形目　PERCIFORMES

鱸亞目　PERCOIDEI

鰺科　Carangidae

魚貨來源	本地養殖	**境外養殖**	**本地野生**	外地野生		販賣方式	**輪切**	**全魚**	清肉	加工品	特別部位

販賣狀態	活魚	**冰鮮**	急凍	乾貨		價格	貴價	中等	**低價**		市面常見程度	**常見**	普通	少見	罕見

主要產季：全年有產
烹調或食用方式：肉質一般，味鮮，可香煎或曬成鹹魚。

珍鰺是香港水域常見的大型魚類，是本地漁業主要捕捉目標，多以圍網、流刺網、定置網或延繩釣方式捕獲，假餌釣或艇釣常有釣獲。市售個體由數兩至數斤不等，大多是內地養殖魚或產自本地。本種擁有強烈的捕食慾望，外國曾有攝影師拍攝到其躍出水面捕食海鳥的片段，證明其捕食對象包括海鳥類。爆發力強，是假餌釣的目標魚種之一，外國休閒釣遊主張釣後放生，讓生態及休閒漁業得以永續。本種肉質雖略為粗糙，但食味略勝俗名目簧的六帶鰺（*C. sexfasciatus*）。

幼魚（圖一）常見於河口或鹽度較低的
內灣，偶然會進入淡水。「GT」一俗名
取自其英文名稱Giant trevally的首字
母。偶有幼魚於淡水觀賞水族市場流通。
巴布亞鰺（*C. papuensis*）（圖二）為另
一種市售牛廣，產量較少，其小型個體
與珍鰺甚為相似，成魚身體背部佈有黑
色點紋，較易辨認。

最大可達1.7米，重達80公斤，肉食性，
棲息於近海沿岸0至50米的河口、礁
區、砂石區或開放水域。

圖一

圖二

目簀、領航燈、水珍、大魚仔

六帶鰺

學名：*Caranx sexfasciatus* Quoy & Gaimard, 1825
英文名稱：Bigeye trevally

分佈地區

印度太平洋之溫帶及熱帶海域。

魚貨來源	本地養殖	境外養殖	**本地野生**	外地野生		販賣方式	**輪切**	**全魚**	清肉	加工品	特別部位

販賣狀態	活魚	**冰鮮**	急凍	乾貨	價格	貴價	中等	**低價**	市面常見程度	常見	普通	**少見**	罕見

主要產季：全年有產
烹調或食用方式：肉質略粗糙，味鮮，可香煎或曬成鹹魚。

六帶鰺是香港水域常見的大型魚類，是本地漁業主要捕捉目標，多以圍網、流刺網、定置網或延繩釣方式捕獲，假餌釣或艇釣常有釣獲。市售個體由數兩至數斤不等，產自本地。本種體色差異大，幼魚至亞成魚階段體色偏銀白或金黃色，受驚時身上會浮現五至六條暗垂直間紋，成魚體色變黑。成魚為群居性魚類，經常數百條於開放水域群游及覓食，其餘習性及棲地與牛廣相似。因幼魚常緊貼在大型魚類的吻前，彷彿在引領魚類前進，故有領航燈的俗名。偶有幼魚於淡水觀賞水族市場流通。外貌與牛廣相似，本種鰓蓋起點上方具有一個小黑斑點，尾柄上的稜鱗呈黑色，體高亦較低，可簡單區分。

最大可達 1.2 米，重達 18 公斤，肉食性，棲息於近海沿岸 0 至 146 米的河口、礁區、砂石區或開放水域。

鰶仔、鰶魚

紅背圓鰺｜藍圓鰺

學名：*Decapterus maruadsi* (Temminck & Schlegel, 1843)
英文名稱：Japanese scad

分佈地區

西太平洋：南中國海、台灣、日本、馬里亞納群島、關島等。

魚貨來源 本地養殖 境外養殖 本地野生 外地野生	販賣方式 輪切 全魚 清肉 加工品 特別部位	
販賣狀態 活魚 冰鮮 急凍 乾貨	價格 貴價 中等 低價	市面常見程度 常見 普通 少見 罕見

主要產季：全年有產，夏季產量較多
烹調或食用方式：肉質略粗糙，味鮮，可清蒸、香煎、油炸或曬成鹹魚。

圖一

紅背圓鰺是香港水域常見的小型魚類，是本地及華南一帶漁業主要捕捉目標，多以圍網、流刺網或定置網方式捕獲，各種釣法常有釣獲，常有釣友以仕掛釣法針對本種作釣。市售個體約數兩，產自本地或華南地區，山東有養殖，但養殖個體並無供應香港。單次捕獲量大，故價格低廉，不新鮮者亦有用於製成飼料中的魚粉，或直接投餵予肉食性養殖魚類。肌肉含較多的組胺酸，惟不新鮮時會分解成組織胺，進食或會引起腸胃不適，故在挑選時須注意鮮度。外貌與同樣俗稱鰶仔的日本竹筴魚（*Trachurus japonicus*）極為相似，本種的稜鱗起點位於第二背鰭中間的下方，而且於背鰭及臀鰭後方各具有一離鰭，可簡單作區分。無斑圓鰺（*D. kurroides*）（圖一）為另一種市售的圓鰺屬魚類，本地俗稱紅尾鰶。

最大可達 30 厘米，肉食性，棲息於近海沿岸 0 至 20 米的礁區或開放水域。

番薯、拉侖

紡綞鰤 | 雙帶鰺

學名：*Elagatis bipinnulata* (Quoy & Gaimard, 1825)
英文名稱：Rainbow runner

分佈地區
全球之溫帶海域。

魚貨來源	本地養殖 境外養殖 **本地野生** **外地野生**	販賣方式	**輪切** **全魚** 清肉 加工品 特別部位
販賣狀態	活魚 **冰鮮** 急凍 乾貨	價格　貴價 中等 **低價**	市面常見程度　常見 普通 **少見** 罕見

主要產季：全年有產
烹調或食用方式：肉質粗糙，味鮮，可香煎或曬成鹹魚，若鮮度及來源合適，可以刺身方式食用。

紡綞鰤是香港水域常見的大型魚類，非本地漁業主要捕捉目標，多以圍網、流刺網、定置網或延繩釣方式捕獲，假餌釣或艇釣偶有釣獲。市售個體約數斤，主要產自華南地區。大洋洄游魚類，成魚主要棲息於離岸水域，南海油田附近水域有產，同時為外海艇釣的目標魚種之一。肉質粗糙，非主流的經濟食用魚類，外貌與俗名青魽的五條鰤相似，台灣就曾有因賣家誤鑑而造成購買上的誤會，兩者食味差天共地，可憑身上的花紋區分，本種的頭形較尖，身上有兩條藍縱帶紋，消費者在購買時可多加注意。

最大可達 1.8 米，重達 46 公斤，壽命可達約 6 年，肉食性，棲息於近海沿岸至離岸 0 至 150 米（主要棲息深度為 2 至 10 米）的礁區或開放水域。

金牌、金領航、黃水珍

無齒鰺

學名：*Gnathanodon speciosus* (Forsskål, 1775)
英文名稱：Golden trevally

魚貨來源	本地養殖	**境外養殖**	本地野生	**外地野生**		販賣方式	**輪切**	**全魚**	清肉	加工品	特別部位

販賣狀態	**活魚**	**冰鮮**	急凍	乾貨	價格	貴價	**中等**	低價	市面常見程度	**常見**	普通	少見	罕見

主要產季：全年有產
烹調或食用方式：肉質一般，味鮮，可香煎或曬成鹹魚，若鮮度及來源合適，可以刺身方式食用。

無齒鰺是香港水域偶見的大型魚類，非本地漁業主要捕捉目標，多以圍網、流刺網、定置網或延繩釣方式捕獲，假餌釣偶有釣獲。市售個體由半斤至數斤不等，主要為內地的養殖魚（圖一），台灣、新加坡、馬來西亞和越南等地均有進行箱網養殖，偶有來自華南地區之大型野生魚流入市面。本種口內無齒，下頜僅於幼魚時具數枚細齒，於成魚時消失，故稱無齒鰺。幼魚經常伴隨大型魚類同游，以大型魚捕獵後之獵物碎屑為食。可當作觀賞魚，幼魚常見於水族市場，大型者則能見於大型水族館（圖二），供參觀者欣賞群游的壯觀場面。食量大且成長快速，飼養前應先考量是否能提供足夠空間及條件。最大可達 1.2 米，重達 15 公斤，肉食性，棲息於近海沿岸 0 至 80 米的礁區、砂泥底區或開放水域。

圖一

圖二

鱸形目 PERCIFORMES

鱸亞目 PERCOIDEI

鰺科 Carangidae

鐵甲鰺、倒甲鰺、甲鰺

大甲鰺

學名：*Megalaspis cordyla* (Linnaeus, 1758)
英文名稱：Torpedo scad

分佈地區

印度西太平洋之溫帶海域。

魚貨來源	本地養殖	境外養殖	**本地野生**	外地野生		販賣方式	輪切	**全魚**	清肉	加工品	特別部位

販賣狀態	活魚	**冰鮮**	急凍	乾貨		價格	貴價	中等	**低價**		市面常見程度	常見	普通	**少見**	罕見

主要產季：全年有產
烹調或食用方式：肉質粗糙，味腥，可香煎、油炸或曬成鹹魚。

大甲鰺是香港水域偶見的中型魚類，非本地漁業主要捕捉目標，多以圍網、流刺網、定置網或延繩釣方式捕獲，假餌釣或磯釣偶有釣獲。市售個體約十餘兩至斤裝不等，產自本港或華南地區。因稜鱗位置十分延長，貌似盔甲而有甲鰺的俗名。群居性魚類，經常數百條於開放水域群游及覓食。喜好水流急及溶氧充足的地方，本地的外礁水域較為常見。於本地為非主流經濟性食用魚類，小型者常以數尾一組的方式販售（圖一）。

最大可達 80 厘米，重達 4 公斤，肉食性，棲息於近海沿岸 20 至 100 米的礁區、砂泥底區或開放水域。

圖一

黑鯧、烏鯧

烏鰺

學名：*Parastromateus niger* (Bloch, 1795)
英文名稱：Black pomfret

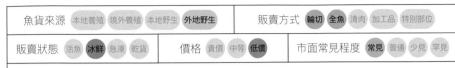

分佈地區
印度西太平洋：非洲東岸、日本、澳洲等。

| 魚貨來源 | 本地養殖 | 境外養殖 | 本地野生 | **外地野生** | | 販賣方式 | **輪切** | **全魚** | 清肉 | 加工品 | 特別部位 |
| 販賣狀態 | 活魚 | **冰鮮** | 急凍 | 乾貨 | 價格 | 貴價 | 中等 | **低價** | 市面常見程度 | **常見** | 普通 | 少見 | 罕見 |

主要產季：全年有產
烹調或食用方式：肉質一般，味鮮，可香煎。

烏鰺是香港水域偶見的中型魚類，是本地及華南一帶漁業主要捕捉目標，多以圍網、流刺網或定置網方式捕獲，因屬浮游生物食性故難以釣獲。市售個體由數兩至斤裝不等，主要產自華南地區。成魚主要棲息於泥質海域，白天於較深的水域活動，夜間進行垂直洄游靠近水表層，幼魚偶然會進入河口。頭小肉厚，取肉率高且價格親民，頗受本地消費者歡迎。偶有大型個體以輪切方式販售。俗名雖然有「鯧」一字，但分類上屬於鰺科魚類，與鯧魚類有十分大的差距。

最大可達75厘米，浮游生物食性，棲息於近海沿岸15至105米（主要棲息深度為15至40米）的砂泥底區。

鱲魚皇、縞鰺

黃帶擬鰺

學名：*Pseudocaranx dentex* (Bloch & Schneider, 1801)
英文名稱：White trevally

分佈地區

印度太平洋及大西洋之溫帶海域。

鱸形目 PERCIFORMES

鱸亞目 PERCOIDEI

鰺科 Carangidae

魚貨來源	本地養殖 境外養殖 **本地野生** **外地野生**		販賣方式	輪切 **全魚** 清肉 加工品 特別部位
販賣狀態	活魚 **冰鮮** 急凍 乾貨	價格 貴價 **中等** 低價	市面常見程度	常見 普通 少見 **罕見**

主要產季：全年有產，秋、冬季產量較多
烹調或食用方式：肉質結實，味鮮，可香煎，若鮮度及來源合適，可以刺身方式食用。

黃帶擬鰺是香港水域少見的大型魚類，非本地漁業主要捕捉目標，多以一支釣、圍網、流刺網或定置網方式捕獲，磯釣偶有釣獲。市售個體由半斤至數斤不等，產自本地或華南地區。於日本俗稱「縞鰺」或「島鰺」，屬高級刺身用魚，大型者因油脂含量較多而較昂貴，日本現時已有進行人工養殖，偶有已處理好的全魚刺身於本港日式超市販售，日式料理店亦偶有販賣。於本港捕獲量少，市面稀少，同時體形不大。

最大可達 1.2 米，重達 18 公斤，壽命可達約 49 年，肉食性，棲息於近海沿岸 10 至 238 米（主要棲息深度為 10 至 25 米）的礁區或砂泥底區，偶然進入河口。

黃祥

康氏似鰺 ｜ 大口逆鉤鰺

學名：*Scomberoides commersonnianus* Lacepède, 1801
英文名稱：Talang queenfish

分佈地區

印度西太平洋：非洲東岸、台灣、澳洲等。

魚貨來源	本地養殖	境外養殖	**本地野生**	外地野生		販賣方式	**輪切**	**全魚**	清肉	加工品	特別部位
販賣狀態	活魚	**冰鮮**	急凍	**乾貨**	價格	貴價	中等	**低價**	市面常見程度	常見	**普通** 少見 罕見

主要產季：全年有產
烹調或食用方式：肉質一般，味鮮，可香煎或曬成鹹魚。

康氏似鰺是香港水域常見的大型魚類，是本地漁業主要捕捉目標，多以一支釣、圍網、流刺網或定置網方式捕獲，艇釣或假餌釣常有釣獲。市售個體由半斤至十餘斤不等，產自本地或華南地區。捕食慾望強烈，爆發力強，常被視

圖一

為假餌釣的目標魚種。本港目前分佈兩種似鰺，除本種外，另一種為長頜似鰺（*S. lysan*）（圖一），市售體形較小，背鰭具一黑斑，身體兩側各具兩排點紋，容易分辨，兩者食味相若。本屬（genus）魚類偶有用作製成鹹魚，香氣十足，偶見於海味店。

最大可達 1.2 米，重達 16 公斤，肉食性，棲息於近海沿岸 0 至 50 米的礁區或砂泥底區，偶然進入河口。

金邊䱛

金帶細鰺

學名：*Selaroides leptolepis* (Cuvier, 1833)
英文名稱：Yellowstripe scad

分佈地區

印度西太平洋：波斯灣、菲律賓、日本、阿拉弗拉海、澳洲等。

魚貨來源	本地養殖 境外養殖 **本地野生** 外地野生	販賣方式	輪切 **全魚** 清肉 加工品 特別部位
販賣狀態	活魚 **冰鮮** 急凍 乾貨	價格　貴價 中等 **低價**	市面常見程度　常見 **普通** 少見 罕見

主要產季：全年有產
烹調或食用方式：肉質細緻，富魚味，可清蒸、香煎或油炸。

金帶細鰺是香港水域常見的小型魚類，是本地漁業主要捕捉目標，多以圍網、流刺網或定置網方式捕獲，磯釣、艇釣或岸釣常有釣獲。市售個體約數兩，產自本地。群居性魚類，經常聚集於開放水域覓食。外貌與及達副葉鰺（俗名黃尾䱛）和克氏副葉鰺（俗名蝦尾䱛）略有相似，但本種新鮮時身體兩側各具一條明顯的鮮黃色縱帶（圖一），容易辨認。單次捕獲量大，肉質佳，雖體形不大，但價格略高於其他䱛魚，常以十餘尾一組的方式販售。

最大可達 22 厘米，雜食性，棲息於近海沿岸 1 至 50 米的河口或砂泥底區。

圖一

章紅

杜氏鰤

學名：*Seriola dumerili* (Risso, 1810)
英文名稱：Greater amberjack

分佈地區

全球熱帶、亞熱帶及部分溫帶海域。

魚貨來源	本地養殖	境外養殖	本地野生	外地野生		販賣方式	輪切	全魚	清肉	加工品	特別部位

販賣狀態	活魚	冰鮮	急凍	乾貨	價格	貴價	中等	低價	市面常見程度	常見	普通	少見	罕見

主要產季：全年有產
烹調或食用方式：肉質一般，味鮮，可香煎，若鮮度及來源合適，可以刺身方式食用。

杜氏鰤是香港水域常見的大型魚類，是本地漁業主要捕捉目標，多以一支釣、圍網、流刺網或定置網方式捕獲，艇釣或假餌釣常有釣獲。市售個體由斤裝至十餘斤不等，產自本地或華南地區。具強烈的捕食慾望，爆發力強，常被視為假餌釣的目標魚種。幼魚身體呈金黃色（圖一），經常單獨或數尾躲藏於大型海洋漂浮物下。在內地、香港、台灣、日本等地被視為刺身用魚，肌肉含較多的

圖一

圖二

圖三

組胺酸，惟不新鮮時會分解成組織胺，進食或會引起腸胃不適，在挑選時須注意鮮度。本港目前分佈兩種章紅，除本種外，另一種為長鰭鰤（*S. rivoliana*），幼魚（圖二）及成魚（圖三）的背鰭均較長，於市面較少見，食味類同。本種現時於內地及台灣有進行人工養殖，偶有養殖個體於市面販售（圖四），養殖個體尾鰭末端會呈圓鈍形（圖五），各鰭亦較短。屬於休閒漁業主要放養的魚種之一，同時是南海油田附近釣遊的主要目標魚種，惟因人類無節制的取用海洋生物資源，近年數量及體形已大不如前。

圖四

最大可達 1.9 米，重達 80 公斤，壽命可達約 15 年，肉食性，棲息於近海沿岸至離岸 1 至 360 米（主要棲息深度為 18 至 72 米）的大洋及礁區。

圖五

青魽、油甘魚

五條鰤

學名：*Seriola quinqueradiata* Temminck & Schlegel, 1845
英文名稱：Japanese amberjack, Yellow tail

魚貨來源	本地養殖	境外養殖	本地野生	外地野生		販賣方式	輪切	全魚	清肉	加工品	特別部位

販賣狀態	活魚	冰鮮	急凍	乾貨	價格	貴價	中等	低價	市面常見程度	常見	普通	少見	罕見

主要產季：全年有產，冬季產量較多
烹調或食用方式：肉質一般，可香煎，若鮮度及來源合適，可以刺身方式食用。

五條鰤目前在香港水域沒有分佈紀錄，屬大型魚類，在台灣、日本及韓國是漁業主要捕捉目標，多以一支釣、流刺網或定置網方式捕獲。市售個體約數斤，主要是日本的養殖魚。具強烈的捕食慾望，爆發力強，在外國常被視為釣遊漁業的目標魚種。於日本及韓國是主要的

圖一

刺身用魚，並已有於箱網進行的人工養殖。於本地市場甚為少見，反之在日式超市偶有已處理好的刺身販賣，亦常被本港日式料理店視為食材。本種與俗稱平政的黃尾鰤（*S. lalandi*）（圖一）極為相似，前者體側之黃色縱紋位於胸鰭上方，上顎後緣後上方呈尖角，胸鰭與腹鰭長度相若，腹鰭呈淡黃色；後者體側之黃色縱紋與胸鰭重疊，上顎後緣後上方呈圓角，胸鰭較腹鰭短，腹鰭呈鮮黃色，可憑以上特徵作區分。兩者於日本均為常見的食用魚類，平政流入本港市場的機會極微。

最大可達 1.5 米，重達 40 公斤，肉食性，棲息於近海沿岸至離岸 0 至 100 米的大洋及礁區。

油甘魚

黑紋小條鰤｜小甘鰺

學名：*Seriolina nigrofasciata* (Rüppell, 1829)
英文名稱：Blackbanded trevally

分佈地區
印度太平洋熱帶
及亞熱帶海域。

魚貨來源	本地養殖 境外養殖 **本地野生** **外地野生**	販賣方式	輪切 **全魚** 清肉 加工品 特別部位
販賣狀態	活魚 **冰鮮** 急凍 乾貨	價格 貴價 **中等** 低價	市面常見程度　常見 普通 **少見** 罕見

主要產季：全年有產
烹調或食用方式：肉質一般，味鮮，可香煎，若鮮度及來源合適，可以刺身方式食用。

黑紋小條鰤是香港水域偶見的中型魚類，是華南一帶
漁業主要捕捉目標，多以一支釣、圍網、流刺網或定
置網方式捕獲，艇釣或假餌釣偶有釣獲。市售個體由
數兩至斤裝不等，主要產自華南地區，本地產量少。
本種為唯一分佈在香港的小條鰤屬物種，肉質勝於章
紅。幼魚經常躲藏在大型的漂浮藻類下，成魚常伴隨
大型魚類同游，以大型魚捕獵後之獵物的碎屑為食。
身上的鱗片常在運輸過程中脫落，黑斑隨之消失（圖
一）。外形雖與其他鰤魚相似，可憑花紋簡單作區分。
舟鰤（*Naucrates ductor*）（圖二）為另一種市售相似的
魚類，本地俗稱帶水魚，於市場上罕見。
最大可達 70 厘米，重達 5 公斤，肉食性，棲息於近海
沿岸 20 至 150 米的大洋、礁區或砂泥底區。

圖一

圖二

幽面、章白

斐氏鯧鰺

學名：*Trachinotus baillonii* (Lacepède, 1801)
英文名稱：Small spotted dart

| 魚貨來源 | 本地養殖 | 境外養殖 | **本地野生** | 外地野生 | | 販賣方式 | 輪切 | **全魚** | 清肉 | 加工品 | 特別部位 |

| 販賣狀態 | 活魚 | **冰鮮** | 急凍 | 乾貨 | | 價格 | 貴價 | **中等** | 低價 | | 市面常見程度 | 常見 | 普通 | 少見 | **罕見** |

主要產季：全年有產，夏季產量較多
烹調或食用方式：肉質一般，味鮮，可香煎，或曬成鹹魚。

斐氏鯧鰺是香港水域偶見的中型魚類，非本地漁業主要捕捉目標，多以一支釣、圍
網、流刺網或定置網方式捕獲，磯釣偶有釣獲。市售個體由半斤至斤裝不等，產於
本地。外礁磯釣的捕獲機率較高，大多自取食用，於市面十分稀少。游泳能力強，
幼魚會出沒於沙灘，成魚主要棲息於流急的礁邊。體形可達半米，部分個體體側沒
有黑點紋，成魚身體十分延長，惟大型個體於本港水域稀少。
最大可達 60 厘米，重達 1.5 公斤，肉食性，棲息於近海沿岸 1 至 40 米的礁區或砂泥
底區。

黃鱲鯧

獅鼻鯧鰺｜布氏鯧鰺

學名：*Trachinotus blochii* (Lacepède, 1801)
英文名稱：Snubnose pompano

分佈地區

印度太平洋之溫帶海域。

魚貨來源	本地養殖	境外養殖	本地野生	外地野生		販賣方式	輪切	全魚	清肉	加工品	特別部位

販賣狀態	活魚	冰鮮	急凍	乾貨		價格	貴價	中等	低價		市面常見程度	常見	普通	少見	罕見

主要產季：全年有產

烹調或食用方式：養殖魚肉質一般，若是塘養者肉帶有泥味；野生魚肉質細緻軟綿，油脂豐富。可配以蒜頭豆豉蒸或香煎，大型者可起肉炒球。

圖一

圖二

獅鼻鯧鰺是香港水域常見的大型魚類，是本地漁業主要捕捉目標，多以一支釣、圍網、流刺網或定置網方式捕獲，艇釣、岸釣、筏釣或磯釣常有釣獲。市售個體十餘兩至數斤不等，主要為內地或本港的養殖魚。常見的養殖魚類，沿岸十分常見，部分是經宗教放生的養殖個體，除非身體具明顯傷痕，否則難以判斷。常見的海鮮食材，從家常便飯至海鮮酒家均可見到豉汁鯧魚（圖一），可說是廣為香港人認識的菜式。因爆發力強而持久，故成為釣友的目標魚種。為休閒漁業主要放養的魚種之一。阿納鯧鰺（*T. anak*）（圖二）為另一種市售的黃鱲鯧，背鰭較短，容易區分，兩者食味類同。

最大可達1.1米，重達3.4公斤，雜食性，棲息於近海沿岸1至20米的礁區或砂泥底區，幼魚經常進入河口。

鱲仔、鱲魚

日本竹筴魚

學名：*Trachurus japonicus* (Temminck & Schlegel, 1844)
英文名稱：Japanese jack mackerel

魚貨來源	本地養殖 境外養殖 本地野生 **外地野生**	販賣方式	輪切 **全魚** 清肉 加工品 特別部位
販賣狀態 活魚 **冰鮮** 急凍 乾貨	價格 貴價 中等 **低價**	市面常見程度	常見 普通 **少見** 罕見

主要產季：全年有產，夏季產量較多
烹調或食用方式：肉質一般，味鮮，可香煎或油炸，若鮮度及來源合適，可以刺身方式食用。

日本竹筴魚是香港水域偶見的中型魚類，是本地及華南一帶漁業主要捕捉目標，多以延繩釣、圍網、流刺網、拖網或定置網方式捕獲，艇釣、岸釣或磯釣偶有釣獲。市售個體約數兩，主要產自華南地區。外貌與同樣俗稱鱲仔的藍圓鰺（*Decapterus maruadsi*）相似，本種第二背鰭後方不具離鰭，稜鱗的位置亦較短，可簡單區分。市面上較常販售的鱲魚為藍圓鰺，本種數量較少。於日本為刺身用魚，是當地常見的食用魚類，偶有已處理好的刺身於本地日式超市販售。肌肉含較多的組胺酸，惟不新鮮時會分解成組織胺，進食或會引起腸胃不適，故在挑選時須注意鮮度。
最大可達 50 厘米，壽命可達約 12 年，肉食性，棲息於近海沿岸 0 至 275 米（主要棲息深度為 50 至 275 米）的大洋或礁區。

白口水珍

白舌尾甲鰺

學名：*Uraspis helvola* (Forster, 1801)
英文名稱：Whitetongue jack

分佈地區

紅海、印度、斯里蘭卡、菲律賓、南中國海、台灣、琉球群島及夏威夷等。

魚貨來源	本地養殖	境外養殖	**本地野生**	外地野生		販賣方式	輪切	**全魚**	清肉	加工品	特別部位
販賣狀態	活魚	**冰鮮**	急凍	乾貨	價格	貴價	**中等**	低價	市面常見程度	常見	普通	少見	**罕見**

主要產季：全年有產
烹調或食用方式：肉質軟綿，富有魚味，宜香煎，若鮮度及來源合適，可以刺身方式食用。

白舌尾甲鰺是香港水域罕見的中小型魚類，非本地漁業主要捕捉目標，多以一支釣或拖網方式捕獲，外海船釣偶有釣獲。市售個體約十餘兩，主要產自華南地區。群居性魚類，幼魚有伴隨水母生活的習性，成魚則會結群於較深的開放水域活動。口腔內周圍呈深黑色，僅舌頭及上頜呈白色，故有白口水珍一俗名。本地捕獲量不多，體形亦不大，一般當作雜魚販售。於台灣屬高經濟價值魚類，於市場上常見。最大可達 58 厘米，肉食性，棲息於近海沿岸 50 至 300 米的砂泥底區。

眼鏡魚、皮刀魚

眼鏡魚 │ 眼眶魚

學名：*Mene maculata* (Bloch & Schneider, 1801)
英文名稱：Moonfish

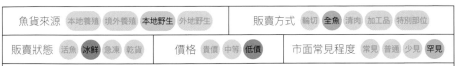

魚貨來源	本地養殖 境外養殖 **本地野生** 外地野生	販賣方式	輪切 **全魚** 清肉 加工品 特別部位
販賣狀態	活魚 **冰鮮** 急凍 乾貨	價格	貴價 中等 **低價**	市面常見程度	常見 普通 少見 **罕見**

主要產季：全年有產，夏季產量較多
烹調或食用方式：肉質一般，味鮮，可香煎或油炸。

眼鏡魚是香港水域偶見的小型魚類，是台灣漁業主要捕捉目標，多以拖網或定置網方式捕獲，於本港水域甚少有釣獲紀錄。市售個體約數兩，主要產自華南地區。體薄肉少，取肉率低，體形較大者較有食用價值，小型者一般以雜魚販售，或當作投餵肉食性養殖魚類之飼料。本港產量稀少且體形偏小，故在市場上罕見。於台灣為常見食用魚類，亦有用作延繩釣之釣餌或製成魚粉添加在飼料中。本種目前在世界上為一科 (family) 一屬 (genus) 一種 (species) 的魚類。
最大可達 30 厘米，浮游生物食性，棲息於近海沿岸 20 至 200 米的河口或礁區。

鱸形目 PERCIFORMES

鱸亞目 PERCOIDEI

鰏科 Leiognathidae

油鱲、油力、油勒

短棘鰏

學名：*Leiognathus equula* (Forsskål, 1775)
英文名稱：Common ponyfish

分佈地區

印度西太平洋：紅海、波斯灣、非洲東岸、斐濟群島、琉球群島、澳洲等。

魚貨來源	本地養殖	境外養殖	本地野生	外地野生	販賣方式	輪切	全魚	清肉	加工品	特別部位

販賣狀態	活魚	冰鮮	急凍	乾貨	價格	貴價	中等	低價	市面常見程度	常見	普通	少見	罕見

主要產季：全年有產，夏季產量較多
烹調或食用方式：肉質嫩滑細緻，富有魚味，可配以麵豉蒸、滾湯或香煎。

短棘鰏是香港水域偶見的小型魚類，是台灣或本地漁業主要捕捉目標，多以延繩釣或拖網方式捕獲，艇釣或投釣偶有釣獲。市售個體由數兩至半斤不等，主要為台灣養殖魚，野生魚產自本地或華南地區。群居性魚類，嘴巴伸縮幅度大，有助於砂泥底海床尋找獵物繼而吸食。緊張時身體會分泌大量無毒黏液。本種在同科魚類中體形相對較大，可達手掌之大。台灣已建立人工養殖技術，養殖魚供應穩定，部分進口到香港供應本地市場。

最大可達 28 厘米，肉食性，棲息於近海沿岸 10 至 110 米的河口或砂泥底區。

油鱲、油力、油勒、花鯧

頸斑項鯿｜項斑項鯿

學名：*Nuchequula nuchalis* (Temminck & Schlegel, 1845)
英文名稱：Spotnape ponyfish

分佈地區
西太平洋：日本、南中國海、台灣等。

魚貨來源	本地養殖 境外養殖 **本地野生** **外地野生**	販賣方式	輪切 **全魚** 清肉 加工品 特別部位
販賣狀態	活魚 **冰鮮** 急凍 乾貨	價格 貴價 **中等** 低價	市面常見程度 常見 **普通** 少見 罕見

主要產季：全年有產，夏季產量較多
烹調或食用方式：肉質嫩滑細緻，富有魚味，可配以麵豉蒸、滾湯或香煎。

頸斑項鯿是香港水域常見的小型魚類，是本地漁業主要捕捉目標，多以延繩釣、底拖網或流刺網捕獲。岸釣、艇釣或投釣常有釣獲。市售個體約一、二兩，產自本地或華南地區。群居性魚類，嘴巴伸縮幅度大，有助於砂泥底海床尋找獵物繼而吸食。緊張時身體會分泌大量無毒黏液，離水後能發聲。雖然體形小且肉薄，但其美味卻深受愛品嚐小魚人士及水上人的愛戴，於市面屬較受歡迎的小型魚類之一。惟部分個體屬於捕魚時的混獲，鮮度不佳且外表破損，一般當成雜魚販售。本科魚類

鱸形目　PERCIFORMES

鱸亞目　PERCOIDEI

鯿科　Leiognathidae

圖一

圖二

圖三

同時是飼料中魚粉的原材料，亦可直接投餵予肉食性養殖魚。黑邊布氏鰏（*Eubleekeria splendens*）（圖一）、細紋鰏（*Leiognathus berbis*）（圖二）及靜仰口鰏（*Secutor insidiator*）（圖三）為另外三種市售油鰔，食味與售價均類同，經常以十多尾一組的方式販售（圖四）。最大可達25厘米，肉食性，棲息於近海沿岸2至10米的河口或砂泥底區。

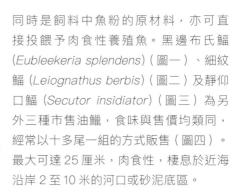

圖四

烏魴

小鱗烏魴

學名：*Brama orcini* Cuvier, 1831
英文名稱：Bigtooth pomfret

魚貨來源	本地養殖	境外養殖	本地野生	**外地野生**		販賣方式	輪切	**全魚**	清肉	加工品	特別部位

販賣狀態	活魚	**冰鮮**	急凍	乾貨		價格	貴價	中等	**低價**		市面常見程度	常見	普通	少見	**罕見**

主要產季：全年有產，夏季產量較多
烹調或食用方式：肉質一般，略為粗糙，味較腥，可香煎或紅燒。

小鱗烏魴目前在香港水域沒有分佈紀錄，香港海域水深不是其主要棲息深度。本種屬中小型魚類，非漁業主要捕捉目標，多以延繩釣、流刺網或底拖網方式捕獲，外海艇釣偶有釣獲。市售個體約半斤，主要產於華南一帶海域。雖然單次捕獲量高，但因食味不佳且食用風氣低，屬於食用率較低的魚類。本科大多物種均棲息在深海，僅少數物種偶能見於沿海近岸。斯氏長鰭烏魴（*Taractichthys steindachneri*）（圖一）為另一種市售烏魴，體形通常較大，於市面同樣罕見。

最大可達42厘米，肉食性，棲息於離岸1至1229米的深海。

圖一

歌鯉、紅肉蒜

史氏紅諧魚

學名：*Erythrocles schlegelii* (Richardson, 1846)
英文名稱：Japanese rubyfish

分佈地區

印度西太平洋：南非、阿拉伯半島、印尼、東海、朝鮮半島、日本、澳洲、夏威夷等。

魚貨來源	本地養殖 境外養殖 **本地野生** **外地野生**	販賣方式	**輪切** **全魚** 清肉 加工品 特別部位
販賣狀態	活魚 **冰鮮** 急凍 乾貨	價格　貴價 **中等** **低價**	市面常見程度　常見 普通 少見 **罕見**

主要產季：全年有產
烹調或食用方式：肌肉呈紅色，煮熟後粗糙，可香煎或曬成鹹魚；若鮮度及來源合適，可以刺身方式食用。

史氏紅諧魚目前在香港水域沒有分佈紀錄，香港海域水深不是其主要棲息深度。非本地漁業主要捕捉目標，多以一支釣或延繩釣方式捕獲，外海艇釣偶有釣獲。市售個體約數斤，主要產自台灣鄰近水域。群居性魚類，單次捕獲量較多。幼魚多棲息在水深十多米的礁區，成魚棲息於破百米之大陸棚岩坡海域。市面上流通量低，熟食肉質粗糙，反之生食具有特殊香氣，但注意宜先放血。
最大可達 72 厘米，肉食性，棲息於近海沿岸 100 至 350 米的礁區或深海。

歌鯉、大口鳥

紅叉尾鯛｜銹色細齒笛鯛

學名：*Aphareus rutilans* Cuvier, 1830
英文名稱：Rusty jobfish

分佈地區

印度太平洋：紅海、阿拉伯海、非洲東岸、薩摩亞、日本、澳洲等。

魚貨來源	本地養殖	境外養殖	本地野生	**外地野生**		販賣方式	**輪切**	**全魚**	清肉	加工品	特別部位

販賣狀態	活魚	**冰鮮**	急凍	乾貨	價格	貴價	中等	**低價**	市面常見程度	常見	普通	少見	**罕見**

主要產季：全年有產
烹調或食用方式：肉質較粗糙，味鮮，可香煎或曬成鹹魚。

紅叉尾鯛目前在香港水域沒有分佈紀錄，香港海域水深不是其主要棲息深度。本種屬大型魚類，非本地漁業主要捕捉目標，多以一支釣或延繩釣方式捕獲，外海艇釣偶有釣獲。市售個體由斤裝至數斤不等，主要產自東、西沙群島一帶水域及華南一帶海域。幼魚多棲息在十多米水深的礁區，成魚則主要棲息在深度百米或以下水域，會垂直洄游。外貌與另一種俗稱歌鯉的尖齒紫魚（*Pristipomoides typus*）相似，惟嘴巴遠大於後者，口裂達眼睛下方，可簡單區分。

最大可達1.1米，重達11公斤，肉食性，棲息於近海沿岸100至300米的礁區或深水開放水域。

海底飛龍

綠短鰭笛鯛｜藍短鰭笛鯛

學名：*Aprion virescens* Valenciennes, 1830
英文名稱：Green jobfish

分佈地區

印度太平洋之熱帶海域：
非洲東岸、夏威夷、日本
南部、澳洲等。

魚貨來源	本地養殖 境外養殖 本地野生 **外地野生**	販賣方式	**輪切** **全魚** 清肉 加工品 特別部位
販賣狀態	活魚 **冰鮮** 急凍 乾貨	價格	貴價 **中等** 低價	市面常見程度	常見 普通 少見 **罕見**

主要產季：全年有產
烹調或食用方式：肉質結實，味鮮，可香煎或曬成鹹魚，若鮮度及來源合適，可以刺身方式
食用。

綠短鰭笛鯛是香港水域少見的大型魚類，非本地漁業主要捕捉目標，多以一支釣、
延繩釣或定置網方式捕獲，外海艇釣偶有釣獲。市售個體約數斤，主要產自東、西
沙群島一帶水域。獨行性魚類，會單獨於礁區活動及覓食。單次捕獲量少，於本地
市場罕見。因爆發力強而有海底飛龍的俗名。有可能含有雪卡毒，應考慮避免進食
大型個體。
最大可達 1.1 米，重達 15 公斤，肉食性，棲息於近海沿岸 0 至 180 米的礁區。

紅寶石、歌鯉

紅鑽魚 ｜ 濱鯛

學名：*Etelis carbunculus* Cuvier, 1828
英文名稱：Deep-water red snapper

分佈地區

印度太平洋之熱帶海域：非洲東岸、夏威夷、日本南部、澳洲等。

魚貨來源	本地養殖 境外養殖 本地野生 **外地野生**	販賣方式	**輪切** **全魚** 清肉 加工品 特別部位
販賣狀態	活魚 **冰鮮** 急凍 乾貨	價格 **貴價** 中等 低價	市面常見程度 常見 普通 少見 **罕見**

主要產季：全年有產，夏季產量較多
烹調或食用方式：肉質彈牙，小型者魚味較淡，可香煎，若鮮度及來源合適，可以刺身方式食用。

紅鑽魚是香港水域少見的大型魚類，在台灣是漁業主要捕捉目標，多以一支釣或延繩釣方式捕獲，外海艇釣偶有釣獲。市售個體由數斤至十餘斤不等，主要產自華南地區或台灣水域。本種棲息深度較深，只能見於離岸深水水域。紅鑽魚屬魚類在台灣是常見的經濟性食用魚

圖一

類，價格頗高，而香港只分佈其中一種，即本種。台灣較為常見者為絲尾紅鑽魚（*E. coruscans*）（圖一），當地俗稱長尾鳥，兩者外貌相似，紅鑽魚尾鰭下葉末端為白色，絲尾紅鑽魚尾鰭上、下葉末端為黑色，可簡單作區分。
最大可達 1.2 米，重達 32 公斤，肉食性，棲息於近海沿岸至離岸 90 至 400 米（主要棲息深度為 200 至 350 米）的深水礁區。

海鯉

葉唇笛鯛

學名：*Lipocheilus carnolabrum* (Chan, 1970)
英文名稱：Tang's snapper

分佈地區

印度西太平洋：阿拉伯海、瓦努阿圖、琉球群島、澳洲北部等。

魚貨來源	本地養殖 境外養殖 **本地野生** **外地野生**	販賣方式	輪切 **全魚** 清肉 加工品 特別部位
販賣狀態	活魚 **冰鮮** 急凍 乾貨	價格 **貴價** 中等 低價	市面常見程度　常見 普通 少見 **罕見**

主要產季：全年有產
烹調或食用方式：肉質嫩滑，富有魚味，可清蒸。

葉唇笛鯛是香港水域罕見的中大型魚類，在台灣是漁業主要捕捉目標，多以一支釣或延繩釣方式捕獲，於本港水域甚少有釣獲紀錄。市售個體由斤裝至數斤不等，主要產自華南地區。本種在分類上獨立一屬一種，發表時的模式標本產於香港。以往俗稱的海鯉主要指本種，但因近十年內，本種於香港水域以至市場均十分稀少，現時「海鯉」一名主要指牙點，即約氏笛鯛 (*Lutjanus johnii*) 的大型個體。

最大可達 70 厘米，肉食性，棲息於近海沿岸至離岸 90 至 340 米的深水礁區。

紅䲁

紫紅笛鯛 | 銀紋笛鯛

學名：*Lutjanus argentimaculatus* (Forsskål, 1775)
英文名稱：Mangrove red snapper

魚貨來源	本地養殖	境外養殖	本地野生	外地野生		販賣方式	輪切	全魚	清肉	加工品	特別部位

販賣狀態	活魚	冰鮮	急凍	乾貨	價格	貴價	中等	低價	市面常見程度	常見	普通	少見	罕見

主要產季：全年有產
烹調或食用方式：養殖魚肉質粗糙；野生魚肉質細緻軟綿。富有魚味，油脂豐富。可碎蒸，大型者可起肉炒球。

紫紅笛鯛是香港水域常見的大型魚類，是本地漁業主要捕捉目標，多以一支釣或延繩釣方式捕獲，各種釣法常有釣獲。市售個體由斤裝至十餘斤不等，主要為內地或本港的養殖魚。常見的養殖魚類，沿岸十分常見，多數是經宗教放生的養殖個體，體色呈深紅色至淡黑色，身上或有傷痕，常被釣友戲稱為黑䲁；野生魚體色鮮紅（圖一）。捕食慾望強烈，爆發力強，是釣友的目標魚種，亦為休閒釣魚業主要放養的物種。廣鹽性魚類，幼魚和稚魚會棲息於河口或紅樹林，偶然進入淡水。幼魚身上具數條明顯的銀色橫帶，眼下的藍蟲紋更為明顯（圖二），偶見於淡水觀賞魚市場。

圖一

圖二

最大可達 1.5 米，重達 8.7 公斤，壽命可達約 31 年，肉食性，棲息於近海沿岸 1 至 120 米的淡水、河口、礁區或砂泥底區。

鱸形目　PERCIFORMES

鱸亞目　PERCOIDEI

笛鯛科　Lutjanidae

紅鱠

白斑笛鯛

學名：*Lutjanus bohar* (Forsskål, 1775)
英文名稱：Two-spot red snapper

分佈地區
印度西太平洋。

魚貨來源	本地養殖	境外養殖	本地野生	**外地野生**		販賣方式	輪切	**全魚**	清肉	加工品	特別部位

販賣狀態	**活魚**	**冰鮮**	急凍	乾貨	價格	貴價	**中等**	低價	市面常見程度	常見	普通	**少見**	罕見

主要產季：全年有產，夏季產量較多
烹調或食用方式：肉質細緻，富有魚味，可清蒸，大型者可起肉炒球。

白斑笛鯛是香港水域常見的大型魚類，是本地漁業主要捕捉目標，多以一支釣或延繩釣方式捕獲，外海艇釣或岸釣偶有釣獲，棲息於沿岸者不排除是宗教活動的放生個體。市售個體由斤裝至十餘斤不等，主要產自東、西沙群島一帶水域及華南地區。本種幼魚背部具兩個白斑紋（圖一），會隨成長消失。外貌與紅紬相似，本種身

圖一

上佈有白點紋，各鰭鰭緣為黑色，可簡單區分。主要棲地為珊瑚環礁群，為雪卡毒高危魚種之一，本港及台灣均有進食後中毒的個案，應考慮避免進食大型個體。
最大可達90厘米，重達12.5公斤，壽命可達約55年，肉食性，棲息於近海沿岸1至180米（主要棲息深度為10至70米）的礁區、珊瑚礁區或砂泥底區。

五線火點

金焰笛鯛｜火斑笛鯛

學名：*Lutjanus fulviflamma* (Forsskål, 1775)
英文名稱：Dory snapper

分佈地區
印度太平洋：紅海、非洲東岸、薩摩亞、琉球群島、澳洲等。

魚貨來源	本地養殖	境外養殖	**本地野生**	外地野生		販賣方式	輪切	**全魚**	清肉	加工品	特別部位

販賣狀態	**活魚**	冰鮮	急凍	乾貨		價格	貴價	**中等**	低價		市面常見程度	常見	普通	少見	**罕見**

主要產季：全年有產
烹調或食用方式：肉質細緻，富有魚味，可清蒸。

金焰笛鯛是香港水域偶見的中小型魚類，是本地漁業主要捕捉目標，多以一支釣或延繩釣方式捕獲，磯釣或岸釣偶有釣獲。市售個體由數兩至斤裝不等，產自本地或華南地區。獨行性魚類，在眾多笛鯛屬魚類中體形偏小，於本港產量遠比勒氏笛鯛（俗名火點）或約氏笛鯛（俗名牙點）低。身體呈黃色且體側具五條縱紋，幼魚頭部具一條黑線紋從吻端穿越眼睛到鰓蓋（圖一），容易辨認。腹腔內具一副橙色脂肪，含輕淡的甲殼類香氣，可鋪在魚體表面清蒸。

圖一

最大可達 35 厘米，壽命可達約 23 年，肉食性，棲息於近海沿岸 3 至 35 米的礁區或砂泥底區，幼魚能見於河口。

尖嘴紅雞

隆背笛鯛

學名：*Lutjanus gibbus* (Forsskål, 1775)
英文名稱：Humpback red snapper

分佈地區

印度西太平洋：紅海、非洲東岸、萊恩群島、社會群島、日本南部、澳洲等。

魚貨來源	本地養殖	境外養殖	本地野生	**外地野生**		販賣方式	輪切	**全魚**	清肉	加工品	特別部位
販賣狀態	**活魚**	**冰鮮**	急凍	乾貨	價格	貴價	**中等**	低價	市面常見程度	常見	**普通**	少見	罕見

主要產季：全年有產
烹調或食用方式：肉質細緻，富有魚味，偶然會有沙皮，可清蒸或碎蒸。

隆背笛鯛是香港水域少見的中型魚類，是東南亞國家漁業主要捕捉目標，多以一支釣、延繩釣或籠具方式捕獲，岸釣偶有釣獲，不排除是宗教活動的放生個體。市售個體由半斤至斤裝不等，主要產於東、西沙水域，或從菲律賓進口，產自東、西沙水域者有機會以活魚方式販售，沙皮的可能大，自菲律賓者則以冰鮮方式販賣。主要棲地為珊瑚環礁群，有可能含有雪卡毒，應考慮避免進食大型個體。幼魚（圖一）尾鰭呈淡黃色，隨成長漸變成深紅色。
最大可達 50 厘米，壽命可達約 18 年，肉食性，棲息於近海沿岸 1 至 150 米的礁區或珊瑚礁區，幼魚能見於河口。

圖一

牙點、海鯉

約氏笛鯛

學名：*Lutjanus johnii* (Bloch, 1792)
英文名稱：John's snapper

分佈地區

印度西太平洋：非洲、斐濟群島、澳洲、琉球群島等。

魚貨來源	本地養殖 境外養殖 **本地野生** 外地野生		販賣方式	**輪切** **全魚** 清肉 加工品 特別部位
販賣狀態	**活魚** **冰鮮** 急凍 乾貨	價格 貴價 **中等** 低價	市面常見程度	常見 普通 **少見** 罕見

主要產季：全年有產，夏、秋季產量較多
烹調或食用方式：肉質細緻，富有魚味，可清蒸或製成鹹鮮。

約氏笛鯛是香港水域常見的大型魚類，是本地漁業主要捕捉目標，多以一支釣或延繩釣方式捕獲，岸釣、磯釣或艇釣常有釣獲。市售個體由斤裝至數斤不等，產自本地。外貌與勒氏笛鯛（俗名火點）相似，本種身上大部分鱗片具有一個小黑點紋，容易分辨。大型個體在本地被稱為海鯉，體側的大黑斑會變淡或消失（圖一），主

圖一

要棲息在較離岸的水域。體色會隨環境改變，剛離水的牙點大多呈銀白色，死亡後呈金黃色。以往在香港有進行人工飼養，惟養成速度慢，漸漸被其他養殖魚類取代。最大可達 1 米，重達 10.5 公斤，肉食性，棲息於近海沿岸 0 至 80 米的礁區或砂泥底區，幼魚能見於河口。

四間畫眉

四帶笛鯛｜四線笛鯛

學名：*Lutjanus kasmira* (Forsskål, 1775)
英文名稱：Common bluestripe snapper

分佈地區

印度太平洋：非洲東岸，東至馬克薩斯群島、萊恩群島、澳洲、日本南部等。

魚貨來源	本地養殖	境外養殖	本地野生	**外地野生**		販賣方式	輪切	**全魚**	清肉	加工品	特別部位
販賣狀態	**活魚**	**冰鮮**	急凍	乾貨	價格	貴價	**中等**	低價	市面常見程度	常見	普通	**少見**	罕見

主要產季：全年有產
烹調或食用方式：肉質軟綿，富有魚味，可清蒸或香煎。

四帶笛鯛是香港水域罕見的小型魚類，非本地漁業主要捕捉目標，多以一支釣或延繩釣方式捕獲，甚少於本港水域被釣獲的紀錄。市售個體約半斤，主要產於東、西沙水域。體色鮮艷，可當作觀賞魚，小型個體偶然於水族市場流通。肉質細緻但可能有石壓味，腹部尤其嚴重，惟不能從外觀上判斷。主要棲地為珊瑚環礁群，有可能含有雪卡毒，應考慮避免一次過大量食用。本種外貌與孟加拉灣笛鯛（*L. bengalensis*）（圖一）相似，本種腹部具有藍色幼縱帶紋，後者則無。此外，本種外貌與俗稱五間畫眉的五線笛鯛（*L. quinquelineatus*）（圖二）相似，後者身上一共具五條藍色縱紋，可簡單區分。三種畫眉食味均類同。

圖一

圖二

最大可達40厘米，肉食性，棲息於近海沿岸3至265米（主要棲息深度為30至150米）的礁區或珊瑚礁區。

褶尾笛鯛

褶尾笛鯛

學名：*Lutjanus lemniscatus* (Valenciennes, 1828)
英文名稱：Yellowstreaked snapper

西印度洋：莫桑比克；印度西太平洋：印度南部、斯里蘭卡、菲律賓、巴布亞新幾內亞、澳洲等。

魚貨來源	本地養殖	境外養殖	**本地野生**	外地野生		販賣方式	輪切	**全魚**	清肉	加工品	特別部位

販賣狀態	**活魚**	**冰鮮**	急凍	乾貨		價格	貴價	中等	**低價**		市面常見程度	常見	普通	**少見**	罕見

主要產季：全年有產
烹調或食用方式：肉質細緻，富有魚味，可清蒸或香煎。

褶尾笛鯛是香港水域少見的中型魚類，是東南亞國家漁業主要捕捉目標，多以一支釣、延繩釣或魚槍方式捕獲，磯釣或艇釣偶有釣獲。市售個體約半斤至斤裝不等，產自本地，偶有個體由印尼、菲律賓或斯里蘭卡進口。獨行或結小群活動，單次捕獲量少，甚少流入市面。2000 年首次於香港水域錄得分佈紀錄，已知分佈當中以南丫島附近一帶水域的數量較多。幼魚體側具有一條黑色縱帶，由吻端貫穿軀幹部延伸至尾柄為止，黑縱紋會隨成長變淡，成魚時則完全消失。
最大可達 65 厘米，肉食性，棲息於近海沿岸 2 至 80 米的礁區。

月尾紅魚

月尾笛鯛

學名：*Lutjanus lunulatus* (Park, 1797)
英文名稱：Lunartail snapper

分佈地區

印度西太平洋：
阿拉伯海東北
部、菲律賓、瓦
努阿圖等。

魚貨來源	本地養殖	境外養殖	本地野生	**外地野生**		販賣方式	輪切	**全魚**	清肉	加工品	特別部位

販賣狀態	活魚	**冰鮮**	急凍	乾貨	價格	貴價	**中等**	低價	市面常見程度	常見	普通	少見	**罕見**

主要產季：全年有產
烹調或食用方式：肉質細緻，富有魚味，可清蒸或香煎。

月尾笛鯛目前在香港水域沒有分佈紀
錄，屬於中小型魚類，是東南亞國家漁
業的主要捕捉目標，多以一支釣、延繩
釣或魚槍方式捕獲，市售個體約半斤至
斤裝不等，主要由東南亞國家進口。獨
行或結小群活動，單次捕獲量低，於本
地市場甚為罕見，有機會混入焦黃笛鯛
(*L. fulvus*)（圖一）的魚貨中一同販售。

圖一

中文名名字中的「月尾」，指尾鰭上具黑色呈彎月形的花紋，辨認度高。
最大可達 40 厘米，肉食性，棲息於近海沿岸 10 至 30 米的礁區。

油眉

黃笛鯛｜正笛鯛

學名：*Lutjanus lutjanus* Bloch, 1790
英文名稱：Bigeye snapper

魚貨來源	本地養殖	境外養殖	**本地野生**	外地野生		販賣方式	輪切	**全魚**	清肉	加工品	特別部位

販賣狀態	活魚	**冰鮮**	急凍	乾貨		價格	貴價	中等	**低價**		市面常見程度	常見	普通	**少見**	罕見

主要產季：全年有產
烹調或食用方式：肉質一般，富有魚味，可清蒸或香煎。

黃笛鯛是香港水域常見的小型魚類，是本地漁業主要捕
捉目標，多以圍網、拖網、一支釣、延繩釣或籠具方式
捕獲，岸釣、磯釣或艇釣偶有釣獲。市售個體約數兩，
產自本地。在眾多笛鯛屬魚類中體形偏小，不會超過一
斤。群居性魚類（圖一），常以群體形式在開放水域或
礁區群游及覓食。在生物鏈的中層，雖會捕食小魚及甲
殼類，但同時亦為大型魚類的捕食對象。
最大可達 35 厘米，肉食性，棲息於近海沿岸 0 至 96
米的礁區或砂泥底區。

圖一

紅魚、金鮋

馬拉巴笛鯛

學名：*Lutjanus malabaricus* (Bloch & Schneider, 1801)
英文名稱：Malabar blood snapper

分佈地區

印度西太平洋：阿拉伯海、東南亞、澳洲、琉球群島等。

魚貨來源：本地養殖　境外養殖　本地野生　外地野生	販賣方式：輪切　全魚　清肉　加工品　特別部位
販賣狀態：活魚　冰鮮　急凍　乾貨	價格：貴價　中等　低價
市面常見程度：常見　普通　少見　罕見	

主要產季：全年有產
烹調或食用方式：養殖魚肉質一般；野生魚肉質軟綿，魚味較淡。可清蒸、香煎或曬成鹹魚，鹹魚可配以豆腐、白菜等材料滾湯；大型者可起肉炒球。

圖一

馬拉巴笛鯛是香港水域常見的大型魚類，是本地漁業主要捕捉目標，多以一支釣或延繩釣方式捕獲，各種釣法常有釣獲。市售個體由斤裝至數斤不等，主要為內地或本地的養殖魚。常見的養殖魚類，部分體背暗啞，腹部呈金色，以金鮋名稱販賣。沿岸十分常見，多數是經宗教放生的養殖個體，體色暗啞，身上或有傷痕。幼魚尾柄上緣具有黑、白色的鞍狀斑紋（圖一），吻端至背鰭亦具一暗色斜帶，會隨成長消失。海南儋州盛產紅魚魚乾，均選用大型個體曬製，成品會分開不同部位例如魚頭及魚鮫出售，身體則以輪切方式販賣。為休閒漁業主要放養的魚種之一。

最大可達1米，重達7.9公斤，壽命可達約31年，肉食性，棲息於近海沿岸12至120米的礁區或砂泥底區。

畫眉

奧氏笛鯛

學名：*Lutjanus ophuysenii* (Bleeker, 1860)
英文名稱：Spotstripe snapper

| 魚貨來源 | 本地養殖 | 境外養殖 | 本地野生 | **外地野生** | | 販賣方式 | 輪切 | **全魚** | 清肉 | 加工品 | 特別部位 |

| 販賣狀態 | **活魚** | **冰鮮** | 急凍 | 乾貨 | | 價格 | 貴價 | **中等** | 低價 | 市面常見程度 | 常見 | 普通 | **少見** | 罕見 |

主要產季：全年有產
烹調或食用方式：肉質一般，魚味淡，可清蒸或香煎。

奧氏笛鯛是香港水域少見的中小型魚類，是本地漁業主要捕捉目標，多以一支釣或延繩釣方式捕獲，外海艇釣偶有釣獲。市售個體由半斤至斤裝不等，主要產自華南地區，偶然會有來自東、西沙群島一帶水域的漁獲以活體方式販賣，在本港產量十分少，於 2000 年首次在香港水域發現。本種外貌與畫眉笛

圖一

鯛（*L. vitta*）（圖一）相似，本種在體側縱紋中間具一個黑斑，後者則無黑斑，可簡單區分，兩者食味類同。

最大可達 20 厘米，肉食性，棲息於近海沿岸 1 至 50 米的礁區或砂泥底區。

鱸形目 PERCIFORMES

鱸亞目 PERCOIDEI

笛鯛科 Lutjanidae

杉蚱、花蚱、花石蚱

藍點笛鯛｜海雞母笛鯛

學名：*Lutjanus rivulatus* (Cuvier, 1828)
英文名稱：Blubberlip snapper

分佈地區

印度太平洋：非洲東岸、大溪地、澳洲、日本南部等。

魚貨來源	本地養殖 境外養殖 本地野生 **外地野生**	販賣方式	輪切 **全魚** 清肉 加工品 特別部位
販賣狀態	**活魚 冰鮮** 急凍 乾貨	價格 **貴價** 中等 低價	市面常見程度　常見 普通 少見 **罕見**

主要產季：全年有產
烹調或食用方式：肉質細緻嫩滑，富有魚味，腹內具橙紅色脂肪，可保留與魚一同清蒸或香煎，大型者可起肉炒球或碎蒸。

藍點笛鯛是香港水域罕見的中大型魚類，非本地漁業主要捕捉目標，多以一支釣方式捕獲，甚少於本港水域被釣獲的紀錄。市售個體約斤裝，主要產於東、西沙水域。在台灣是高級經濟食用魚類，主要產於台東、花蓮一帶水域。外貌與俗名石蚱的星點笛鯛相似，本種頭部佈有不規則的蠕紋，因此在台灣被稱為花臉，身上同時

圖一

佈有小白點紋，後者則無，可簡單作區分。來自斯里蘭卡的個體（圖一）體色偏灰，腹鰭、臀鰭及尾鰭下葉呈深灰色，臉上蠕紋呈白色。背鰭軟條部下方之白斑會隨成長消失。主要棲地為珊瑚環礁群，有可能含有雪卡毒，應考慮避免進食大型個體。最大可達 80 厘米，重達 11 公斤，肉食性，棲息於近海沿岸 2 至 100 米的礁區或珊瑚礁區。

火點、火鱲

勒氏笛鯛

學名：*Lutjanus russellii* (Bleeker, 1849)
英文名稱：Russell's snapper

印度西太平洋：非洲東岸、斐濟群島、澳洲南部、日本南部等。

魚貨來源	本地養殖	境外養殖	**本地野生**	外地野生		販賣方式	輪切	**全魚**	清肉	加工品	特別部位

販賣狀態	**活魚**	**冰鮮**	急凍	乾貨		價格	貴價	**中等**	低價		市面常見程度	**常見**	普通	少見	罕見

主要產季：全年有產
烹調或食用方式：肉質一般，魚味較淡，可清蒸或香煎，大型者可起肉炒球或碎蒸。

勒氏笛鯛是香港水域常見的中型魚類，是本地漁業主要捕捉目標，多以一支釣或延繩釣方式捕獲，各種釣法常有釣獲。市售個體由半斤至數斤不等，產於本地。沿岸常見之魚種，小型者體色偏白（圖一）；大型者體色呈紅色（圖二），在本地俗稱火鱲，黑點紋會隨體形愈大而變愈淡，主要棲息於離岸較深的水域。部分個體與石蚌一樣，腹腔內具有一副橙色脂肪，可保留一同烹調，惟脂肪香氣與豐厚程度遠遜於石蚌。幼魚為廣鹽性，常出沒於河口，身上具有數條縱紋，會隨成長消失。

最大可達50厘米，肉食性，棲息於近海沿岸至離岸1至80米的河口、砂泥底區、礁砂混合區或礁區。

圖一

圖二

假三刀、紅雞

千年笛鯛｜川紋笛鯛

學名：*Lutjanus sebae* (Cuvier, 1816)
英文名稱：Emperor red snapper

分佈地區

印度西太平洋：紅海、非洲東岸、澳洲、日本等。

魚貨來源	本地養殖 境外養殖 本地野生 外地野生		販賣方式	輪切 全魚 清肉 加工品 特別部位

販賣狀態	活魚 冰鮮 急凍 乾貨	價格 貴價 中等 低價	市面常見程度	常見 普通 少見 罕見

主要產季：全年有產
烹調或食用方式：野生魚肉質軟綿；養殖魚肉質略粗，魚味淡。可清蒸或香煎。

千年笛鯛是香港水域常見的大型魚類，是本地漁業主要捕捉目標，多以一支釣或延繩釣方式捕獲，各種釣法常有釣獲。市售個體約斤裝，主要為內地或本港的養殖魚。常見的養殖魚類，沿岸十分常見，多數是經宗教放生的養殖個體，身上或有傷痕。本種因身上的斜紋像「川」字故在台灣的中文名稱直接稱為川紋笛鯛，老成個體身上的川紋會消失（圖一）。幼魚常見於海水觀賞魚市場。來自外海、日本或印尼進口的野生魚體色與養殖的截然不同（圖二）。為休閒漁業主要放養的魚種之一。最大可達 1.1 米，重達 32.7 公斤，壽命可達約 40 年，肉食性，棲息於近海沿岸 5 至 180 米的礁區或砂泥底區，幼魚偶然能見於河口。

圖一

圖二

鱸形目 PERCIFORMES

鱸亞目 PERCOIDEI

笛鯛科 Lutjanidae

石蚌

星點笛鯛

學名：*Lutjanus stellatus* Akazaki, 1983
英文名稱：Star snapper

魚貨來源	本地養殖	境外養殖	本地野生	外地野生		販賣方式	輪切	全魚	清肉	加工品	特別部位

販賣狀態	活魚	冰鮮	急凍	乾貨		價格	貴價	中等	低價		市面常見程度	常見	普通	少見	罕見

主要產季：全年有產
烹調或食用方式：野生魚肉質細緻嫩滑，富有魚味；養殖魚肉質軟綿，魚味相對較淡。可清蒸。

星點笛鯛是香港水域常見的中型魚類，是本地漁業主要捕捉目標，多以一支釣方式捕獲，各種釣法常有釣獲。市售個體由半斤至斤裝不等，主要為內地或本地的養殖魚，偶有本地野生個體販售。常見的養殖魚類，沿岸十分常見，多數是經宗教放生的養殖個體。養殖魚體色暗啞；野生魚頭部及身體呈紅色，各魚鰭呈金黃色，活體時身上或有不規則的白色暗紋。腹腔內具有一副橙色脂肪，野生魚的脂肪具有甲殼類的淡香，可保留一同入饌；養殖魚的脂肪則有腥味，腥味亦隨飼料品質或養殖環境欠佳而變重。

最大可達 55 厘米，肉食性，棲息於近海沿岸至離岸 0 至 30 米的礁區。

黑木魚、琉球黑毛

斑點羽鰓笛鯛

學名：*Macolor macularis* Fowler, 1931
英文名稱：Midnight snapper

分佈地區

西太平洋：琉球群島至澳洲水域等。

魚貨來源	本地養殖	境外養殖	**本地野生**	**外地野生**		販賣方式	輪切	**全魚**	清肉	加工品	特別部位

販賣狀態	**活魚**	**冰鮮**	急凍	乾貨		價格	貴價	**中等**	低價		市面常見程度	常見	普通	少見	**罕見**

主要產季：全年有產
烹調或食用方式：肉質結實，皮厚，魚味較淡，可香煎，大型者可起肉炒球。

斑點羽鰓笛鯛是香港水域罕見的中型魚類，非本地漁業主要捕捉目標，多以一支釣方式捕獲，外海艇釣偶有釣獲。市售個體由斤裝至數斤不等，主要產於東、西沙水域。獨行或結小群活動，單次捕獲量低，甚少流入市面。本種前鰓蓋後緣具有一根向前的硬棘（圖一），處理漁獲時須注意。雖然於台灣俗名為琉球黑毛，外貌亦與俗稱冧蚌的斑魢有幾分相似，但兩者在分類上有很大的差距。幼魚（圖二）大多獨行，花紋及顏色與成魚截然不同，偶見於水族市場。

最大可達 60 厘米，肉食性，棲息於近海沿岸 3 至 90 米的礁區。

圖一

圖二

青雞魚

青若梅鯛 ｜ 藍色擬烏尾鮗

學名：*Paracaesio caerulea* (Katayama, 1934)
英文名稱：Japanese snapper

魚貨來源	本地養殖	境外養殖	本地野生	**外地野生**		販賣方式	輪切	**全魚**	清肉	加工品	特別部位

販賣狀態	活魚	**冰鮮**	急凍	乾貨	價格	貴價	**中等**	低價	市面常見程度	常見	普通	**少見**	罕見

主要產季：全年有產
烹調或食用方式：肉質一般，魚味較淡，可香煎或紅燒。

青若梅鯛目前在香港水域沒有分佈紀錄，屬中型魚類，於台灣是漁業主要捕捉目標，多以一支釣或延繩釣方式捕獲，外海艇釣偶有釣獲。市售個體由約半斤至斤裝不等，主要產於華南或東、西沙水域。群居性魚類，經常以群體形式於礁區上的泳層活動及覓食，主要棲息於離岸較深水域。單次捕獲量大，本種在同屬（genus）的物種中，在台灣的捕獲量相對高，經常與同屬其他物種或紫魚屬（*Pristipomoides*）魚類一同捕獲，在當地價格親民，偶有少量個體流入本地市場。
最大可達 50 厘米，肉食性，棲息於近海沿岸至離岸 100 至 350 米的砂泥底區或礁區。

黃尾鳥、黃尾鮗

黃背若梅鯛｜黃擬烏尾鮗

學名：*Paracaesio xanthura* (Bleeker, 1869)
英文名稱：Yellowtail blue snapper

分佈地區

印度太平洋之熱帶及亞熱帶海域：非洲東岸、薩摩亞、澳洲、琉球群島等。

魚貨來源	本地養殖 境外養殖 本地野生 **外地野生**	販賣方式	輪切 **全魚** 清肉 加工品 特別部位
販賣狀態	活魚 **冰鮮** 急凍 乾貨	價格　貴價 **中等** 低價	市面常見程度　常見 普通 **少見** 罕見

主要產季：全年有產
烹調或食用方式：肉質一般，魚味較淡，可香煎或紅燒。

黃背若梅鯛是香港水域少見的中型魚類，於台灣是漁業主要捕捉目標，多以一支釣或延繩釣方式捕獲，外海艇釣偶有釣獲。市售個體由約半斤至斤裝不等，主要產於華南或東、西沙水域。群居性魚類，經常以群體形式於開放水域活動，主要棲息於離岸較深水域。經常與同屬 (genus) 其他物種或紫魚屬 (*Pristipomoides*) 魚類一同捕獲，惟其中黃背若梅鯛捕獲比例上相對較少，偶爾出現在市場。

最大可達 50 厘米，肉食性，棲息於近海沿岸至離岸 5 至 250 米的礁區。

歌鯉

尖齒紫魚 ｜ 尖齒姬鯛

學名：*Pristipomoides typus* Bleeker, 1852
英文名稱：Sharptooth jobfish

魚貨來源	本地養殖	境外養殖	本地野生	**外地野生**		販賣方式	**輪切**	**全魚**	清肉	加工品	特別部位

販賣狀態	活魚	**冰鮮**	急凍	乾貨		價格	貴價	**中等**	低價		市面常見程度	常見	**普通**	少見	罕見

主要產季：全年有產
烹調或食用方式：肉質較粗糙，富有魚味，可香煎、紅燒或曬成鹹魚。

尖齒紫魚是香港水域少見的中大型魚
類，非本地漁業主要捕捉目標，多以一
支釣或延繩釣方式捕獲，外海艇釣偶有
釣獲。市售個體由斤裝至數斤不等，主
要產於華南或東、西沙水域。本種棲息
水深較深，且容易中壓，離水後生存時
間短，只能以冰鮮方式販售。市售個

圖一

體形普遍偏大，經常以輪切或斬件方式販售。本屬 (genus) 魚類在本地市場均以歌鯉
一名販售。絲鰭紫魚 (*P. filamentosus*)（圖一）為另一種市售歌鯉，惟較少見。
最大可達 70 厘米，重達 2.2 公斤，壽命可達約 11 年，肉食性，棲息於近海沿岸至離
岸 40 至 120 米的礁區。

鱲形目 PERCIFORMES

鱸亞目 PERCOIDEI

笛鯛科 Lutjanidae

鱲皇

絲條長鰭笛鯛 │ 曳絲笛鯛

學名：*Symphorus nematophorus* (Bleeker, 1860)
英文名稱：Chinamanfish

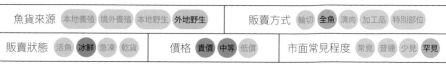

分佈地區

西太平洋：琉球群島至馬來群島（馬來半島至新幾內亞、澳洲北部）等。

魚貨來源	本地養殖	境外養殖	本地野生	**外地野生**	販賣方式	輪切	**全魚**	清肉	加工品	特別部位

販賣狀態	活魚	**冰鮮**	急凍	乾貨	價格	貴價	**中等**	低價	市面常見程度	常見	普通	少見	**罕見**

主要產季：全年有產
烹調或食用方式：肉質一般，富有魚味，可清蒸、香煎或紅燒。

絲條長鰭笛鯛是香港水域罕見的大型魚類，非本地漁業主要捕捉目標，多以一支釣或延繩釣方式捕獲，於本港水域甚少有釣獲紀錄。市售個體約斤裝，主要產於東、西沙水域。獨行性魚類，幼魚或成魚一般單獨活動與覓食。中文名稱中的絲條長鰭，主要描述背鰭軟條的部分，幼魚至亞成魚背鰭第三至第六軟條延長呈絲狀，成魚則消失。本種目前於分類上為世界上一屬（genus）一種（species）的魚類，外貌與帆鰭笛鯛（*Symphorichthys spilurus*）相似，後者尾柄上方具有一個大黑斑點紋，體色主要為黃色，可簡單區分，兩者於本地市場均以鱲皇一名販售，惟均屬罕見魚類，本種通常出現於食用市場，後者的幼魚則偶見於水族市場。外國有雪卡毒的報告紀錄，應避免進食其內臟，或應考慮避免進食大型個體。
最大可達1米，重達13.2公斤，肉食性，棲息於近海沿岸至離岸20至100米的礁區。

紅尾鮗

雙帶鱗鰭梅鯛 ｜ 雙帶鱗鰭烏尾鮗

學名：*Pterocaesio digramma* (Bleeker, 1864)
英文名稱：Double-lined fusilier

| 魚貨來源 | 本地養殖 | 境外養殖 | **本地野生** | 外地野生 | | 販賣方式 | 輪切 | **全魚** | 清肉 | 加工品 | 特別部位 |

| 販賣狀態 | 活魚 | **冰鮮** | 急凍 | 乾貨 | | 價格 | 貴價 | 中等 | **低價** | | 市面常見程度 | 常見 | 普通 | **少見** | 罕見 |

主要產季：全年有產，冬季產量較多
烹調或食用方式：肉質一般，味鮮，可鹽燒、香煎或滾湯。

雙帶鱗鰭梅鯛是香港水域常見的小型魚類，非本地漁
業主要捕捉目標，多以圍網或流刺網方式捕獲，磯釣
常有釣獲。市售個體由數兩至半斤不等，主要產自華
南地區。為日本沖繩縣縣魚，當地有大量以紅尾鮗烹
調的料理。群居性魚類，經常數以百計在開放水域群
游。於食物鏈屬中下層魚類，是大型魚類的捕食對象之
一。文獻指出本種的繁殖時間為黃昏。褐梅鯛（*Caesio
caerulaurea*）（圖一）及黑帶鱗鰭梅鯛（*P. tile*）（圖二）
為另外兩種市售紅尾鮗，食味均類同。
最大可達 30 厘米，雜食性，棲息於近海沿岸 0 至 50
米的礁區或開放水域。

圖一

圖二

木魚

松鯛

學名：*Lobotes surinamensis* (Bloch, 1790)
英文名稱：Tripletail

分佈地區

全球熱帶及亞熱帶海域。

魚貨來源	本地養殖	境外養殖	**本地野生**	外地野生		販賣方式	輪切	**全魚**	清肉	加工品	特別部位

販賣狀態	活魚	**冰鮮**	急凍	乾貨	價格	貴價	**中等**	低價	市面常見程度	常見	普通	**少見**	罕見

主要產季：全年有產
烹調或食用方式：肉質細緻，魚味淡，可紅燒、香煎、製成鹹鮮或曬成鹹魚。

松鯛是香港水域少見的大型魚類，非本地漁業主要捕捉目標，多以一支釣、定置網、圍網或流刺網方式捕獲，艇釣偶有釣獲。市售個體由斤裝至數斤不等，多數為大型個體，主要產自華南地區，會以輪切或切件方式販售。本種目前在世界上為一科（family）一屬（genus）一種（species）的魚類。幼魚有擬態枯葉的習性（圖一），常依附著大型浮藻或海洋漂浮物於水面漂浮。

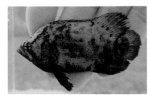

圖一

最大可達 1.1 米，重達 19.2 公斤，肉食性，棲息於近海沿岸 0 至 70 米的礁區或砂泥底區，幼魚會進入河口。

齊頭閘、銀咪

長棘銀鱸 ｜ 曳絲鑽嘴魚

學名：*Gerres filamentosus* Cuvier, 1829
英文名稱：Whipfin silver-biddy

分佈地區
印度西太平洋：非洲、日本、澳洲等。

魚貨來源	本地養殖	境外養殖	**本地野生**	外地野生		販賣方式	輪切	**全魚**	清肉	加工品	特別部位

販賣狀態	活魚	**冰鮮**	急凍	乾貨		價格	貴價	中等	**低價**		市面常見程度	常見	**普通**	少見	罕見

主要產季：全年有產，春、夏季產量較多
烹調或食用方式：肉質細緻，魚味較淡，可清蒸或香煎。

長棘銀鱸是香港水域常見的小型魚類，是本地漁業主要捕捉目標，多以一支釣、圍網、拖網或流刺網方式捕獲，岸釣、投釣或艇釣常有釣獲。市售個體由數兩至半斤不等，產自本地。外貌與俗名連咪的奧奈銀鱸相似，本種背鰭十分延長，體側具有數個淡黑斑，可簡單區分。與連咪相比，本種體形較大，取肉率較高，售價略高於連咪，常以兩三尾一組方式販售。嘴巴伸縮自如，

圖一

會以嘴巴插入沙泥中掘食躲藏的底棲生物。離水後魚鱗容易脫落。鰭棘雖短小，但硬而尖銳，離水後掙扎激烈，處理時須注意。大棘銀鱸（*G. macracanthus*）（圖一）為另一種市售齊頭閘，惟於市面甚為少見，其身上具有數條不斷開之橫紋，可簡單區分。最大可達 39 厘米，肉食性，棲息於近海沿岸 1 至 50 米的河口、礁區或砂泥底區。

鱸形目 PERCIFORMES

鱸亞目 PERCOIDEI

銀鱸科｜鑽嘴魚科 Gerreidae

連咪

奧奈銀鱸｜奧奈鑽嘴魚

學名：*Gerres oyena* (Forsskål, 1775)
英文名稱：Common silver-biddy

分佈地區

印度西太平洋：
紅海、非洲、西
太平洋各群島
等。

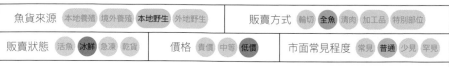

魚貨來源	本地養殖	境外養殖	**本地野生**	外地野生		販賣方式	輪切	**全魚**	清肉	加工品	特別部位

販賣狀態	活魚	**冰鮮**	急凍	乾貨		價格	貴價	中等	**低價**		市面常見程度	常見	**普通**	少見	罕見

主要產季：全年有產
烹調或食用方式：肉質細緻，魚味較淡，可清蒸或香煎。

奧奈銀鱸是香港水域常見的小型魚類，是本地漁業主要捕捉目標，多以一支釣、圍
網、拖網或流刺網方式捕獲，岸釣、投釣或艇釣常有釣獲。市售個體約數兩，產自
本地。本種常見於沿岸，經常與齊頭閘一同覓食，習性及特徵亦類同，但本種數量
相對較多。腹部肉薄，容易腐爛，不宜保存過久。小型者多以下雜魚方式處理，有
用作投餵大型肉食性養殖魚類，或製成魚粉添加於飼料之中。鰭棘雖短小，但硬而
尖銳，離水後掙扎激烈，處理時須注意。
最大可達 30 厘米，肉食性，棲息於近海沿岸 0 至 20 米的河口、礁區或砂泥底區。

細鱗、火車頭

密點少棘胡椒鯛

學名：*Diagramma pictum* (Thunberg, 1792)
英文名稱：Painted sweetlips

魚貨來源	本地養殖	境外養殖	**本地野生**	外地野生		販賣方式	輪切	**全魚**	清肉	加工品	特別部位

販賣狀態	**活魚**	**冰鮮**	急凍	乾貨		價格	貴價	**中等**	低價		市面常見程度	常見	**普通**	少見	罕見

主要產季：全年有產，夏、秋季產量較多
烹調或食用方式：肉質軟綿，魚味較淡，可清蒸或香煎；大型者肉質較為細緻，富有魚味，可碎蒸或起肉炒球。

密點少棘胡椒鯛是香港水域常見的大型魚類，是本地漁業主要捕捉目標，多以一支釣、延繩釣或流刺網方式捕獲，各種釣法常有釣獲。市售個體由半斤至十餘斤不等，產自本地。因爆發力強，而被釣友稱為火車頭，意指爆發力彷彿像火車頭前進的衝力般大。稚魚至成魚階段的體色變化大，稚魚身上有黑黃相間的花紋（圖一），幼魚的條紋會逐漸消失，變成小點紋（圖二）；亞成魚身體呈淡紫色，身上佈滿許多

圖一

圖二

圖三

細小斑點；成魚身體呈深紫色，身體上的點紋會消失（圖三）。本種及其屬（genus）其他物種的幼魚常見於水族市場。外國曾有進食後中雪卡毒的報告，所幸香港水域缺乏大型珊瑚礁群落，故即使食用大型個體，中毒風險亦相當低。台灣已成功進行人工繁殖，惟並未量產。

最大可達1米，重達6.3公斤，棲息於近海沿岸0至20米的礁區或砂泥底區。

鱸形目 PERCIFORMES

鱸亞目 PERCOIDEI

仿石鱸科 ｜ 石鱸科 Haemulidae

打鐵鱲

華髭鯛 ｜ 臀斑髭鯛

學名：*Hapalogenys analis* Richardson, 1845
英文名稱：Broadbanded velvetchin

魚貨來源	本地養殖	境外養殖	**本地野生**	外地野生		販賣方式	輪切	**全魚**	清肉	加工品	特別部位

販賣狀態	**活魚**	**冰鮮**	急凍	乾貨		價格	**貴價**	**中等**	低價		市面常見程度	常見	普通	少見	**罕見**

主要產季：全年有產
烹調或食用方式：肉質嫩滑細緻，富有魚味，可清蒸。

華髭鯛是香港水域少見的小型魚類，是本地漁業主要捕捉目標，多以一支釣或延繩
釣捕獲，艇釣偶有釣獲。市售個體約數兩，產自本地。本種在同科的魚類中體形較
小，手掌大已屬於大型個體，雖然取肉率低，卻因食味佳及產量少，導致於市場上
售價偏高。西貢海鮮艇較常見，活魚主要以數尾一組形式販售，但產量同樣十分稀
少。於台灣產量較豐，為常見的食用魚類。可當作海水觀賞魚。
最大可達 20.1 厘米，肉食性，棲息於近海沿岸 20 至 100 米的礁區或砂泥底區。

包公

黑鰭髭鯛

學名：*Hapalogenys nigripinnis* (Temminck & Schlegel, 1843)
英文名稱：Short barbeled velvetchin

分佈地區

西太平洋：朝鮮半島、日本、台灣等。

魚貨來源	本地養殖	境外養殖	本地野生	外地野生	販賣方式	輪切	全魚	清肉	加工品	特別部位
販賣狀態	活魚	冰鮮	急凍	乾貨	價格	貴價	中等	低價	市面常見程度	常見　普通　少見　罕見

主要產季：全年有產
烹調或食用方式：肉質軟綿，大多油脂豐富，可清蒸。

圖一

黑鰭髭鯛是香港水域常見的中小型魚類，是本地漁業主要捕捉目標，多以一支釣或延繩釣方式捕獲，各種釣法常有釣獲。市售個體由半斤至斤裝不等，主要為內地或本港的養殖魚。常見的養殖魚類，沿岸十分常見，多數是經宗教放生的養殖個體，身上或有傷痕。因體色烏黑而有包公的稱呼。在眾多養殖魚類中，包公的肉質屬中等，甚少有肉質粗糙的情況，惟容易因養殖環境及飼料品質不佳，導致殘留濃烈的飼料味。古時中醫認為其鰾具藥用療效，泡水後敷貼於患處可清去熱毒，亦有用作治療腮腺炎。偶有大型野生個體販售但極為罕見（圖一）。為休閒漁業主要放養的魚種之一。

最大可達 40 厘米，肉食性，棲息於近海沿岸 3 至 50 米的礁區或砂泥底區。

雞魚

三線磯鱸

學名：*Parapristipoma trilineatum* (Thunberg, 1793)
英文名稱：Chicken grunt

分佈地區

西太平洋：日本、韓國、南中國海、台灣等。

魚貨來源	本地養殖	境外養殖	**本地野生**	外地野生		販賣方式	輪切	**全魚**	清肉	加工品	特別部位

販賣狀態	活魚	**冰鮮**	急凍	乾貨		價格	貴價	**中等**	低價		市面常見程度	常見	**普通**	少見	罕見

主要產季：全年有產，夏季產量較多
烹調或食用方式：肉質一般，富有魚味，可香煎或製成鹹鮮（圖一），若鮮度及來源合適，可以刺身方式食用。

三線磯鱸是香港水域常見的中小型魚類，是本地漁業主要捕捉目標，多以一支釣或延繩釣方式捕獲，各種釣法常有釣獲。市售個體由半斤至數斤不等，產自本地或華南地區。幼魚身上具三條縱紋（圖二），故稱三線磯鱸，縱紋會因成長而變淡、消失。於日本被稱為「伊佐木」，因飲食文化及漁獲地區性差異，在當地的價格屬中高，是食味評價高的刺身級用魚。群居性魚類，經常數以百計的一同棲息於沉船礁式開放水域，亦因群體的習性，經常成為釣友的目標魚種。

最大可達 40 厘米，重達 1.1 公斤，肉食性，棲息於近海沿岸 10 至 50 米的礁區。

圖一

圖二

包公細鱗、假細鱗

花尾胡椒鯛

學名：*Plectorhinchus cinctus* (Temminck & Schlegel, 1843)
英文名稱：Crescent sweetlips

分佈地區

印度西太平洋：琉球群島、南中國海、斯里蘭卡、阿拉伯海等。

魚貨來源	本地養殖	境外養殖	本地野生	外地野生		販賣方式	輪切	全魚	清肉	加工品	特別部位
販賣狀態	活魚	冰鮮	急凍	乾貨	價格	貴價	中等	低價	市面常見程度	常見	普通 少見 罕見

主要產季：全年有產
烹調或食用方式：養殖魚肉質一般；野生魚肉質細緻，魚味淡。可清蒸或香煎，大型者可碎蒸或起肉炒球。

花尾胡椒鯛是香港水域常見的中型魚類，是本地漁業主要捕捉目標，多以一支釣或延繩釣方式捕獲，岸釣或艇釣常有釣獲。市售個體約斤裝，主要為內地或本港的養殖魚。常見的養殖魚類，沿岸十分常見，多數是經宗教放生的養殖個體，身上或有傷痕。幼魚經常進入河口區，年幼時背鰭呈淡黃色，身上僅具十多個大點紋（圖

圖一

一），點紋會隨成長變多和變小；成魚斜紋變淡，背鰭及尾鰭佈有小黑點紋。為休閒漁業主要放養的魚種之一。

最大可達 60 厘米，肉食性，棲息於近海沿岸 3 至 50 米的河口、礁區或砂泥底區。

鐵鱗

駝背胡椒鯛

學名：*Plectorhinchus gibbosus* (Lacepède, 1802)
英文名稱：Harry hotlips

魚貨來源	本地養殖 境外養殖 **本地野生** 外地野生	販賣方式	輪切 **全魚** 清肉 加工品 特別部位
販賣狀態	**活魚** **冰鮮** 急凍 乾貨	價格 **貴價** 中等 低價	市面常見程度 常見 普通 少見 **罕見**

主要產季：全年有產，夏季產量較多
烹調或食用方式：肉質嫩滑細緻，油脂豐富，富有魚味，可清蒸，大型者可碎蒸或起肉炒球。

駝背胡椒鯛是香港水域少見的中型魚類，是本地漁業主要捕捉目標，多以一支釣或延繩釣方式捕獲，岸釣、磯釣或艇釣偶有釣獲。市售個體由斤裝至數斤不等，產自本地。本種幼魚常見於沿岸，亦常見於河口，甚至進入淡水；成魚主要棲息於外礁。年輕個體體色呈淡棕色（圖一），成魚呈墨黑色，個體愈大嘴唇愈厚。外貌與俗稱包公的黑鰭髭鯛相似，本種身上不具斜帶或點紋，鰓

圖一

蓋邊緣呈黑色，可簡單區分。市售個體主要來自本地釣獲，但極為少見，肉質佳且產量少，價格因而昂貴。
最大可達 75 厘米，肉食性，棲息於近海沿岸 8 至 25 米的礁區或砂泥底區。

花細鱗

分佈地區

印度西太平洋：
印尼、菲律賓、
琉球群島、澳洲
等。

條紋胡椒鯛

學名：*Plectorhinchus lineatus* (Linnaeus, 1758)
英文名稱：Yellowbanded sweetlips

魚貨來源	本地養殖	境外養殖	本地野生	**外地野生**		販賣方式	輪切	**全魚**	清肉	加工品	特別部位

販賣狀態	**活魚**	**冰鮮**	急凍	乾貨	價格	**貴價**	**中等**	低價	市面常見程度	常見	普通	**少見**	罕見

主要產季：全年有產
烹調或食用方式：肉質嫩滑細緻，富有魚味，可清蒸，大型者可碎蒸或起肉炒球。

條紋胡椒鯛是香港水域罕見的中大型魚類，非本地漁業主要捕捉目標，多以一支釣或延繩釣方式捕獲，岸釣偶有釣獲，不排除為放生個體。市售個體約斤裝，主要產自東、西沙一帶水域。產量不多，少量會隨東、西沙活魚船回港，伴隨其他貴價石斑魚類一同批發。稚魚至成魚階段的體色變化大，可當作觀賞魚，幼魚常見於水族市場，成魚則能見於大型水族館作展示之用。本屬（genus）魚類於本地市場均統稱花細鱗。少耙胡椒鯛（*P. lessonii*）（圖一）及條斑胡椒鯛（*P. vittatus*）（圖二）為另外兩種市售的花細鱗。

最大可達 72 厘米，肉食性，棲息於近海沿岸 1 至 35 米的礁區或珊瑚礁區。

圖一

圖二

頭鱸

點石鱸 ｜ 星雞魚

學名：*Pomadasys kaakan* (Cuvier, 1830)
英文名稱：Javelin grunter

分佈地區

印度西太平洋：非洲東岸、波斯灣、紅海、台灣、澳洲等。

魚貨來源	本地養殖	境外養殖	本地野生	外地野生		販賣方式	輪切	全魚	清肉	加工品	特別部位

販賣狀態	活魚	冰鮮	急凍	乾貨		價格	貴價	中等	低價		市面常見程度	常見	普通	少見	罕見

主要產季：全年有產
烹調或食用方式：養殖魚肉質粗糙；野生魚肉質一般，魚味淡。可香煎、鹽烤或紅燒。

點石鱸是香港水域偶見的中大型魚類，是本地漁業主要捕捉目標，多以一支釣或延繩釣方式捕獲，岸釣或艇釣偶有釣獲。市售個體約斤裝，主要為內地或本港的養殖魚。常見的養殖魚類，惟近年被其他養殖物種所取代，於市面上已較少見。離水後會於咽喉部發出低沉聲音。幼魚常見於河口或鹽度較低的水域。大斑石鱸（*P. maculatus*）（圖一）為另一種市售頭鱸，甚為罕見。
最大可達 80 厘米，肉食性，棲息於近海沿岸 4 至 75 米的河口、礁區或砂泥底區，可接受較混濁的水體。

圖一

瓜衫

日本金線魚

學名：*Nemipterus japonicus* (Bloch, 1791)
英文名稱：Japanese threadfin bream

分佈地區

印度西太平洋：印度、琉球群島、印尼、菲律賓等。

魚貨來源	本地養殖	境外養殖	**本地野生**	外地野生		販賣方式	輪切	**全魚**	清肉	加工品	特別部位
販賣狀態	**活魚**	**冰鮮**	急凍	乾貨	價格	賣價	**中等**	低價	市面常見程度	常見	**普通**	少見	罕見

主要產季：全年有產
烹調或食用方式：肉質鬆散細緻，富有魚味，可清蒸、香煎、番茄煮或滾湯。

日本金線魚是香港水域常見的小型魚類，是本地及華南一帶漁業主要捕捉目標，多以拖網或延繩釣方式捕獲，岸釣、投釣或艇釣常有釣獲。市售個體約數兩，產自本地或華南地區。常見於沿岸，屬於砂泥底水域的代表魚種之一。外貌與俗名紅衫的金線魚相似，惟本種胸鰭上方有大紅斑（圖一），頭形較圓，可簡單區分。市售瓜衫體形一般較紅衫小，價格亦略低於紅衫。因棲息深度較淺，偶然會有活魚售賣。

最大可達 32 厘米，壽命可達約 8 年，肉食性，棲息於近海沿岸 8 至 80 米的砂泥底區。

圖一　俗稱瓜衫的日本金線魚頭形較圓，胸鰭上方有一大紅斑（藍圈）。

圖二　俗稱紅衫的金線魚頭形較尖，胸鰭上方的紅斑（藍圈）較小。

紅衫

金線魚

學名：*Nemipterus virgatus* (Houttuyn, 1782)
英文名稱：Golden threadfin bream

魚貨來源	本地養殖	境外養殖	**本地野生**	**外地野生**		販賣方式	輪切	**全魚**	清肉	加工品	特別部位

| 販賣狀態 | 活魚 | **冰鮮** | 急凍 | 乾貨 | | 價格 | 貴價 | **中等** | 低價 | | 市面常見程度 | **常見** | 普通 | 少見 | 罕見 |

主要產季：全年有產
烹調或食用方式：肉質鬆散細緻，富有魚味，可清蒸、香煎、番茄煮或滾湯。

金線魚是香港水域常見的中型魚類，是本地及華南一帶漁業主要捕捉目標，多以拖網或延繩釣方式捕獲，艇釣偶有釣獲。市售個體約數兩，產自本地或華南地區。在香港是街知巷聞的魚類，上世紀七、八十年代於香港及華南地區產量非常多，惟因過度捕撈及棲地破壞等因素，近年數量及體形都有下降趨勢，價格亦上漲不少，尤其大型個體。在日本屬於高級食材，除供應當地市場外，部分出口至台灣。本地的漁獲量能滿足本地需求，故較少從日本進口。

最大可達 35 厘米，肉食性，棲息於近海沿岸 1 至 220 米（主要棲息深度為 18 至 33 米）的砂泥底區。

沙衫、金菠蘿

橫帶副眶棘鱸

學名：*Parascolopsis inermis* (Temminck & Schlegel, 1843)
英文名稱：Unarmed dwarf monocle bream

分佈地區

印度西太平洋：
印屬拉克代夫群
島、琉球群島、
印尼、菲律賓、
台灣等。

魚貨來源	本地養殖 境外養殖 **本地野生** **外地野生**	販賣方式	輪切 **全魚** 清肉 加工品 特別部位
販賣狀態	活魚 **冰鮮** 急凍 乾貨	價格　賣價 **中等** 低價	市面常見程度　常見 普通 **少見** 罕見

主要產季：全年有產，冬、春季產量較多
烹調或食用方式：肉質鬆散，魚味較淡，可清蒸或香煎。

橫帶副眶棘鱸是香港水域少見的小型魚
類，非本地漁業主要捕捉目標，多以拖
網、一支釣或延繩釣方式捕獲，艇釣偶
有釣獲。市售個體約數兩，產自本地或
華南地區。群居性魚類，會以群體方式
於砂泥底水域活動。內臟容易腐爛，導
致腹腔帶有苦味，肌肉可能有泥壓味，

圖一

故應盡量在新鮮時去除內臟及烹調。寬帶副眶棘鱸（*P. eriomma*）（圖一）為另一
種市售沙衫，雖然於香港水域並無分佈紀錄，但相對橫帶副眶棘鱸較常見於本地市
場，主要產自台灣、印尼或菲律賓水域，兩者食味類同。
最大可達 18 厘米，肉食性，棲息於近海沿岸 60 至 131 米的砂泥底區。

白板

單帶眶棘鱸

學名：*Scolopsis monogramma* (Cuvier, 1830)
英文名稱：Monogrammed monocle bream

魚貨來源	本地養殖	境外養殖	**本地野生**	**外地野生**		販賣方式	輪切	**全魚**	清肉	加工品	特別部位

販賣狀態	活魚	**冰鮮**	急凍	乾貨		價格	貴價	**中等**	低價		市面常見程度	常見	普通	**少見**	罕見

主要產季：全年有產
烹調或食用方式：肉質細緻，味略腥，可清蒸或香煎。

單帶眶棘鱸是香港水域偶見的中小型魚
類，非本地漁業主要捕捉目標，多以拖
網、一支釣或延繩釣方式捕獲，艇釣或
磯釣偶有釣獲。市售個體由半斤至數
斤不等，產自本地或華南地區，產於本
地者甚少。本種肉質具特殊香氣，但隨

圖一

鮮度下降，或會變成難聞的石壓味，故應盡量在新鮮時去除內臟及烹調。獨行性魚
類，眼眶下具一尖棘，處理時須注意。活體體色鮮艷（圖一），可當作觀賞魚，幼魚
偶有於水族市場上流通。

最大可達 38 厘米，肉食性，棲息於近海沿岸 2 至 50 米的礁區或砂泥底區。

白頸、白頸老鴉

伏氏眶棘鱸

學名：*Scolopsis vosmeri* (Bloch, 1792)
英文名稱：Whitecheek monocle bream

分佈地區

印度西太平洋：非洲東岸、紅海、琉球群島、澳洲等。

魚貨來源	本地養殖	境外養殖	**本地野生**	外地野生		販賣方式	輪切	**全魚**	清肉	加工品	特別部位

販賣狀態	**活魚**	**冰鮮**	急凍	乾貨		價格	貴價	**中等**	低價		市面常見程度	常見	普通	**少見**	罕見

主要產季：全年有產
烹調或食用方式：肉質細緻，富有魚味，可清蒸。

伏氏眶棘鱸是香港水域常見的小型魚類，非本地漁業主要捕捉目標，多以拖網、一支釣或延繩釣方式捕獲，艇釣或岸釣偶有釣獲。市售個體約數兩，產自本地。體形小，取肉率低，手掌大已是成魚，因肉質佳，售價中等，西貢海鮮艇偶有活體以數尾一組，或混雜其他小型珊瑚礁魚類販售。本地產量不豐，食用風氣不甚流行，在台灣則為常見的食用魚類。眼眶下具一尖棘，處理時須注意。活體體色鮮艷（圖一），可當作觀賞魚。雙線眶棘鱸（*S. bilineata*）（圖二）為另一種市售眶棘鱸，肉質類同，惟十分少見。

最大可達25厘米，肉食性，棲息於近海沿岸2至25米的礁區或砂泥底區。

圖一

圖二

白果、白果鱲

灰裸頂鯛 ｜ 灰白鱲

學名：*Gymnocranius griseus* (Temminck & Schlegel, 1843)
英文名稱：Grey large-eye bream

分佈地區

西太平洋：琉球群島、印度、馬來列島、印尼東部、澳洲西北部等。

魚貨來源	本地養殖 境外養殖 本地野生 **外地野生**	販賣方式	輪切 **全魚** 清肉 加工品 特別部位
販賣狀態	活魚 **冰鮮** 急凍 乾貨	價格 貴價 **中等** 低價	市面常見程度 常見 普通 **少見** 罕見

主要產季：全年有產
烹調或食用方式：肉質一般，魚味較淡，可清蒸、香煎或紅燒。

灰裸頂鯛是香港水域少見的中小型魚類，非本地漁業主要捕捉目標，多以一支釣或延繩釣方式捕獲，外海艇釣偶有釣獲。市售個體由半斤至斤裝不等，產自華南或東、西沙一帶水域。獨行性魚類，有時會結小群於砂泥底海域活動。主要棲息於較離岸及較深之水域，極少以活魚方式販售。肌肉有輕淡的甲殼類香氣，惟有時因產地不同或魚體自身的不新鮮，導致腹腔有濃烈的泥壓味。本種在同屬 (genus) 的物種中體形不大，文獻指出本種在 15 至 17 厘米時便可達到性成熟。

最大可達 35 厘米，肉食性，棲息於近海沿岸至離岸 15 至 80 米的礁區或砂泥底區。

連尖、臉尖

阿氏裸頰鯛 ｜ 阿氏龍占魚

學名：*Lethrinus atkinsoni* Seale, 1910
英文名稱：Pacific yellowtail emperor

分佈地區

太平洋：印尼、菲律賓、土木土群島、日本、澳洲等。

魚貨來源	本地養殖	境外養殖	本地野生	**外地野生**		販賣方式	輪切	**全魚**	清肉	加工品	特別部位

販賣狀態	**活魚**	**冰鮮**	急凍	乾貨		價格	貴價	**中等**	低價		市面常見程度	常見	**普通**	少見	罕見

主要產季：全年有產
烹調或食用方式：肉質一般，魚味較淡，可清蒸或香煎，大型者可碎蒸或起肉炒球。

阿氏裸頰鯛是香港水域少見的中小型魚類，非本地漁業主要捕捉目標，多以一支釣、延繩釣或流刺網方式捕獲，外海艇釣偶有釣獲。市售個體由半斤至斤裝不等，產自華南或東、西沙一帶水域。獨行或結小群活動。幼魚臉頰呈黃色，身上亦具一黃色縱紋從鰓蓋後方一直延伸至尾柄，並與黃色的尾鰭連接；成魚則僅尾鰭呈淡黃色。市售個體體形一般不大，經常以兩三尾一組，或伴隨其他小型魚類以組合的方式販售。可當作觀賞魚，惟於水族市場上的流通量低。

最大可達50厘米，壽命可達約24年，肉食性，棲息於近海沿岸2至30米（主要棲息深度為2至18米）的礁區或砂泥底區。

泥皇、連尖、臉尖

星斑裸頰鯛｜青嘴龍占魚

學名：*Lethrinus nebulosus* (Forsskål, 1775)
英文名稱：Spangled emperor

魚貨來源	本地養殖	境外養殖	本地野生	外地野生		販賣方式	輪切	全魚	清肉	加工品	特別部位

販賣狀態	活魚	冰鮮	急凍	乾貨	價格	貴價	中等	低價	市面常見程度	常見	普通	少見	罕見

主要產季：全年有產
烹調或食用方式：養殖魚肉質粗糙；野生魚肉質一般，魚味較淡。可清蒸或香煎，大型者可碎蒸或起肉炒球。

星斑裸頰鯛是香港水域常見的中大型魚類，是本地漁業主要捕捉目標，多以一支釣或延繩釣方式捕獲，岸釣或艇釣常有釣獲。市售個體約斤裝，主要為內地或本港的養殖魚。常見的養殖魚類，同時為休閒漁業主要放養的魚種之一。常見於沿岸水域，不排除部分個體為養殖逃逸，或經放生活動流入至本地水域，身上或有傷痕。爆發力強，為釣友目標魚種之一，外礁偶然會有大型野生個體被釣獲。本科魚類臉頰無鱗，故在內地以「裸頰鯛」此一中文名稱稱呼該屬 (genus) 的物種。
最大可達 87 厘米，重達 8.4 公斤，壽命可達約 28 年，肉食性，棲息於近海沿岸 10 至 75 米的礁區或砂泥底區，幼魚偶然能見於河口。

紅中

短吻裸頰鯛｜黃帶龍占魚

學名：*Lethrinus ornatus* Valenciennes, 1830
英文名稱：Ornate emperor

分佈地區

印度西太平洋：
馬爾代夫、巴布
亞新幾內亞、日
本、澳洲等。

魚貨來源	本地養殖 境外養殖 **本地野生** **外地野生**	販賣方式	輪切 **全魚** 清肉 加工品 特別部位
販賣狀態	**活魚** **冰鮮** 急凍 乾貨	價格　貴價 **中等** 低價	市面常見程度　常見 **普通** 少見 罕見

主要產季：全年有產
烹調或食用方式：肉質一般，味鮮，可清蒸。

短吻裸頰鯛是香港水域偶見的中小型魚類，是本地漁業
主要捕捉目標，多以一支釣、延繩釣或流刺網方式捕
獲，磯釣偶有釣獲。市售個體約半斤，產自本地或東、
西沙一帶水域。獨行或結小群活動。本種前鰓蓋及鰓蓋
後緣均呈紅色，眼睛上、下緣亦具有紅眶，身上具有五

圖一

至六條黃色或橙色縱帶，可簡單與其他連尖魚作區分。體形不大，產量不多，於本
地食用文化中小有名氣，售價略高於其他同科魚類。受驚嚇時身上會出現不規則白
斑，縱帶會變得不明顯（圖一）。可當作觀賞魚，惟於水族市場上的流通量低。
最大可達45厘米，肉食性，棲息於近海沿岸3至50米的礁區。

連尖、臉尖

紅裸頰鯛 ｜ 紅鰓龍占魚

學名：*Lethrinus rubrioperculatus* Sato, 1978
英文名稱：Spotcheek emperor

分佈地區

印度西太平洋：波斯灣、紅海、薩摩亞、日本南部、澳洲北部等。

魚貨來源	本地養殖	境外養殖	本地野生	**外地野生**		販賣方式	輪切	**全魚**	清肉	加工品	特別部位

販賣狀態	**活魚**	**冰鮮**	急凍	乾貨	價格	貴價	**中等**	低價	市面常見程度	常見	**普通**	少見	罕見

主要產季：全年有產
烹調或食用方式：肉質較粗糙，魚味較淡，可清蒸或香煎，大型者可碎蒸或起肉炒球。

紅裸頰鯛是香港水域少見的中型魚類，非本地漁業主要捕捉目標，多以一支釣或延繩釣方式捕獲，岸釣偶有釣獲，不排除部分個體經放生活動流入至本地水域。市售個體由數兩至斤裝不等，產自東、西沙一帶水域。本種的棲息深度在同科物種中屬較深，群居性魚類，會以群體方式棲息於大陸棚斜坡外緣砂泥地，文獻指出 12 月為本種的繁殖期。偶然有活體以數尾一組的方式販售。紅鰭裸頰鯛（*L. haematopterus*）（圖一）與扁裸頰鯛（*L. lentjan*）（圖二）為另外兩種市售偶見的連尖。

最大可達 50 厘米，肉食性，棲息於近海沿岸 10 至 198 米的礁區或砂泥底區

圖一

圖二

白果、白果鱲、異黑鯛

單列齒鯛

學名：*Monotaxis grandoculis* (Forsskål, 1775)
英文名稱：Humpnose big-eye bream

魚貨來源	本地養殖 境外養殖 本地野生 **外地野生**	販賣方式	輪切 **全魚** 清肉 加工品 特別部位
販賣狀態	**活魚** **冰鮮** 急凍 乾貨	價格 貴價 **中等** 低價	市面常見程度 常見 普通 少見 **罕見**

主要產季：全年有產
烹調或食用方式：肉質一般，腹腔有可能含石壓味，小型者可清蒸、糖醋或香煎，大型者宜碎蒸或起肉炒球。

單列齒鯛是香港水域罕見的中型魚類，於 2012 年在香港水域首次發現，非漁業主要捕捉目標，多以一支釣或魚槍方式捕獲，甚少有釣獲紀錄。市售個體約斤裝，主要產自東、西沙一帶水域。屬獨行性魚類，產量不多，僅少量伴隨其他東、西沙產漁獲一同流入市面。幼魚（圖一）體側具有三條明顯的黑色寬帶紋，會隨成長而

圖一

消失。因食性與棲地關係，體內有可能含有雪卡毒，外國曾有進食後中毒的報告，市民應考慮避免進食大型個體。

最大可達 60 厘米，重達 5.9 分斤，肉食性，棲息於近海沿岸 1 至 100 米（主要棲息深度為 5 至 30 米）的礁區或珊瑚礁區。

白鱲

沖繩棘鯛 ｜ 琉球棘鯛

學名：*Acanthopagrus chinshira* Kume & Yoshino, 2008
英文名稱：Okinawan yellow-fin seabream

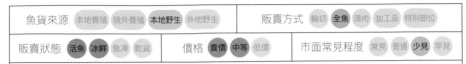

魚貨來源	本地養殖　境外養殖　**本地野生**　外地野生	販賣方式	輪切　**全魚**　清肉　加工品　特別部位
販賣狀態	**活魚**　**冰鮮**　急凍　乾貨	價格　**貴價**　**中等**　低價	市面常見程度　常見　**普通**　少見　罕見

主要產季：冬季
烹調或食用方式：肉質軟綿，富有魚味，可清蒸，大型者可碎蒸，若鮮度及來源合適，可以刺身方式食用。

沖繩棘鯛是香港水域常見的中型魚類，是本地漁業主要捕捉目標，多以一支釣方式捕獲，磯釣或艇釣常有釣獲。市售個體由斤裝至數斤不等，產自本地。屬先雄後雌魚類，雄魚體形較雌魚大。以往在分類上一直沿用澳洲棘鯛（*A. australis*）一名，直至 2008 年才被正式命名。部分個體在新鮮時腹鰭和臀鰭呈淡黃色（圖一），與俗名黃腳鱲的黃鰭棘鯛略有相似，本種側線與背鰭起點之間具 4.5 至 5.5 塊鱗片，尾鰭及背鰭鰭條部邊緣呈黑色，可簡單作區分。

最大可達 50 厘米，肉食性，棲息於近海沿岸 1 至 50 米的河口、礁區或砂泥底區。

圖一

黃腳鱲

黃鰭棘鯛

學名：*Acanthopagrus latus* (Houttuyn, 1782)
英文名稱：Yellow-fin seabream

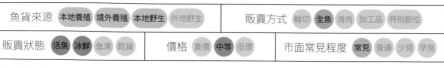

分佈地區
印度西太平洋：波斯灣、菲律賓、日本、澳洲等。

魚貨來源	本地養殖 境外養殖 本地野生 外地野生	販賣方式	輪切 全魚 清肉 加工品 特別部位
販賣狀態	活魚 冰鮮 急凍 乾貨	價格 貴價 中等 低價	市面常見程度 常見 普通 少見 罕見

主要產季：全年有產
烹調或食用方式：野生魚肉質軟綿，富有魚味；塘養者帶有泥味。可清蒸或香煎。

黃鰭棘鯛是香港水域常見的中型魚類，是本地漁業主要捕捉目標，多以一支釣方式捕獲，磯釣、岸釣或艇釣常有釣獲。市售個體由斤裝至數斤不等，產自本地或內地養殖魚。本種早在上世紀六、七十年代便有於香港進行塘養，是鯛科魚類中最廣為香港人認識的一種。側線與背鰭起點之間具 3.5 塊鱗片。屬先雄後雌魚類，幼魚

圖一

（圖一）常見於鹽度較低的水域。偶然會有本地捕撈的幼魚於淡水水族市場流通。香港大嶼山水域一帶曾經出現一種與黃腳鱲相似的鯛科魚類，本地俗稱雞公鱲，惟近十多年來未再有捕獲紀錄，以致其學術上的資料極為缺乏。
最大可達 40 厘米，重達 1.5 公斤，肉食性，棲息於近海沿岸 3 至 50 米的河口、礁區或砂泥底區，幼魚常見於河口，偶然會進入淡水域。

牛屎鱲

太平洋棘鯛

學名：*Acanthopagrus pacificus* Iwatsuki, Kume & Yoshino, 2010
英文名稱：Pacific seabream

魚貨來源	本地養殖 境外養殖 **本地野生** 外地野生	販賣方式	輪切 **全魚** 清肉 加工品 特別部位
販賣狀態	**活魚 冰鮮** 急凍 乾貨	價格 **貴價 中等** 低價	市面常見程度 常見 普通 **少見** 罕見

主要產季：全年有產，冬季產量較多
烹調或食用方式：肉質細緻，大多油脂豐富，富有魚味，可清蒸或碎蒸。

太平洋棘鯛是香港水域常見的中型魚類，是本地漁業主
要捕捉目標，多以一支釣方式捕獲，筏釣、磯釣或艇釣
常有釣獲。市售個體由斤裝至數斤不等，產自本地。屬
先雄後雌魚類，幼魚常見於鹽度較低的水域，老年魚嘴
唇會變厚，故亦有白嘴唇的稱號。外貌與俗名黑沙鱲的
黑棘鯛相似，本種側線與背鰭起點之間具 3.5 塊鱗片，

圖一

無論活體或死亡後身上均無任何暗色縱紋（圖一），腹部為黑色，可簡單作區分。在
分類上以往與灰鰭鯛（*A. berda*）混淆，直至 2010 年才被正式命名。
最大可達 50 厘米，肉食性，棲息於近海沿岸 1 至 50 米的河口、礁區或砂泥底區，
幼魚常見於河口，偶然會進入淡水域。

黑沙鱲

黑棘鯛

學名：*Acanthopagrus schlegelii* (Bleeker, 1854)
英文名稱：Blackhead seabream

分佈地區

西太平洋：日本、韓國、中國等。

魚貨來源	本地養殖	境外養殖	**本地野生**	外地野生		販賣方式	輪切	**全魚**	清肉	加工品	特別部位

販賣狀態	**活魚**	**冰鮮**	急凍	乾貨		價格	貴價	**中等**	低價		市面常見程度	常見	**普通**	少見	罕見

主要產季：全年有產
烹調或食用方式：肉質一般，富有魚味，可清蒸或香煎。

黑棘鯛是香港水域常見的中型魚類，是本地漁業主要捕捉目標，多以一支釣方式捕獲，筏釣、磯釣或艇釣常有釣獲。市售個體由斤裝至數斤不等，產自本地。台灣有進行人工養殖，在當地是常見的食用魚類，惟甚少供應本地市場。屬先雄後雌魚類，在三至四歲前為雄性，其後轉變為雌性，冬季為繁殖

圖一

季節，幼魚常見於鹽度較低的水域。本種側線與背鰭起點之間具 4.5 至 5.5 塊鱗片，身上具幾條暗色縱紋（圖一），有時不明顯，腹部灰白色。
最大可達 50 厘米，重達 3.2 公斤，肉食性，棲息於近海沿岸 3 至 50 米的河口、礁區或砂泥底區，幼魚常見於河口，偶然會進入淡水域。

波鱲、坡鱲

黃背牙鯛

學名：*Dentex hypselosomus* Bleeker, 1854
英文名稱：Yellowback seabream

分佈地區

西太平洋：琉球群島、韓國南部、台灣、南中國海等。

魚貨來源	本地養殖 境外養殖 **本地野生** 外地野生		販賣方式	輪切 **全魚** 清肉 加工品 特別部位
販賣狀態	活魚 **冰鮮** 急凍 乾貨	價格 貴價 **中等** 低價	市面常見程度	**常見** 普通 少見 罕見

主要產季：全年有產，初夏及秋季產量較多
烹調或食用方式：肉質細緻有嚼勁，富有魚味，可清蒸或香煎。

黃背牙鯛是香港水域偶見的中型魚類，是本地漁業主要捕捉目標，多以拖網、一支釣或延繩釣方式捕獲，外海艇釣偶有釣獲。市售個體由數兩裝至斤裝不等，產自華南地區。因棲息在較深水域，沿岸並無產。屬於少數棲息深度可破百米的鯛科魚類，棲地為泥質的海床斜坡，故有坡鱲一名，隨後亦被稱作波鱲。背上具有三個黃斑，成魚或不明顯，鼻孔前方與吻部之間亦具黃斑，可簡單與其他紅色的鯛科魚類作區分。

最大可達 30.6 厘米，肉食性，棲息於近海沿岸至離岸 50 至 200 米的砂泥底區。

扯旗鱲

二長棘犁齒鯛 ｜ 紅鋤齒鯛

學名：*Evynnis cardinalis* (Lacepède, 1802)
英文名稱：Threadfin porgy

分佈地區
西太平洋：菲律賓、台灣、香港等。

魚貨來源	本地養殖 境外養殖 **本地野生** 外地野生	販賣方式	輪切 **全魚** 清肉 加工品 特別部位
販賣狀態	**活魚 冰鮮** 急凍 乾貨	價格　貴價 中等 **低價**	市面常見程度　常見 **普通** 少見 罕見

主要產季：全年有產，初夏及秋季產量較多
烹調或食用方式：肉質細緻，富有魚味，可清蒸、香煎或滾湯。

二長棘犁齒鯛是香港水域偶見的中型魚類，是本地及華南一帶漁業主要捕捉目標，多以拖網、圍網、一支釣或延繩釣方式捕獲，岸釣或艇釣常有釣獲。市售個體約數兩，產自本地或華南地區。初夏於沿岸極為常見，體形小且數量多。手掌大者已是成魚，棲息於略為離岸的水域。外貌與俗名紅沙鱲的真赤鯛相似，本種第三及第四背鰭延長呈絲狀，體側具有數列縱向藍色線狀紋，鰓蓋邊緣紅色，可簡單區分。雄魚（圖一上）的額部明顯較雌魚（圖一下）凸出。

最大可達 40 厘米，肉食性，棲息於近海沿岸 5 至 100 米的砂泥底區。

圖一

紅沙鱲、沙鱲、赤鱲

真赤鯛 ｜ 日本真鯛

學名：*Pagrus major* (Temminck & Schlegel, 1843)
英文名稱：Red seabream

魚貨來源	本地養殖	境外養殖	本地野生	外地野生		販賣方式	輪切	全魚	清肉	加工品	特別部位

販賣狀態	活魚	冰鮮	急凍	乾貨		價格	貴價	中等	低價		市面常見程度	常見	普通	少見	罕見

主要產季：全年有產，冬季產量較多

烹調或食用方式：野生魚肉質一般；養殖魚肉質粗糙。富有魚味。可香煎，若鮮度及來源合
適，可以刺身方式食用。

真赤鯛是香港水域常見的大型魚類，是本地漁業主
要捕捉目標，多以圍網、一支釣或延繩釣方式捕
獲，磯釣或艇釣常有釣獲。市售個體由數兩至數斤
不等，產自本地或內地養殖魚胸鰭短，尾鰭圓鈍，
體色較暗啞（圖一）。本種為香港有分佈的鯛科魚類
中體形最大者。成魚一般棲息於離岸較深的水域。
於日本價格高，會於婚禮和節日等各種場合享用，
同時為刺身用魚，味清甜，生食風味較熟食佳。體

圖一

色會隨攝食的餌料而改變，部分野生魚體色金黃或臉頰發黑，經驗老到的漁民認為黑
臉者為產卵後的個體。本地稱體形小的真赤鯛為紅沙鱲或沙鱲，大型個體為赤鱲。
最大可達1米，重達9.7公斤，肉食性，棲息於近海沿岸10至200米的礁區或砂泥
底區。

鱸形目　PERCIFORMES

鱸亞目　PERCOIDEI

鯛科　Sparidae

絲鱲

平鯛

學名：*Rhabdosargus sarba* (Forsskål, 1775)
英文名稱：Goldlined seabream

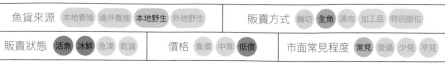

分佈地區
印度西太平洋：非洲東岸、紅海、日本南部、澳洲等。

魚貨來源	本地養殖 境外養殖 **本地野生** 外地野生	販賣方式	輪切 **全魚** 清肉 加工品 特別部位
販賣狀態	**活魚** **冰鮮** 急凍 乾貨	價格 貴價 中等 **低價**	市面常見程度 **常見** 普通 少見 罕見

主要產季：全年有產
烹調或食用方式：小型者肉質軟綿，大型者肉質略粗糙，魚味較淡，可香煎或滾湯。

平鯛是香港水域常見的小型魚類，是本地漁業主要捕捉目標，多以圍網、一支釣或延繩釣方式捕獲，岸釣、磯釣、筏釣或艇釣常有釣獲。市售個體由數兩至斤裝不等，產自本地。屬較廉價的鯛科魚類，產量較其他鯛魚多。外貌與黃腳鱲相似，本種吻端圓鈍，身上佈有金線紋，可簡單區分。腹鰭、臀鰭及尾鰭呈黃色或銀白色，呈黃色者被稱作金絲鱲，呈白色者被稱作銀絲鱲，在分類上為同一物種。

最大可達 80 厘米，重達 12 公斤，肉食性，棲息於近海沿岸 0 至 60 米的河口、礁區或砂泥底區。

金頭鱲、熊貓鱲

金頭鯛

學名：*Sparus aurata* Linnaeus, 1758
英文名稱：Gilthead seabream

分佈地區

東大西洋：不列顛群島、加那利群島、地中海地區、黑海、新西蘭等。

魚貨來源	本地養殖	**境外養殖**	本地野生	外地野生		販賣方式	輪切	**全魚**	清肉	加工品	特別部位

販賣狀態	**活魚**	**冰鮮**	急凍	乾貨		價格	貴價	中等	**低價**		市面常見程度	**常見**	普通	少見	罕見

主要產季：全年有產
烹調或食用方式：肉質粗糙，魚味較淡，可香煎。

金頭鯛是香港水域常見的中型魚類，非本地漁業主要捕捉目標，多以圍網、一支釣或延繩釣方式捕獲，岸釣、磯釣、投釣或艇釣常有釣獲。市售個體約斤裝，為內地養殖魚。原產地為大西洋的物種，因人工養殖被引進至印度太平洋水域，後期因養殖個體逃逸或放生活動流入到野外環境，並於本港水域棲息，現時已有一定的數量和族群，屬外來物種。外貌與絲鱲相似，本種鰓蓋上方具一大黑斑，兩眼睛前具一金黃色橫帶紋（圖一），可

圖一

簡單區分。屬先雄後雌魚類，雄魚會在約二至三歲左右變性成雌性。於外國為重要食用魚類。

最大可達 70 厘米，重達 17.2 公斤，壽命可達約 11 年，肉食性，棲息於近海沿岸 1 至 150 米（主要棲息深度為 1 至 30 米）的礁區或砂泥底區。

鱸形目 PERCIFORMES

鱸亞目 PERCOIDEI

馬鮁科 Polynemidae

馬友

多鱗四指馬鮁

學名：*Eleutheronema rhadinum* (Jordan & Evermann, 1902)
英文名稱：East Asian fourfinger threadfin

分佈地區

西太平洋：日本、台灣、南中國海、越南等。

魚貨來源	本地養殖	**境外養殖**	**本地野生**	外地野生		販賣方式	**輪切**	**全魚**	清肉	加工品	特別部位

| 販賣狀態 | 活魚 | **冰鮮** | 急凍 | **乾貨** | | 價格 | **貴價** | **中等** | 低價 | | 市面常見程度 | **常見** | 普通 | 少見 | 罕見 |

主要產季：全年有產，野生魚產季主要在秋末至初春
烹調或食用方式：野生魚肉質細緻嫩滑，富有魚味，適合任何烹調方式；養殖魚肉質軟綿，或有泥味，可配以蒜頭豆豉蒸或製成一夜乾。

多鱗四指馬鮁是香港水域常見的中型魚類，是本地漁業主要捕捉目標，多以圍網、流刺網、定置網或一支釣方式捕獲，艇釣或假餌釣偶有釣獲。市售個體由斤裝至數斤不等，主要為內地或台灣養殖魚。台灣有一句諺語：一午二鯧三鮸四馬加，其中的「午」是指午仔魚，即馬友在台灣的俗稱，可見其在台灣的食魚文化中地位甚高，位居眾多魚類之首。養殖馬友以四指馬鮁（*E. tetradactylum*）為主，其胸鰭的顏色可分別為黃色、黑色或灰色，筆者也曾親眼目睹養殖個體在進食時胸鰭由黃色變成黑色；野生馬友以多鱗四指馬鮁（*E. rhadinum*）為主，胸鰭為黑色。因此黑鰭者並非必然為野生魚，胸鰭顏色只能作為參考，真正要分辨兩種馬友須依據側線鱗的數目，養殖馬友鱗片較大，側線鱗的數目約為 71 至 80，而野生馬友則為 82 至 95。青馬大橋下一帶水域為本港艇釣馬友熱點，被釣友稱為「馬場」，惟作釣時須注意是否身處航道禁區，並顧及自身安全。

最大可達 73.9 厘米，肉食性，棲息於近海沿岸 1 至 30 米的河口或砂泥底區。

馬友郎

六指多指馬鮁

學名：*Polydactylus sextarius* (Bloch & Schneider, 1801)
英文名稱：Blackspot threadfin

魚貨來源	本地養殖 境外養殖 **本地野生** 外地野生	販賣方式	輪切 **全魚** 清肉 加工品 特別部位
販賣狀態	活魚 **冰鮮** 急凍 乾貨	價格	貴價 **中等** **低價**	市面常見程度	常見 普通 **少見** 罕見

主要產季：全年有產，春、秋季產量較多
烹調或食用方式：肉質細緻嫩滑，富有魚味，可清蒸或製成鹹鮮。

六指多指馬鮁是香港水域偶見的小型魚類，是本地及華南一帶漁業主要捕捉目標，多以圍網或拖網方式捕獲，艇釣或投釣偶有釣獲。市售個體約數兩，產自華南地區。屬先雄後雌魚類，體形小，手掌大已是非常大的個體。鰓蓋上方具有一個黑斑，容易辨認。群體性魚類，故此市場上只要有魚貨，大多數量多（圖一），惟保鮮期不長，肉質容易腐爛，在挑選時須注意。五指多指馬鮁（*P. plebeius*）（圖二）為另一種市售馬友郎，體形相對較大，產量極為稀少。
最大可達 30 厘米，雜食性，棲息於近海沿岸 16 至 73 米的河口或砂泥底區。

圖一

圖二

鱸形目　PERCIFORMES

鱸亞目　PERCOIDEI

馬鮁科　Polynemidae

鱸形目 PERCIFORMES

鱸亞目 PERCOIDEI

石首魚科 Sciaenidae

青鱸

日本白姑魚 ｜ 日本銀身鯎

學名：*Argyrosomus japonicus* (Temminck & Schlegel, 1843)
英文名稱：Japanese meagre

分佈地區

印度西太平洋：非洲東岸、韓國、澳洲等。

| 魚貨來源 | 本地養殖 境外養殖 **本地野生** 外地野生 | | 販賣方式 | **輪切** **全魚** 清肉 加工品 特別部位 |
| 販賣狀態 | 活魚 **冰鮮** 急凍 乾貨 | 價格 貴價 **中等** 低價 | 市面常見程度 | 常見 普通 **少見** 罕見 |

主要產季：全年有產，秋、冬產量較多
烹調或食用方式：肉質細緻，魚味較淡，可配以冬菜蒸、香煎或滾湯，亦可曬成鹹魚。

日本白姑魚是香港水域偶見的大型魚類，是本地及華南一帶漁業主要捕捉目標，多以圍網、流刺網、拖網或一支釣方式捕獲，艇釣、投釣或磯釣偶有釣獲。市售個體由數斤至十餘斤不等，產自本地或華南地區。雖俗名稱為鱸，但在分類上卻與鱸魚類無關係。外貌與其他石首魚科相似，本種體側兩旁的側線上緣佈有數個白點紋（圖一），從背部俯視更為明顯，容易區分。於石首魚科中屬體形較大的物種，成魚偶然會與其他同科魚類一同被捕獲（圖二）。氣鰾雖然不及黃鱙（黃唇魚，*Bahaba taipingensis*）或石鰵（雙棘原黃姑魚，*Protonibea diacanthus*）的厚大，但大型者亦有被用作曬成花膠。最大可達1.8米，重達75公斤，肉食性，棲息於近海沿岸5至150米的河口、礁區或砂泥底區。

圖一

圖二

黑喉

黑姑魚 ｜ 黑鰔

學名：*Atrobucca nibe* (Jordan & Thompson, 1911)
英文名稱：Blackmouth croaker

分佈地區

印度西太平洋：
非洲、菲律賓、
韓國濟州島、日
本南部、中國、
澳洲等。

魚貨來源	本地養殖 境外養殖 本地野生 **外地野生**		販賣方式	輪切 **全魚** 清肉 加工品 特別部位
販賣狀態	活魚 **冰鮮** 急凍 乾貨	價格 貴價 **中等** 低價	市面常見程度	常見 普通 少見 **罕見**

主要產季：全年有產，夏季產量較多
烹調或食用方式：肉質細緻，富有魚味，適合各種烹調方式。

黑姑魚是香港水域少見的中型魚類，是台灣漁業主要捕捉目標，多以一支釣、延繩
釣或拖網方式捕獲，於本港水域甚少有釣獲紀錄。市售個體約半斤至斤裝不等，產
自華南地區或由台灣進口。本地產量極少，非主流食用魚類；台灣捕獲量較多，於
當地市場屬常見魚類，且售價會因體形愈大，油脂香氣則愈濃郁的關係而更高。因
口腔內呈黑色，故有「黑喉」一俗名，並無食安疑慮。
最大可達 45 厘米，肉食性，棲息於近海沿岸 45 至 200 米的砂泥底區。

獅頭魚、黃皮頭

棘頭梅童魚

學名：*Collichthys lucidus* (Richardson, 1844)
英文名稱：Big head croaker

分佈地區

西太平洋：菲律賓、韓國、日本、中國大陸沿岸及台灣等。

魚貨來源	本地養殖 **境外養殖** 本地野生 外地野生		販賣方式	輪切 **全魚** 清肉 加工品 特別部位
販賣狀態	活魚 **冰鮮** 急凍 乾貨	價格	**貴價** 中等 低價	市面常見程度　常見 **普通** 少見 罕見

主要產季：冬季
烹調或食用方式：肉質細緻嫩滑，富有魚香，可清蒸、香煎、油鹽水浸或椒鹽炸。

棘頭梅童魚是香港水域少見的小型魚類，是本地及澳門一帶水域漁業主要捕捉目標，多以圍網或拖網方式捕獲，於本港水域甚少有釣獲紀錄。市售個體約數兩，極少超過半斤，產自本地、澳門水域或華南地區。甚有名氣的小型魚，雖取肉率低，但因其獨特的香氣和入口順滑細緻的口感，贏得非常多老饕的青睞，以小型魚類來說，本種產量不多，價格在市場上一直高企（圖一）。本種較常出現在混濁的水域，澳門一帶有產，當地偶然有釣獲，本港則罕有聽聞。內地近幾年有開發人工繁養殖技術，雖已成功但並未有供應本地市場。
最大可達 17 厘米，肉食性，棲息於近海沿岸 3 至 90 米的河口、礁區或砂泥底區。

圖一

老鼠鹹

皮氏叫姑魚

學名：*Johnius belangerii* (Cuvier, 1830)
英文名稱：Belanger's croaker

分佈地區

印度西太平洋：巴基斯坦東部、日本、韓國、中國大陸沿岸及台灣等。

魚貨來源	本地養殖	境外養殖	**本地野生**	外地野生		販賣方式	輪切	**全魚**	清肉	加工品	特別部位
販賣狀態	活魚	**冰鮮**	急凍	乾貨	價格	貴價	**中等**	**低價**	市面常見程度	常見	普通	**少見**	罕見

主要產季：全年有產
烹調或食用方式：肉質軟綿細緻，魚味較淡，可清蒸、配以冬菜蒸或香煎。

皮氏叫姑魚是香港水域常見的小型魚類，是本地及華南一帶漁業主要捕捉目標，多以圍網、拖網或延繩釣方式捕獲，艇釣或投釣常有釣獲。市售個體約數兩，產於本地或華南地區。群居性魚類，但整體產量一般較其他鹹魚低。魚鰾會發出類似「咯咯」的聲音，主要用作求偶。尾鰭上尖下圓鈍，吻部十分圓鈍，可與其他鹹魚作簡單區分。市售的老鼠鹹包含數種，包括團頭叫姑魚（*J. amblycephalus*）、叫姑魚（*J. grypotus*）及大吻叫姑魚（*J. macrorhynus*），吻部均圓鈍，團頭叫姑魚具有頦鬚，食味均類同。

最大可達 30 厘米，肉食性，棲息於近海沿岸 3 至 40 米的河口或砂泥底區。

石鱸

鱗鰭叫姑魚

學名：*Johnius distinctus* (Tanaka, 1916)
英文名稱：Karut croaker

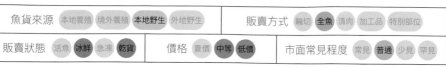

分佈地區

西太平洋：南中國海、台灣、韓國、日本等。

魚貨來源	本地養殖	境外養殖	**本地野生**	外地野生		販賣方式	輪切	**全魚**	清肉	加工品	特別部位

販賣狀態	活魚	**冰鮮**	急凍	**乾貨**		價格	貴價	**中等**	**低價**		市面常見程度	常見	**普通**	少見	罕見

主要產季：全年有產，春、夏季產量較多
烹調或食用方式：肉質軟綿細緻，魚味較淡，可清蒸、配以冬菜蒸或香煎。

鱗鰭叫姑魚是香港水域常見的小型魚類，是本地及華南一帶漁業主要捕捉目標，多以圍網、拖網或延繩釣方式捕獲，艇釣常有釣獲。市售個體約數兩，產於本地或華南地區。群居性魚類，棲地與大多鱥魚重疊，經常一同被捕獲。魚鰾會發出類似「咯咯」的聲音，主要用作求偶。產量多，屬市面較常見的鱥魚。本種尾鰭上尖下圓鈍，第一背鰭基部為黑色，末端鰭膜亦呈黑色，側線呈明顯銀白色，可與其他鱥魚作簡單區分。

最大可達 22 厘米，肉食性，棲息於近海沿岸 3 至 40 米的河口或砂泥底區，常見於河口或鹽度較低的水域。

黃花魚

大黃魚

學名：*Larimichthys crocea* (Richardson, 1846)
英文名稱：Large yellow croaker

魚貨來源	本地養殖	境外養殖	本地野生	外地野生		販賣方式	輪切	全魚	清肉	加工品	特別部位

販賣狀態	活魚	冰鮮	急凍	乾貨		價格	貴價	中等	低價		市面常見程度	常見	普通	少見	罕見

主要產季：全年有產，野生魚冬季產量較多
烹調或食用方式：野生魚肉質細緻嫩滑，富有魚味；養殖魚肉質鬆散，略有腥味。可清蒸、
香煎或紅燒，松鼠黃花魚在江蘇菜系中十分有名。

大黃魚是香港水域偶見的中型魚類，是本地及華
南一帶漁業主要捕捉目標，多以圍網或流刺網方
式捕獲，艇釣偶有釣獲，釣友稱其為金條，寓意
價值像金條一樣昂貴。市售個體約斤裝，主要為
內地養殖魚。本種為內地重要經濟養殖魚類，養

圖一

殖年產量可達十多萬公噸，主要供應內地、台灣及香港市場。野生魚（圖一）價格與
養殖魚差天共地，前者價格不菲且不甚常見，後者相對親民且供應穩定，為家喻戶曉
的食用魚類。養殖戶主要於凌晨進行收成，減少曝光，以確保魚體在進行冰鮮時呈現
金黃色，市場亦偶有養殖的活體販售，惟活體因長期曝光，體色呈銀白，在市場上受
歡迎程度較低。會進行垂直洄游，於黎明或黃昏時上浮到較淺的泳層。鰾能發聲，聲
音主要用作求偶。曾經有染色魚貨流入市面，冰鮮魚浸泡冰水時，水應為透明或略呈
白濁，而非黃色；魚加熱後的湯汁也不應該呈現黃色，在挑選及烹調時應特別注意。
養殖魚體態較胖，頭較圓鈍，胸鰭較短；野生魚體態修長，體色金黃亮麗。
最大可達 80 厘米，肉食性，棲息於近海沿岸 0 至 120 米的河口或砂泥底區。

鱸形目　PERCIFORMES

鱸亞目　PERCOIDEI

石首魚科　Sciaenidae

石鰲、鰲魚、澳魚

雙棘原黃姑魚

學名：*Protonibea diacanthus* (Lacepède, 1802)
英文名稱：Blackspotted croaker

分佈地區

印度西太平洋：阿拉伯海、菲律賓、日本、澳洲等。

魚貨來源	本地養殖	境外養殖	**本地野生**	外地野生		販賣方式	**輪切**	**全魚**	清肉	加工品	**特別部位**

販賣狀態	活魚	**冰鮮**	急凍	**乾貨**	價格	貴價	**中等**	低價	市面常見程度	**常見**	普通	少見	罕見

主要產季：全年有產
烹調或食用方式：肉質一般，魚味較淡，可配以冬菜蒸、香煎或紅燒。

雙棘原黃姑魚是香港水域常見的大型魚類，是本地及華南一帶漁業主要捕捉目標，多以圍網、流刺網或一支釣方式捕獲，艇釣常有釣獲。市售個體由幾斤至十餘斤不等，主要為內地養殖魚，且以大型者為主，雖本地有產野生

圖一

個體，但佔市場的比率相對較低。多以輪切方式販售，氣鰾在批發至各個本地市場前大多已取出。與俗稱黃鰲的黃唇魚（*Bahaba taipingensis*）一樣，氣鰾可曬成花膠，惟以本種製成的花膠售價遠比黃鰲低，因養殖產量提升，本種的花膠售價近數年更有下降趨勢。本種之耳石磨碎後於內地稱為腦石粉，可入藥用作散寒或減輕鼻塞。本種喉部為橘黃色，幼魚身上佈有細小黑點紋（圖一），會隨成長消失。文獻指出本種的繁殖季在 7 至 8 月。本種在 IUCN 的《瀕危物種紅色名錄》中被列為近危。

最大可達 1.5 米，壽命可達約 8 年，肉食性，棲息於近海沿岸 5 至 100 米的河口或砂泥底區。

花鮸

黃姑魚

學名：*Nibea albiflora* (Richardson, 1846)
英文名稱：White flower croaker

分佈地區

西太平洋：南中國海、東海、黃海南部等。

鱸形目　PERCIFORMES

鱸亞目　PERCOIDEI

石首魚科　Sciaenidae

魚貨來源	本地養殖	境外養殖	本地野生	外地野生		販賣方式	輪切	全魚	清肉	加工品	特別部位

販賣狀態	活魚	冰鮮	急凍	乾貨	價格	貴價	中等	低價	市面常見程度	常見	普通	少見	罕見

主要產季：全年有產，秋、冬季產量較多
烹調或食用方式：肉質細緻嫩滑，魚味略淡，可清蒸、配以冬菜蒸或香煎，亦可曬成鹹魚。

黃姑魚是香港水域常見的中型魚類，是本地及華南一帶漁業主要捕捉目標，多以圍網、流刺網或一支釣方式捕獲，艇釣或投釣常有釣獲。市售個體約斤裝，產自本地，目前於內地及台灣已有人工養殖，惟甚少供應本港市場。量產不多，在眾多鹹魚中價格最為昂貴，食味亦勝於其他鹹魚。棲地與部分鹹魚重疊，艇釣時經常與其他鹹魚一同釣上，大型個體主要棲息在較深水的海域。魚鰾會發出類似「咯咯」的聲音，主要用作求偶，初夏為繁殖季。腹鰭及臀鰭呈橙黃色，體側每一鱗片具有一個褐色斑點，排列成斜向條紋，背部末端呈黑色，可簡單與其他鹹魚區分。
最大可達 43.5 厘米，重達 1.5 公斤，壽命可達約 4 年，肉食性，棲息於近海沿岸 3 至 80 米的砂泥底區。

白花鰔

淺色黃姑魚

學名：*Nibea* cf. *coibor* (Hamilton, 1822)
英文名稱：Coibor croaker

東印度洋及西太平洋：恒河河口、斯里蘭卡、蘇門答臘、菲律賓、中國、越南、澳洲等。

魚貨來源	本地養殖	境外養殖	本地野生	外地野生		販賣方式	輪切	全魚	清肉	加工品	特別部位
販賣狀態	活魚	冰鮮	急凍	乾貨	價格	貴價	中等	低價	市面常見程度	常見	普通	少見	罕見

主要產季：全年有產
烹調或食用方式：肉質軟綿細緻，魚味淡，可清蒸或香煎，亦可配以冬菜或麵豉蒸。

淺色黃姑魚是香港水域罕見的中大型魚類，是本地及華南一帶漁業主要捕捉目標，多以圍網、流刺網或延繩釣方式捕獲，艇釣偶有釣獲。市售個體由斤裝至數斤不等，主要為內地或本地養殖魚。為內地主要養殖物種之一，本地野生魚產量極少。本地少數魚排有養殖，魚肉為副產品，氣鰾為整尾魚最值錢的部位，用作曬成花膠，海味店稱為白花膠。本種在 IUCN 的《瀕危物種紅色名錄》中被列為數據缺乏，代表關於該物種數量及分佈的資料極少或根本沒有。
最大體長暫時缺乏數據，棲息深度及環境不明。

三牙鰔、牙鰔

紅牙鰔

學名：*Otolithes ruber* (Bloch & Schneider, 1801)
英文名稱：Tigertooth croaker

| 魚貨來源 | 本地養殖 | 境外養殖 | **本地野生** | 外地野生 | | 販賣方式 | 輪切 | **全魚** | 清肉 | 加工品 | 特別部位 |

| 販賣狀態 | 活魚 | **冰鮮** | 急凍 | **乾貨** | | 價格 | 貴價 | 中等 | **低價** | | 市面常見程度 | 常見 | **普通** | 少見 | 罕見 |

主要產季：全年有產
烹調或食用方式：肉質一般，魚味淡，可香煎或配以冬菜蒸。

紅牙鰔是香港水域常見的中型魚類，是本地及華南一帶漁業主要捕捉目標，多以底拖網、圍網、流刺網或延繩釣方式捕獲，艇釣或投釣偶有釣獲。市售個體由數兩至斤裝不等，產自本地或華南地區。尾鰭鈍菱形，上下頜具三顆銳利犬齒（圖一），故此有三牙鰔的俗稱，可簡單與其他鰔魚區分，處理時也須多加注意。捕獲體形一般較其他小型石首魚科魚類為大，常被用作曬成鹹魚，常見於海味乾貨店（圖二）。

圖一

圖二

最大可達90厘米，重達7公斤，壽命可達約5年，肉食性，棲息水近海沿岸10至40米的河口或砂泥底區。

鱸形目 PERCIFORMES

鱸亞目 PERCOIDEI

石首魚科 Sciaenidae

雞蛋鰔

截尾銀姑魚 │ 截尾白姑魚

學名：*Pennahia anea* (Bloch, 1793)
英文名稱：Donkey croaker

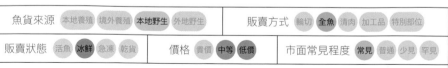

分佈地區

印度西太平洋：
阿拉伯海、台灣
海峽、婆羅洲等。

| 魚貨來源 | 本地養殖 | 境外養殖 | **本地野生** | 外地野生 | | 販賣方式 | 輪切 | **全魚** | 清肉 | 加工品 | 特別部位 |

| 販賣狀態 | 活魚 | **冰鮮** | 急凍 | 乾貨 | 價格 | 貴價 | **中等** | **低價** | 市面常見程度 | **常見** | 普通 | 少見 | 罕見 |

主要產季：全年有產，夏、秋季產量較多
烹調或食用方式：肉質細緻嫩滑，魚味較淡，可清蒸或香煎，亦可配以冬菜或麵豉蒸。

截尾銀姑魚是香港水域常見的小型魚類，是本地及華南一帶漁業主要捕捉目標，多以底拖網、圍網、流刺網或延繩釣方式捕獲，艇釣常有釣獲。市售個體約數兩，產於本地或華南地區。本種食味在眾多鰔魚中屬較佳者，售價略高於其他鰔魚但低於花鰔，產量多，屬市面較常見的鰔魚。群居性魚類，一群數量可達千尾以上，常被釣友視為目標魚類，以仕掛釣組針對本種進行垂釣。尾鰭截形，口裂大且端位（朝上），可簡單與其他鰔魚區分。

最大可達 30 厘米，肉食性，棲息於近海沿岸 3 至 60 米的砂泥底區。

大口鹹

大頭銀姑魚 ｜ 大頭白姑魚

學名：*Pennahia macrocephalus* (Tang, 1937)
英文名稱：Big-head pennah croaker

分佈地區

印度西太平洋：馬來半島、砂拉越、爪哇、台灣等。

魚貨來源	本地養殖	境外養殖	**本地野生**	外地野生		販賣方式	輪切	**全魚**	清肉	加工品	特別部位

販賣狀態	活魚	**冰鮮**	急凍	乾貨	價格	貴價	中等	**低價**	市面常見程度	常見	普通	**少見**	罕見

主要產季：全年有產，秋、冬季產量較多
烹調或食用方式：肉質軟綿細緻，魚味淡，可清蒸或香煎，亦可配以冬菜或麵豉蒸。

大頭銀姑魚是香港水域偶見的小型魚類，是本地及華南一帶漁業主要捕捉目標，多以圍網、拖網或延繩釣方式捕獲，艇釣偶有釣獲。市售個體約數兩，產於本地或華南地區。尾鰭鈍菱形，口裂大且端位（朝上），下頜正中央前方內為黑色，部分個體頦部呈淡黃色，一直延伸至腹鰭，可簡單與其他鹹魚區分。

最大可達 27.8 厘米，肉食性，棲息於近海沿岸 3 至 100 米的砂泥底區。

鱸形目　PERCIFORMES

鱸亞目　PERCOIDEI

石首魚科　Sciaenidae

白鮕

斑鰭銀姑魚 ｜ 斑鰭白姑魚

學名：*Pennahia pawak* (Lin, 1940)
英文名稱：Pawak croaker

分佈地區
西太平洋：爪哇
西部、台灣等。

魚貨來源	本地養殖 境外養殖 **本地野生** 外地野生	販賣方式	輪切 **全魚** 清肉 加工品 特別部位
販賣狀態	活魚 **冰鮮** 急凍 **乾貨**	價格 貴價 中等 **低價**	市面常見程度 **常見** 普通 少見 罕見

主要產季：全年有產，夏、秋季產量較多
烹調或食用方式：肉質軟綿細緻，魚味淡，可清蒸或香煎，亦可配以冬菜或麵豉蒸。

斑鰭銀姑魚是香港水域常見的小型魚類，是本地及華南一帶漁業主要捕捉目標，多以圍網、拖網或延繩釣方式捕獲，艇釣常有釣獲。市售個體約數兩，產於本地或華南地區。產量多，屬市面較常見的鮕魚。尾鰭鈍菱形，鰓蓋上方具有一個黑斑，可簡單與其他鮕魚區

圖一

分。銀姑魚（*P. argentata*）（圖一）為另一種市售白鮕。本種背鰭棘部後方靠近連接軟條部的位置具有黑斑，故中文名稱稱為斑鰭，上述提到的另一種銀姑魚的背鰭硬棘部則無斑，兩者可簡單作區分，食味均類同。

最大可達 23 厘米，肉食性，棲息於近海沿岸 3 至 50 米的砂泥底區。

星鱸

眼斑擬石首魚

學名：*Sciaenops ocellatus* (Linnaeus, 1766)
英文名稱：Red drum

分佈地區

西大西洋：美國、墨西哥北部、佛羅里達南部等；印度西太平洋：南中國海、台灣、香港等。

魚貨來源	**本地養殖** **境外養殖** 本地野生 外地野生	販賣方式	輪切 **全魚** 清肉 加工品 特別部位
販賣狀態	**活魚** **冰鮮** 急凍 乾貨	價格　貴價 中等 **低價**	市面常見程度　**常見** 普通 少見 罕見

主要產季：全年有產
烹調或食用方式：肉質粗糙，有特殊腥味，宜用重口味的烹調方式如糖醋魚、紅燒或取肉椒鹽炸。

眼斑擬石首魚是香港水域常見的中大型魚類，非本地漁業主要捕捉目標，多以一支釣方式捕獲，各種釣法常有釣獲。市售個體由斤裝至數斤不等，主要為內地養殖魚。原產於西大西洋水域，因水產養殖原故

圖一

引進至亞洲地區，後期因養殖逃逸及放生活動流入野外環境，在本港水域落地生根，現已有穩定的族群棲息，屬外來物種。常見於休閒釣魚場，是休閒漁業會利用的魚種之一。捕食慾望大且為肉食性，會捕食其他魚類及海洋生物，對本地原生物種的生存構成威脅。大多個體尾柄上方會有一個黑斑，或多個黑斑分佈在身體背部上，容易辨認，僅少數個體身上完全無斑（圖一）。

最大可達1.5米，重達45公斤，壽命可達約50年，肉食性，棲息於近海沿岸1至30米的河口、礁區或砂泥底區。

三鬚

點紋副緋鯉 ｜ 大型海緋鯉

學名：*Parupeneus spilurus* (Bleeker, 1854)
英文名稱：Blackspot goatfish

魚貨來源	本地養殖 境外養殖 **本地野生** 外地野生	販賣方式	輪切 **全魚** 清肉 加工品 特別部位
販賣狀態	**活魚 冰鮮** 急凍 乾貨	價格　貴價 **中等** 低價	市面常見程度　常見 **普通** 少見 罕見

主要產季：全年有產
烹調或食用方式：肉質細緻鬆散，富有甲殼類的香氣，可不刨鱗清蒸、香煎或油炸。

點紋副緋鯉是香港水域常見的小型魚類，是本地漁業主要捕捉目標，多以底拖網、
一支釣或延繩釣方式捕獲，投釣、岸釣或艇釣偶有釣獲。市售個體由數兩至斤裝不
等，產於本地，少部分大型個體由台灣進口，亦偶有來自東、西沙群島一帶水域的
本科物種以活魚方式販售。獨行或結小群活動的魚類，產量不豐。俗名三鬚指頦部

圖一

有鬚，但並非指具三條鬚。事實上羊魚科的物種頦部均只有兩條鬚（圖一），只是以往漁民因見其長有鬚稱其為「生鬚」，後期慢慢演變成「三鬚」。部分羊魚科物種體色鮮艷，且有翻砂的獨特習性，可當作海水觀賞魚，小型個體偶有於水族市場流通。印度副緋鯉（*P. indicus*）（圖二）為另一種市售的三鬚，尾柄上有一個黑色圓斑，可簡單作區分。最大可達 50 厘米，肉食性，棲息於近海沿岸 10 至 80 米的河口、礁區、砂泥底區或珊瑚礁區。

圖二

鱸形目　PERCIFORMES

鱸亞目　PERCOIDEI

羊魚科｜鬚鯛科　Mullidae

石鬚

黑斑緋鯉

學名：*Upeneus tragula* Richardson, 1846
英文名稱：Freckled goatfish

分佈地區

印度西太平洋：
波斯灣、日本、
澳洲等。

魚貨來源	本地養殖	境外養殖	**本地野生**	外地野生		販賣方式	輪切	**全魚**	清肉	加工品	特別部位

販賣狀態	**活魚**	冰鮮	急凍	乾貨	價格	貴價	**中等**	低價	市面常見程度	常見	普通	**少見**	罕見

主要產季：全年有產，夏季產量較多
烹調或食用方式：肉質細緻鬆散，富有甲殼類的香氣，可不刨鱗清蒸、香煎或油炸。

黑斑緋鯉是香港水域偶見的小型魚類，是本地漁業主要捕捉目標，多以底拖網、一支釣或延繩釣方式捕獲，投釣、岸釣或艇釣偶有釣獲。市售個體約數兩，產於本地。常見於砂石混合的海域，沿岸頗為常見，惟大多獨行或結小群，產量不豐，於市場上少見。頦鬚有兩條，呈橙色或淡黃色，一般藏於兩鰓蓋中間的頦部（圖一），只在覓食時伸出，用作挖掘躲藏於砂泥下的海洋生物。最大可達25厘米，肉食性，棲息於近海沿岸4至42米的河口、礁區或砂泥底區。

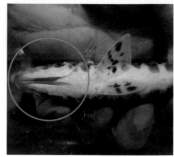

圖一

胭脂刀

單鰭魚 ｜ 擬金眼鯛

學名：*Pempheris* spp.
英文名稱：Sweeper fish

分佈地區

印度太平洋：紅海、杜夕群島、琉球群島、羅得豪島等。

魚貨來源	本地養殖	境外養殖	**本地野生**	外地野生	販賣方式	輪切	**全魚**	清肉	加工品	特別部位

販賣狀態	活魚	**冰鮮**	急凍	乾貨	價格	貴價	中等	**低價**	市面常見程度	常見	普通	**少見**	罕見

主要產季：全年有產
烹調或食用方式：肉質細緻，味鮮，可清蒸、香煎或滾湯。

單鰭魚是香港水域常見的小型魚類，非本地漁業主要捕捉目標，多以底拖網或圍網方式捕獲，岸釣偶有釣獲。市售個體約數兩，產於本地。群居的夜行性魚類，日間主要躲藏在陰暗處或洞穴中，夜間經常群體出沒覓食。香港目前有分佈的單鰭魚科魚類共三種，不排除實際包含更多物種。體形小且薄，取肉率不高，一般當作下雜魚。離水後存活時間短，魚鱗容易脫落。
香港有分佈的單鰭魚體形最大者為黑梢單鰭魚（*P. oualensis*），最大可達22厘米，雜食性，棲息於近海沿岸1至36米的礁區、珊瑚礁區或砂泥底區。

大眼容

灰葉鯛 │ 葉鯛

學名：*Glaucosoma buergeri* Richardson, 1845
英文名稱：Deepsea jewfish

分佈地區

印度西太平洋：日本南部、南中國海、越南、澳洲等。

魚貨來源	本地養殖	境外養殖	本地野生	**外地野生**		販賣方式	輪切	**全魚**	清肉	加工品	特別部位
販賣狀態	活魚	**冰鮮**	急凍	乾貨	價格	貴價	**中等**	低價	市面常見程度	常見	普通	少見	**罕見**

主要產季：全年有產，夏季產量較多
烹調或食用方式：小型者肉質細緻，魚味較淡；大型者肉質一般，富有魚味。可清蒸、香煎或起肉炒球。

灰葉鯛是香港水域少見的中型魚類，是華南一帶水域漁業主要捕捉目標，多以一支釣或延繩釣方式捕獲，外海艇釣偶有釣獲。市售個體由斤裝至數斤不等，產於華南一帶水域。本科魚類於全球僅一屬四種，香港僅分佈一種，即本種。成魚主要棲息於離岸較深的水域，離水後大多中壓，不能存活，只能以冰鮮方式販售。於本地市場罕見，反而台灣產量多，為深水延繩釣或深水一支釣常見的漁獲，故在台灣市場常見，屬中價經濟性魚類。

最大可達 55 厘米，重達 2.5 公斤，肉食性，棲息於近海沿岸至離岸 20 至 146 米的礁區。

大眼鯧

銀大眼鯧 ｜ 銀鱗鯧

學名：*Monodactylus argenteus* (Linnaeus, 1758)
英文名稱：Silver moony

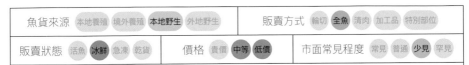

魚貨來源	本地養殖	境外養殖	**本地野生**	外地野生		販賣方式	輪切	**全魚**	清肉	加工品	特別部位

販賣狀態	活魚	**冰鮮**	急凍	乾貨		價格	貴價	**中等**	**低價**		市面常見程度	常見	普通	**少見**	罕見

主要產季：全年有產，夏、秋季產量較多
烹調或食用方式：肉質結實細緻，富有魚味，清蒸後肉質會略為粗糙，宜香煎。

銀大眼鯧是香港水域常見的小型魚類，非本地漁業主要捕捉目標，多以流刺網或圍網方式捕獲，岸釣或筏釣偶有釣獲。市售個體約數兩，產於本地。群居的廣鹽性魚類，泳速快，常以群體方式於水中表層活動，經常出沒於河口甚至淡水水域。周日行性魚類，大眼睛有助其於夜間活動及覓食。體形小且肉薄，捕獲量不多，非本地主流的經濟食用魚類。可當作觀賞魚，幼魚常見於淡水或海水的水族市場，若以淡水飼養，建議在水體中加入少量海鹽。因群游的習性，部分大型水族館有飼養，用作展示魚類群游的狀態。

最大可達 27 厘米，雜食性，棲息於近海沿岸 0 至 20 米的河口、礁區或砂泥底區。

𥽈蚨、口太黑毛

斑舵｜瓜子鱲

學名：*Girella punctata* Gray, 1835
英文名稱：Largescale blackfish

魚貨來源	本地養殖	境外養殖	本地野生	外地野生		販賣方式	輪切	全魚	清肉	加工品	特別部位

販賣狀態	活魚	冰鮮	急凍	乾貨		價格	貴價	中等	低價		市面常見程度	常見	普通	少見	罕見

主要產季：冬、春季

烹調或食用方式：肉質細緻嫩滑，富有魚味，可清蒸。

斑舵是香港水域偶見的中型魚類，是本地漁業主要捕捉目標，多以流刺網、定置網或一支釣方式捕獲，磯釣或手竿釣偶有釣獲。市售個體由半斤至斤裝不等，主要從台灣或日本進口，包括養殖及野生個體，少量產於本地。香港有分佈的舵科魚類共三種，除本種外，另外兩種為俗稱尾長黑毛的小鱗黑舵（*G. leonine*）（圖一），和俗稱黃帶黑毛的綠帶舵（*G. mezina*）（圖二），本種於本港水域相對較常見，同時是日本主要養殖物種。食味會因產地不同而有明顯差異，部分進口個體肉質帶藻味，腹部尤其明顯，活體可經即時的放血及去除內臟來減

圖一

圖二

輕藻味。本種外貌與小鱗黑舵相似，後者鰓蓋具黑緣，鱗片較細，尾鰭明顯呈半月形，可簡單區分；綠帶舵體側各具一條黃色橫帶紋，上唇厚。

最大可達 50 厘米，雜食性，棲息於近海沿岸 1 至 30 米的礁區。

冧鯭、冧蚌鯭、白毛

長鰭舵｜天竺舵魚

學名：*Kyphosus cinerascens* (Forsskål, 1775)
英文名稱：Blue sea chub

魚貨來源	本地養殖	境外養殖	**本地野生**	外地野生		販賣方式	輪切	**全魚**	清肉	加工品	特別部位

販賣狀態	**活魚**	**冰鮮**	急凍	乾貨	價格	貴價	**中等**	低價	市面常見程度	常見	普通	少見	**罕見**

主要產季：全年有產
烹調或食用方式：一斤以下肉質粗糙，大型者肉質較佳，味略腥，可清蒸。

長鰭舵是香港水域偶見的中型魚類，非本地漁業主要捕捉目標，多以流刺網、定置網或一支釣方式捕獲，磯釣偶有釣獲。市售個體由半斤至斤裝不等，產於本地。偏好有急流的水域，故外礁常有釣獲，惟漁業捕獲量不多，甚少流入本地市場。肉質略帶藻味，腹部尤其明顯，活體可經即時的放血及去除內臟來減輕藻味。香港目前共分佈兩種舵魚科魚類，除本種外，另一種是低鰭舵（*K. vaigiensis*）（圖一），緊張時身上均會出現白斑紋（圖二），兩種食味相若。本種背鰭和臀鰭明顯較高，可與低鰭舵作簡單區分。

圖一

圖二

最大可達50.7厘米，雜食性，棲息於近海沿岸1至45米的礁區。

鱸形目　PERCIFORMES

鱸亞目　PERCOIDEI

舵魚科　Kyphosidae

花乖

細刺魚｜柴魚

學名：*Microcanthus strigatus* (Cuvier, 1831)
英文名稱：Stripey

分佈地區

太平洋：南中國海、夏威夷、台灣、日本、澳洲等。

魚貨來源	本地養殖 境外養殖 **本地野生** 外地野生		販賣方式	輪切 **全魚** 清肉 加工品 特別部位
販賣狀態	**活魚** **冰鮮** 急凍 乾貨	價格 **貴價** **中等** 低價	市面常見程度	常見 普通 **少見** 罕見

主要產季：全年有產，夏季產量較多
烹調或食用方式：肉質細緻，富有魚味，肉質或帶藻味，腹部尤其明顯，可清蒸或香煎，亦可製成鹹鮮。

細刺魚是香港水域偶見的小型魚類，是本地漁業主要捕捉目標，多以流刺網或一支釣方式捕獲，磯釣、艇釣或岸釣偶有釣獲。市售個體約數兩，產於本地。形態與蝴蝶魚科的魚類非常相似，以往依骨骼形態被分類成舵魚科，近年獨立成科。產量不多，西貢海鮮艇偶有活體販售。群居性魚類，經常以數尾一群方式活動，每年夏天是幼魚出現的季節。體色對比鮮明，可當作觀賞魚，幼魚偶有於水族市場流通。最大可達 16 厘米，雜食性，棲息於近海沿岸 1 至 45 米的河口或礁區。

雞籠鯧

斑點雞籠鯧

學名：*Drepane punctata* (Linnaeus, 1758)
英文名稱：Spotted sicklefish

魚貨來源	本地養殖 境外養殖 **本地野生** **外地野生**		販賣方式	**輪切** **全魚** 清肉 加工品 特別部位

販賣狀態	**活魚** **冰鮮** 急凍 乾貨	價格 貴價 **中等** 低價	市面常見程度	常見 **普通** 少見 罕見

主要產季：全年有產
烹調或食用方式：肉質軟綿，帶有特殊味道，可配以蒜頭豆豉等重味配料蒸。

圖一

斑點雞籠鯧是香港水域常見的中型魚類，是本地及華南一帶水域漁業主要捕捉目標，多以流刺網、定置網或一支釣方式捕獲，艇釣或岸釣常有釣獲。市售個體體形差距大，由半斤至數斤不等（圖一），產於本地。獨行的廣鹽性魚類，經常單獨於河口覓食，幼魚能見於河口水域。嘴巴可大幅度向前伸出，用作於砂泥底海床中尋找食物。本港共分佈兩種雞籠鯧，除本種外，另一種為條紋雞籠鯧（*D. longimana*），體形相對較小，於本地市場極為罕見，其身上具有四至九條黑色橫帶紋，可簡單與斑點雞籠鯧作區別。

最大可達 50 厘米，雜食性，棲息於近海沿岸 10 至 49 米的河口、礁區或砂泥底區。

鱸形目　PERCIFORMES

鱸亞目　PERCOIDEI

蝴蝶魚科　Chaetodontidae

荷包魚、蝴蝶魚

麗蝴蝶魚 ｜ 魏氏蝴蝶魚

學名：*Chaetodon wiebeli* Kaup, 1863
英文名稱：Hongkong butterflyfish

分佈地區

西太平洋：琉球群島、台灣、南中國海、泰國灣等。

魚貨來源	本地養殖 境外養殖 **本地野生** 外地野生		販賣方式	輪切 **全魚** 清肉 加工品 特別部位
販賣狀態	**活魚** **冰鮮** 急凍 乾貨	價格 **貴價** 中等 低價	市面常見程度	常見 普通 **少見** 罕見

主要產季：全年有產
烹調或食用方式：肉質細緻嫩滑，富有魚味，可不刨鱗清蒸。

圖一

麗蝴蝶魚是香港水域偶見的小型魚類，是本地漁業主要捕捉目標，多以流刺網、魚槍或籠具方式捕獲，磯釣偶有釣獲。市售個體約數兩，產於本地。頗有名氣的魚種，深受饕客愛戴。產量不多，西貢海鮮艇偶有販賣。本種發表時的模式產地[1]為廣州一帶，英文名稱以香港取名。叉紋蝴蝶魚（*C. auripes*）（圖一）為另一種市售的荷包魚。兩種荷包魚頭部及尾鰭花紋不同，容易區分，食味大同小異。本科魚類可當作海水觀賞魚，常見於海水水族市場。

最大可達 19 厘米，雜食性偏素食性，棲息於近海沿岸 4 至 20 米的礁區或珊瑚礁區。

1　採獲命名時所使用的模式標本的地方。

關刀

馬夫魚 ｜ 白吻雙帶立旗鯛

學名：*Heniochus acuminatus* (Linnaeus, 1758)
英文名稱：Pennant coralfish

分佈地區

印度太平洋：非洲東岸、波斯灣、社會群島、日本南部、羅得豪島等。

魚貨來源	本地養殖	境外養殖	**本地野生**	外地野生		販賣方式	輪切	**全魚**	清肉	加工品	特別部位

販賣狀態	**活魚**	冰鮮	急凍	乾貨		價格	**貴價**	中等	低價		市面常見程度	常見	普通	少見	**罕見**

主要產季：全年有產
烹調或食用方式：肉質細緻嫩滑，富有魚味，可不刮鱗清蒸。

圖一

馬夫魚是香港水域少見的小型魚類，非本地漁業主要捕捉目標，多以流刺網、魚槍或籠具方式捕獲，磯釣偶有釣獲。市售個體約數兩，產於本地。獨行或群居，有時會結小群活動。本種外貌與多棘馬夫魚（*H. diphreutes*）（圖一）極為相似，本種吻部較長，兩者臀鰭的形狀亦略有差異，後者暫時於香港沒有分佈紀錄。可當作觀賞魚，常見於海水水族市場，水族販售之個體主要由台灣、印尼及菲律賓等地進口。最大可達 25 厘米，雜食性偏素食性，棲息於近海沿岸 2 至 178 米（主要棲息深度為 15 至 75 米）的礁區或珊瑚礁區。

鱸形目　PERCIFORMES

鱸亞目　PERCOIDEI

刺蓋魚科　蓋刺魚科　Pomacanthidae

金蝴蝶

藍帶荷包魚

學名：*Chaetodontoplus septentrionalis* (Temminck & Schlegel, 1844)
英文名稱：Bluestriped angelfish

分佈地區

西太平洋：日本、台灣、香港等。

魚貨來源	本地養殖	境外養殖	**本地野生**	外地野生	販賣方式	輪切	**全魚**	清肉	加工品	特別部位

販賣狀態	**活魚**	冰鮮	急凍	乾貨	價格	**貴價**	中等	低價	市面常見程度	常見	普通	少見	**罕見**

主要產季：全年有產
烹調或食用方式：肉質軟綿，藻味濃烈，宜以重口味的方式如紅燒烹調。

藍帶荷包魚是香港水域罕見的小型魚類，非本地漁業主要捕捉目標，多以流刺網、魚槍或籠具方式捕獲，磯釣偶有釣獲。市售個體由數兩至半斤不等，產於本地。具有名氣的海水觀賞魚，觀賞價值遠超食用價值，價格昂貴，台灣已成功進行人工繁殖，以供應龐大水族市場，減輕野生捕捉的壓力。前鰓蓋下緣具有一根長而尖的硬棘，處理時須注意。魚鱗極難去除，可先用熱水燙過表皮再進行清理，或直接剝皮處理。非主流食用魚類，西貢海鮮艇偶有活體販賣。

最大可達 22 厘米，素食性，棲息於近海沿岸 5 至 15 米的礁區或珊瑚礁區。

白尾藍紋

環紋刺蓋魚｜環紋蓋刺魚

學名：*Pomacanthus annularis* (Bloch, 1787)
英文名稱：Bluering angelfish

分佈地區

印度西太平洋：
莫桑比克、菲律
賓、日本、澳洲
等。

魚貨來源	本地養殖 境外養殖 **本地野生** 外地野生		販賣方式	輪切 **全魚** 清肉 加工品 特別部位
販賣狀態 **活魚** 冰鮮 急凍 乾貨		價格 **貴價** 中等 低價	市面常見程度	常見 普通 少見 **罕見**

主要產季：全年有產
烹調或食用方式：食味會因產地不同而有差異，產於本港者肉質大多細緻嫩滑，富有魚味，
可清蒸；部分個體藻味濃烈，宜以重口味的方式如紅燒烹調。

環紋刺蓋魚是香港水域罕見的中型魚類，非本地漁業主要捕捉目標，多以流刺網、
魚槍或籠具方式捕獲，於本港水域甚少有釣獲紀錄。市售個體由半斤至數斤不等，
產於本地。具有名氣的海水觀賞魚，觀賞價值遠超食用價值，價格昂貴，幼魚花紋
與成魚截然不同，均常見於水族市場。鰓蓋下緣具有一根長而尖的硬棘，處理時須
注意。對水質要求高，偏棲息於水質較淨的水域。主要以藻類為食，故肉質有可能
殘留藻臭味。
最大可達 45 厘米，素食性，棲息於近海沿岸 1 至 60 米的礁區或珊瑚礁區。

天狗旗鯛

尖吻棘鯛

學名：*Evistias acutirostris* (Temminck & Schlegel, 1844)
英文名稱：Striped boarfish

分佈地區

太平洋：台灣、日本、夏威夷、澳洲、新西蘭等。

魚貨來源	本地養殖 境外養殖 本地野生 **外地野生**		販賣方式	輪切 **全魚** 清肉 加工品 特別部位
販賣狀態	活魚 **冰鮮** 急凍 乾貨	價格 **貴價 中等** 低價	市面常見程度	常見 普通 少見 **罕見**

主要產季：全年有產
烹調或食用方式：肉質結實細緻，富有魚味，可清蒸。

圖一

尖吻棘鯛目前在香港水域沒有分佈紀錄，屬於中大型魚類，於日本是漁業主要捕捉目標，多以一支釣或延繩釣方式捕獲。市售個體約斤裝，主要產自台灣或日本水域，僅少數流入本地市場。台灣雖然有產，但數量不豐之餘食用風氣並不流行；反而日本產量相對較多，在當地屬於高級食用魚類。幼魚花紋與成魚截然不同，於外國的水族市場名氣頗大。帆鰭魚（*Histiopterus typus*）（圖一）為另一種市售同科的魚類，身上具三至四條條紋，本種有五條，可簡單區分，流入本地市場的數量同樣稀少。最大可達 90 厘米，肉食性，棲息於近海沿岸 18 至 193 米的礁區。

唱歌婆

尖突吻鯻

學名：*Rhynchopelates oxyrhynchus* (Temminck & Schlegel, 1842)
英文名稱：Sharpbeak terapon

魚貨來源	本地養殖 境外養殖 **本地野生** 外地野生	販賣方式	輪切 **全魚** 清肉 加工品 特別部位
販賣狀態	活魚 **冰鮮** 急凍 乾貨	價格　貴價 中等 **低價**	市面常見程度　常見 普通 **少見** 罕見

主要產季：全年有產，秋、冬季產量較多
烹調或食用方式：肉質結實，略為粗糙，味鮮，可香煎或滾湯。

尖突吻鯻是香港水域偶見的小型魚類，是本地漁業主要捕捉目標，多以流刺網、底拖網或延繩釣方式捕獲，艇釣或投釣偶有釣獲，食餌急進，常有吞鉤入扣的情況。市售個體約數兩，產於本地。獨行的廣鹽性魚類，經常進入河口水域覓食，幼魚甚至進入淡水水域。本科魚類氣鰾前室和頭顱後端有肌肉相連，離水後可發聲，因此有唱歌婆的俗名。前鰓蓋及鰓蓋均具尖棘，各鰭棘尖銳，處理時須注意。可當作觀賞魚，偶有小型個體於淡水水族市場流通。四帶牙鯻 (*Pelates quadrilineatus*)（圖一）和鯻 (*Terapon theraps*)（圖二）為另外兩種市售的唱歌婆，可簡單從花紋區分，食味均類同。

圖一

圖二

最大可達 25 厘米，雜食性，棲息於近海沿岸 1 至 25 米的河口、礁區或砂泥底區，偶然會進入淡水水域。

鱸形目　PERCIFORMES

鱸亞目　PERCOIDEI

鯻科　Terapontidae

釘公

細鱗鯻｜花身鯻

學名：*Terapon jarbua* (Forsskål, 1775)
英文名稱：Jarbua terapon

分佈地區

印度太平洋：紅海、非洲東岸、薩摩亞、日本南部、澳洲、羅得豪島等。

魚貨來源	本地養殖	境外養殖	**本地野生**	外地野生		販賣方式	輪切	**全魚**	清肉	加工品	特別部位

販賣狀態	活魚	**冰鮮**	急凍	乾貨		價格	貴價	中等	**低價**		市面常見程度	常見	**普通**	少見	罕見

主要產季：全年有產
烹調或食用方式：肉質結實粗糙，味鮮，可香煎或滾湯。

細鱗鯻是香港水域常見的小型魚類，是本地漁業主要捕捉目標，多以流刺網、底拖網或延繩釣方式捕獲，各種釣法常有釣獲，食餌急進，常有吞鈎的情況。市售個體由數兩至斤裝不等，偶爾會有一斤以上的大型個體，產於本地或華南地區。群居的廣鹽性魚類，偶然會進入淡水域覓食。前鰓蓋及主鰓蓋均具尖棘，各鰭棘尖銳，處理時須注意。因產地不同，在食味上有明顯差異，產於台灣者食味遠比產於廣東沿岸者為佳，在當地是中高價經濟食用魚類，並已成功進行人工繁養殖，惟體長達十厘米後成長速度緩慢，不符合經濟效益，現時已無進行人工養殖。可當作觀賞魚，偶有小型個體於海、淡水水族市場流通。

最大可達36厘米，雜食性，棲息於近海沿岸1至25米的河口、礁區或砂泥底區，偶然會進入淡水域。

打浪鱚

鯔形湯鯉

學名：*Kuhlia mugil* (Forster, 1801)
英文名稱：Barred flagtail

魚貨來源	本地養殖	境外養殖	**本地野生**	外地野生		販賣方式	輪切	**全魚**	清肉	加工品	特別部位

販賣狀態	活魚	**冰鮮**	急凍	乾貨		價格	貴價	中等	**低價**		市面常見程度	常見	普通	少見	**罕見**

主要產季：全年有產
烹調或食用方式：肉質一般，味鮮，可香煎。

鯔形湯鯉是香港水域少見的小型魚類，非本地漁業主要捕捉目標，多以流刺網或一支釣方式捕獲，磯釣偶有釣獲。市售個體約數兩，產於本地。群居性魚類，經常以群體方式於水表層活動，游泳能力強，偏好水流急速或溶氧量高的水域。幼魚會進入河口區但不進入淡水水域。周日行性魚類，不分晝夜活動及覓食。產量少，甚少流入市面，一般當作雜魚販售。除本種外，大口湯鯉 (*K. rupestris*) 為另一種於香港有分佈的湯鯉科魚類，於野外數量少，不會流入食用市場，僅極少量於水族市場流通。

最大可達 40 厘米，肉食性，棲息於近海沿岸 0 至 40 米的河口、礁區或砂泥底區。

石鯛

條石鯛

學名：*Oplegnathus fasciatus* (Temminck & Schlegel, 1844)
英文名稱：Barred knifejaw

分佈地區

西太平洋：日本、南中國海、韓國、台灣等；中太平洋東部：夏威夷等。

魚貨來源	本地養殖	境外養殖	**本地野生**	外地野生		販賣方式	輪切	**全魚**	清肉	加工品	特別部位

販賣狀態	**活魚**	**冰鮮**	急凍	乾貨		價格	**貴價**	中等	低價		市面常見程度	常見	普通	少見	**罕見**

主要產季：秋、冬季

烹調或食用方式：肉質結實細緻，富有淡淡的甲殼類香氣，可清蒸，若鮮度及來源合適，可以刺身方式食用。

條石鯛是香港水域罕見的中大型魚類，是本地漁業主要捕捉目標，多以流刺網或一支釣方式捕獲，磯釣或艇釣偶有釣獲。市售個體由半斤至斤裝不等，除產於本地外，部分從日本進口，包括養殖及野生個體，可見於日式超市。目前日本、韓國、內地及台灣已成功進行人工繁養殖，惟甚少供應本地市場。老成魚嘴巴呈黑色（圖一），身上橫紋會變淡或消失。牙齒堅硬銳利，可咬碎貝類及甲殼類，亦因此有 knifejaw 的英文名稱。拉力強勁，被視為磯釣或重磯釣的目標魚種。幼魚黑白橫紋對比明顯（圖二），可當作海水觀賞魚，性格好奇，愛追啄感興趣的物件，混養時須注意。

最大可達 80 厘米，重達 6.4 公斤，肉食性，棲息於近海沿岸 1 至 100 米的礁區。

圖一

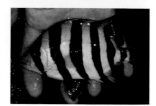
圖二

花金鼓、石垣鯛

斑石鯛

學名：*Oplegnathus punctatus* (Temminck & Schlegel, 1844)
英文名稱：Spotted knifejaw

分佈地區

太平洋：夏威夷、關島、澳洲、菲律賓、台灣、日本、南中國海等。

魚貨來源	本地養殖	境外養殖	本地野生	外地野生		販賣方式	輪切	全魚	清肉	加工品	特別部位

販賣狀態	活魚	冰鮮	急凍	乾貨	價格	貴價	中等	低價	市面常見程度	常見	普通	少見	罕見

主要產季：全年有產，野生魚秋、冬季產量較多
烹調或食用方式：肉質結實細緻，富有淡淡的甲殼類香氣，可清蒸，若鮮度及來源合適，可以刺身方式食用。

斑石鯛是香港水域罕見的中大型魚類，是本地漁業主要捕捉目標，多以流刺網或一支釣方式捕獲，磯釣或艇釣偶有釣獲。市售個體約斤裝，主要為內地養殖魚，雖然野生個體於香港的數量較條石鯛為多，但捕獲量仍然不多。養殖魚體形圓潤，背

圖一

圖二

鰭、臀鰭及尾鰭末端圓鈍而非尖形。老成魚嘴巴呈白色（圖一），牙齒堅硬銳利，可咬碎貝類及甲殼類。因盛產於日本石垣島，故亦被稱為石垣鯛。幼魚（圖二）可當作海水觀賞魚，性格好奇，愛追啄感興趣的物件，混養時須注意。幼魚經常躲藏在大型漂浮藻類中，隨水漂流。台灣在近數年成功研發混種石鯛（圖三），希望可透過雜交培養出能耐高溫的品種。混種石鯛身上有著條石鯛的條紋以及斑石鯛的斑點紋，辨認度高，但在本地市場上極為罕見。據外國的觀察報告，雜交個體早在 2008 年於韓國海域被發現，日本也有發現紀錄，證明兩種石鯛於野外雜交的情況，在人工雜交技術還沒開發前已經存在。

最大可達 86 厘米，重達 12.1 公斤，肉食性，棲息於近海沿岸 3 至 135 米的礁區。

圖三

荔枝魚

金鱗

學名：*Cirrhitichthys aureus* (Temminck & Schlegel, 1842)
英文名稱：Yellow hawkfish

魚貨來源	本地養殖	境外養殖	**本地野生**	外地野生		販賣方式	輪切	**全魚**	清肉	加工品	特別部位

販賣狀態	**活魚**	**冰鮮**	急凍	乾貨		價格	貴價	中等	**低價**		市面常見程度	常見	普通	少見	**罕見**

主要產季：全年有產
烹調或食用方式：肉質細緻，略鬆散，味鮮，可清蒸。

金鱗是香港水域常見的小型魚類，非本地漁業主要捕捉
目標，多以一支釣或拖網方式捕獲，岸釣、艇釣或磯釣
常有釣獲。市售個體約數兩，產自本地。獨行性魚類，
不好動，經常單獨俯伏在礁石上，伺機捕食獵物。擁有
雙向性別變化能力，文獻指出本種在圈養的環境下，為
了繁殖，有能力改變自身性別。產量少，偶然有數尾一

圖一

組，或混雜其他小型魚類一同販售。觀賞價值比食用價值高，偶見於水族市場。長
鰭高體盔魚（*Pteragogus aurigarius*）（圖一）為另一種以荔枝魚一名販賣的魚類，
雖然外貌與金鱗略有相似，但在分類上屬於隆頭魚科魚類。
最大可達 14 厘米，肉食性，棲息於近海沿岸 5 至 20 米的礁區或珊瑚礁區。

斬三刀

花尾鷹鰔

學名：*Goniistius zonatus* (Cuvier, 1830)
英文名稱：Spottedtail morwong

分佈地區

太平洋：日本本州島、南中國海、台灣等。

魚貨來源	本地養殖	境外養殖	**本地野生**	**外地野生**		販賣方式	輪切	**全魚**	清肉	加工品	特別部位

販賣狀態	**活魚**	**冰鮮**	急凍	乾貨		價格	**貴價**	中等	低價		市面常見程度	常見	普通	**少見**	罕見

主要產季：全年有產
烹調或食用方式：肉質嫩滑細緻，富有魚味，可清蒸。

花尾鷹鰔是香港水域罕見的中小型魚類，是本地漁業主要捕捉目標，多以流刺網或一支釣方式捕獲，磯釣偶有釣獲。市售個體約斤裝，大部分為日本或台灣進口之個體，本地野生魚產量稀少。是具有名氣的貴價食用魚類，惟因產地不同，導致風味上有巨大差異，產於日本及台灣者肌肉或含藻味，藻味濃烈程度會因

圖一

藻類增生的季節而有變化，冬季藻味相對較淡。進口者體色較深，肉質雖細緻但魚味較淡，價格相對親民；產於本地者體色鮮艷，肉質嫩滑且富有魚味。背帶鷹鰔 (*G. quadricornis*)（圖一）為另一種市售斬三刀，惟數量極為稀少。市面常有因俗名叫法類同而產生購買上之誤會，俗稱假三刀的千年笛鯛 (*Lutjanus sebae*)，部分魚販同樣會以「三刀」一名作販售，惟在分類上與本種差異甚遠，外貌亦不甚相似，食味與售價更是天壤之別，消費者在購買時宜多加注意，避免產生誤會。
最大可達 45 厘米，雜食性，棲息於近海沿岸 1 至 30 米的砂泥底區或礁區。

赤刀魚、紅帶魚

克氏棘赤刀魚

學名：*Acanthocepola krusensternii* (Temminck & Schlegel, 1845)
英文名稱：Red-spotted bandfish

魚貨來源	本地養殖 境外養殖 **本地野生** 外地野生		販賣方式	輪切 **全魚** 清肉 加工品 特別部位

販賣狀態	**活魚** **冰鮮** 急凍 乾貨	價格	貴價 **中等** 低價	市面常見程度	常見 普通 少見 **罕見**

主要產季：全年有產
烹調或食用方式：肉質嫩滑細緻，富有魚味，可清蒸。

克氏棘赤刀魚是香港水域偶見的中小型魚類，非本地漁業主要捕捉目標，多以底拖網或一支釣方式捕獲，艇釣偶有釣獲。市售個體約數兩，產於本地。本科物種均屬獨行性魚類，會挖掘洞穴並藏身其中，常以頭上尾下的姿態，探頭觀

圖一

察洞穴周圍，遇到危險時會躲回洞穴。體薄，取肉率低，加上捕獲量不豐，在市場上大多當作雜魚販售。背點棘赤刀魚（*A. limbata*）（圖一）為另一種市售的赤刀魚，背鰭前半部具一個大黑斑，容易辨認。
最大可達 40 厘米，肉食性，棲息於近海沿岸 3 至 50 米的砂泥底區。

石剎婆

豆娘魚 ｜ 梭地豆娘魚

學名：*Abudefduf sordidus* (Forsskål, 1775)
英文名稱：Blackspot sergeant

分佈地區

印度太平洋：紅海、非洲東岸、夏威夷、日本南部、澳洲等。

魚貨來源	本地養殖	境外養殖	**本地野生**	外地野生		販賣方式	輪切	**全魚**	清肉	加工品	特別部位
販賣狀態	**活魚**	**冰鮮**	急凍	乾貨	價格	貴價	**中等**	低價	市面常見程度	常見	普通	**少見**	罕見

主要產季：全年有產
烹調或食用方式：肉質細緻嫩滑，富有魚味，可清蒸、香煎或製成鹹鮮。

豆娘魚是香港水域常見的小型魚類，非本地漁業主要捕捉目標，多以一支釣方式捕獲，磯釣、手絲釣、艇釣及筏釣偶有釣獲。市售個體約數兩，產於本地。有別於其他群居性豆娘魚屬魚類，本種大多獨行且具有領域性，喜好棲息於溶氧量高且流急的礁邊。體形雖然不大，手掌大者已屬於成體，但因肉厚，取肉率較高，還是具有一定的食用價值，受饕客愛戴。卵生，產下的黏性卵

圖一

會依附在岩礁上，由雄性保護並透過帶動水流，讓魚卵得到足夠的氧氣。孟加拉豆娘魚（*A. bengalensis*）（圖一）為另一種市售石剎婆。本種尾柄背側方具有一個大黑斑，可簡單與孟加拉豆娘魚作區分。

最大可達 24 厘米，雜食性，棲息於近海沿岸 0 至 3 米的河口、砂泥底區、礁區或珊瑚礁區。

石剎

五帶豆娘魚｜條紋豆娘魚

學名：*Abudefduf vaigiensis* (Quoy & Gaimard, 1825)
英文名稱：Indo-Pacific sergeant

分佈地區

印度太平洋：紅海、非洲東岸、萊恩群島、日本南部、澳洲等。

魚貨來源	本地養殖	境外養殖	**本地野生**	外地野生		販賣方式	輪切	**全魚**	清肉	加工品	特別部位

販賣狀態	**活魚**	**冰鮮**	急凍	乾貨		價格	貴價	**中等**	低價		市面常見程度	常見	普通	**少見**	罕見

主要產季：全年有產
烹調或食用方式：肉質極為細緻，富有魚味，宜清蒸、香煎或製成鹹鮮。

五帶豆娘魚是香港水域常見的小型魚類，非本地漁業主要捕捉目標，多以魚籠或一支釣方式捕獲，磯釣、手絲釣、艇釣及筏釣偶有釣獲。市售個體約數兩，產於本地。群居性魚類，會以群體形式於水中表層攝食浮游生物，同時亦喜好棲息於溶氧量高且流急的礁邊。成魚體形不大，手掌大已屬大型個體。肉質細緻，略為鬆

圖一

散，製成鹹鮮可令魚肉變得結實。常見之海水觀賞魚，幼魚流通量大，主要由外地進口。六帶豆娘魚（*A. sexfasciatus*）（圖一）為另一種市售石剎，其體背呈藍綠色，且尾鰭上、下葉各有一條明顯黑帶，可與五帶豆娘魚作簡單區分，兩者食味類同。最大可達 20 厘米，雜食性，棲息於近海沿岸 1 至 15 米的河口、砂泥底區、礁區或珊瑚礁區。

鱸形目　PERCIFORMES

隆頭魚亞目　LABROIDEI

雀鯛科　Pomacentridae

藍石剎

尾斑光鰓魚 ｜ 尾斑光鰓雀鯛

學名：*Chromis notata* (Temminck & Schlegel, 1843)
英文名稱：Pearl-spot chromis

分佈地區

西北太平洋：日本南部、琉球群島、南中國海、台灣等。

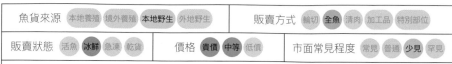

魚貨來源	本地養殖	境外養殖	**本地野生**	外地野生		販賣方式	輪切	**全魚**	清肉	加工品	特別部位

販賣狀態	活魚	**冰鮮**	急凍	乾貨	價格	**貴價**	**中等**	低價	市面常見程度	常見	普通	**少見**	罕見

主要產季：全年有產，冬季產量較多

烹調或食用方式：肉質極為細緻，富有魚味，宜清蒸、香煎或製成鹹鮮。

尾斑光鰓魚是香港水域常見的小型魚類，是本地漁業主要捕捉目標，多以圍網或一支釣方式捕獲，磯釣、艇釣或仕掛釣偶有釣獲。市售個體約數兩，產於本地。群居性魚類，會以群體形式於水中表層攝食浮游生物。耐寒，於約10℃至15℃的低水溫環境依然活躍。成魚體形不大，甚少超過手掌大，成熟之雄魚魚鰭呈彩藍色（圖一）。產量不多，一般作少量販售（圖二）。深受饕客愛戴，繁殖季時魚貨常附有精巢（白子）及卵巢（魚子），可保留品嚐。

最大可達17厘米，雜食性偏浮游生物食性，棲息於近海沿岸2至15米的礁區或珊瑚礁區。

圖一

圖二

三點白

三斑宅泥魚 ｜ 三斑圓雀鯛

學名：*Dascyllus trimaculatus* (Rüppell, 1829)
英文名稱：Threespot dascyllus

分佈地區

印度西太平洋：紅海、非洲東岸、夏威夷、日本南部、澳洲等。

魚貨來源	本地養殖 境外養殖 **本地野生** 外地野生	販賣方式	輪切 **全魚** 清肉 加工品 特別部位
販賣狀態	**活魚** 冰鮮 急凍 乾貨	價格	貴價 **中等** 低價	市面常見程度	常見 普通 少見 **罕見**

主要產季：全年有產
烹調或食用方式：肉質細緻，富有魚味，可清蒸。

三斑宅泥魚是香港水域偶見的小型魚類，非本地漁業主要捕捉目標，多以籠具或一支釣方式捕獲，磯釣偶有釣獲。市售個體約數兩，產於本地。產量極少，主要是各種漁法的混獲，大多以活體畜養，偶見於西貢海鮮艇。身體兩側及頭背上各具一白色斑點，故俗稱三點白。卵生，產黏性卵，研究指出，已配對的雄魚及雌魚在圈養環境中七個月內可產卵共十七次，每月產卵三次之多。具有名氣的小型海水觀賞魚，觀賞價值大於食用價值，具有一定領域性，混養時須注意。

最大可達14厘米，雜食性偏好浮游生物食性，棲息於近海沿岸1至55米的礁區或珊瑚礁區。

黑點牙衣、火衣

雙帶普提魚｜雙帶狐鯛

學名：*Bodianus bilunulatus* (Lacepède, 1801)
英文名稱：Tarry hogfish

分佈地區

印度西太平洋：非洲東岸、日本、菲律賓、新喀里多尼亞等。

魚貨來源	本地養殖	境外養殖	本地野生	**外地野生**	販賣方式	輪切	**全魚**	清肉	加工品	特別部位

販賣狀態	**活魚**	**冰鮮**	急凍	乾貨	價格	**貴價**	**中等**	低價	市面常見程度	常見	普通	**少見**	罕見

主要產季：全年有產
烹調或食用方式：肉質細緻嫩滑，略為鬆散，富有魚味，部分或有石壓味，可清蒸。

雙帶普提魚是香港水域罕見的中型魚類，非本地漁業主要捕捉目標，多以一支釣方式捕獲，於本港水域甚少有釣獲紀錄。市售個體由半斤至斤裝不等，產於東、西沙一帶水域。獨行性的珊瑚礁魚類，香港水域缺乏大型的珊瑚礁群落，因而不是其主要的棲地，僅少量由

圖一

香港鄰近水域捕獲的個體流入市面。體色鮮艷，可當作觀賞魚，偶有幼魚於水族市場流通。幼魚身體後半部至尾柄前方為黑色；亞成魚背鰭後下方具一個大黑斑（圖一）；成魚或老成魚黑斑變淡。

最大可達55厘米，重達1.8公斤，肉食性，棲息於近海沿岸3至160米的礁區或珊瑚礁區。

三葉唇、彩眉、雜眉

三葉唇魚

學名：*Cheilinus trilobatus* Lacepède, 1801
英文名稱：Tripletail wrasse

魚貨來源	本地養殖	境外養殖	**本地野生**	外地野生		販賣方式	輪切	**全魚**	清肉	加工品	特別部位

| 販賣狀態 | **活魚** | **冰鮮** | 急凍 | 乾貨 | | 價格 | 貴價 | **中等** | 低價 | | 市面常見程度 | 常見 | 普通 | **少見** | 罕見 |

主要產季：全年有產
烹調或食用方式：肉質細緻，具輕淡的甲殼類香氣，或略帶有石壓味，可清蒸。

三葉唇魚是香港水域偶見的中小型魚類，非本地漁業主要捕捉目標，多以籠具或一支釣方式捕獲，磯釣或艇釣偶有釣獲，不排除是宗教活動的放生個體。市售個體由半斤至斤裝不等，主要來自東、西沙群島一帶水域，產於本地者極少。因棲地主要為珊瑚礁區，肉質容易呈現石壓

圖一

味，腹部尤其明顯，宜在新鮮時去除內臟。牙齒及骨骼呈淡藍綠色，屬正常現象，並無食安疑慮，可放心食用。可當作觀賞魚，幼魚偶見於水族市場。綠尾唇魚（*C. chlorourus*）（圖一）為另一種市售彩眉。本種與綠尾唇魚外貌極為相似，後者身上佈有淡色小白點，腹鰭、臀鰭及尾鰭尤其明顯，可作區分，兩者食味類同。
最大可達45厘米，肉食性，棲息於近海沿岸1至30米的礁區或珊瑚礁區。

蘇眉

波紋唇魚｜曲紋唇魚

學名：*Cheilinus undulatus* Rüppell, 1835
英文名稱：Humphead wrasse

分佈地區
印度太平洋的熱帶珊瑚礁海域。

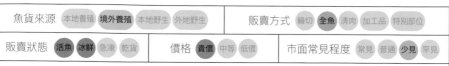

魚貨來源	本地養殖	**境外養殖**	本地野生	外地野生		販賣方式	輪切	**全魚**	清肉	加工品	特別部位
販賣狀態	**活魚**	**冰鮮**	急凍	乾貨	價格	**貴價**	中等	低價	市面常見程度	常見	普通	**少見**	罕見

主要產季：全年有產
烹調或食用方式：肉質細緻嫩滑，富有魚味，可清蒸。

波紋唇魚是香港水域罕見的大型魚類，非本地漁業主要捕捉目標，多以籠具或一支釣方式捕獲，於本港水域甚少有釣獲紀錄。市售個體由數兩至斤裝不等，產自東南亞國家，大多為養殖魚。於本地海鮮文化中極有名氣，潛水觀光業亦經常以其作招徠。因數量稀少而備受關注，在 IUCN 的《瀕危物種紅色名錄》中被定為瀕危物種，同時受到 CITES 附錄二之保護，貿易受嚴格管制，須取得許可證方可進行，台灣農委會林務局亦將其列入保育類野生動物名錄，完全禁止捕撈及買賣。目前外國有進行人工繁養殖，但成長速度緩慢，產量不多。屬先雌後雄魚類，雌魚約需 5 年以上方能達至性成熟，並需約 10 年方會變性成性成熟之雄魚。雄魚體色呈深綠色，頭部會明顯隆起，在本地俗稱青眉，惟大部分還未變性便被捕捉，以致雄魚數量少，令族群無法繁衍。肉質及骨骼略呈淡綠色，屬正常現象，並無食安疑慮。
最大可達 2.2 米，重達 191 公斤，壽命可達約 32 年，肉食性，棲息於近海沿岸 1 至 100 米的礁區或珊瑚礁區。

牙衣

鞍斑豬齒魚

學名：*Choerodon anchorago* (Bloch, 1791)
英文名稱：Orange-dotted tuskfish

分佈地區

印度西太平洋：
斯里蘭卡、法屬
玻里尼西亞、琉
球群島、台灣、
新喀里多尼亞
等。

魚貨來源	本地養殖	境外養殖	本地野生	**外地野生**	販賣方式	輪切	**全魚**	清肉	加工品	特別部位

販賣狀態	**活魚**	**冰鮮**	急凍	乾貨	價格	貴價	**中等**	低價	市面常見程度	常見	**普通**	少見	罕見

主要產季：全年有產
烹調或食用方式：肉質細緻鬆散，具輕淡的甲殼類香氣，或略帶有石壓味，可清蒸。

鞍斑豬齒魚是香港水域偶見的中小型魚類，非本地漁業主要捕捉目標，多以籠具或一支釣方式捕獲，岸釣或艇釣偶有釣獲，不排除是宗教活動的放生個體。市售個體由數兩至斤裝不等，主要來自東、西沙群島一帶水域或東南亞國家，因棲地主要為珊瑚礁區，肉質容易呈現石壓味。牙齒及骨骼呈淡藍綠色，屬正常現象，並無食安疑慮，可放心食用。牙齒堅硬，主要以甲殼類及貝類為食，曾有紀錄片拍攝到本種會將貝類丟往礁石，藉不斷重複的撞擊把貝類敲開，以便進食。可當作觀賞魚，幼魚偶見於水族市場。

最大可達50厘米，肉食性，棲息於近海沿岸1至25米的礁區或珊瑚礁區。

鱸形目 PERCIFORMES

隆頭魚亞目 LABROIDEI

隆頭魚科 Labridae

石馬頭

藍豬齒魚

學名：*Choerodon azurio* (Jordan & Snyder, 1901)
英文名稱：Azurio tuskfish

分佈地區

西太平洋：朝鮮半島、日本、台灣、南中國海等。

魚貨來源	本地養殖	境外養殖	**本地野生**	外地野生		販賣方式	輪切	**全魚**	清肉	加工品	特別部位

販賣狀態	活魚	**冰鮮**	急凍	乾貨		價格	**賣價**	中等	低價		市面常見程度	常見	**普通**	少見	罕見

主要產季：全年有產
烹調或食用方式：肉質細緻嫩滑，具輕淡的甲殼類香氣，或略帶有石壓味，可清蒸。

藍豬齒魚是香港水域偶見的中小型魚類，是本地漁業主要捕捉目標，多以一支釣方式捕獲，艇釣偶有釣獲。市售個體由數兩至斤裝不等，部分由台灣進口，其餘則來自華南地區，因棲地主要為珊瑚礁區，肉質有可能呈現石壓味，若因鮮度不佳或運輸不當，導致腸壁破裂或內臟腐敗，腹部附近會因沾染內臟的液體而變得苦臭，在挑選時可多加注意。老成魚頭部輕微隆起，呈紫色（圖一）。於本地被稱作石馬頭的魚類有兩種，本種為其中一種，意指外貌像馬頭魚但主要棲息於礁石環境的海域。本地產量較少，反而鄰近的台灣，尤其澎湖產量大，為當地常見的食用魚類。
最大可達 40 厘米，肉食性，棲息於近海沿岸 7 至 80 米的礁區或珊瑚礁區。

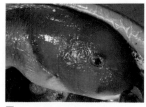

圖一

青衣

邵氏豬齒魚

學名：*Choerodon schoenleinii* (Valenciennes, 1839)
英文名稱：Blackspot tuskfish

魚貨來源	本地養殖 境外養殖 **本地野生** 外地野生	販賣方式	輪切 **全魚** 清肉 加工品 特別部位
販賣狀態	**活魚** **冰鮮** 急凍 乾貨	價格 **貴價** 中等 低價	市面常見程度 常見 普通 **少見** 罕見

主要產季：全年有產
烹調或食用方式：肉質細緻嫩滑，具輕淡的甲殼類香氣，或略帶有石壓味，可清蒸，大型者可起肉炒球。

邵氏豬齒魚是香港水域偶見的中大型魚類，是本地漁業主要捕捉目標，多以一支釣方式捕獲，甚少於本港水域被釣獲。市售個體由半斤至數斤不等，主要來自台灣或東、西沙群島一帶水域，極少產於本地。獨行性魚類，大多單獨於珊瑚礁區活動，力氣甚大，可搬動石塊，以尋找甲殼類或貝類。於本地海鮮文化中頗有名氣，多數於高級海鮮販賣店販售。成熟之雄體體色呈藍色（圖一），頭部皮厚，富有膠質。幼魚（圖二）可當作觀賞魚，惟甚少於水族市場上流通。

最大可達1米，重達15.5公斤，肉食性，棲息於近海沿岸3至60米的礁區或珊瑚礁區。

圖一

圖二

哨牙妹

雲斑海豬魚｜黑帶海豬魚

學名：*Halichoeres nigrescens* (Bloch & Schneider, 1801)
英文名稱：Bubblefin wrasse

分佈地區

印度西太平洋：
波斯灣、南非、
菲律賓、日本、
台灣、澳洲等。

魚貨來源	本地養殖	境外養殖	**本地野生**	外地野生		販賣方式	輪切	**全魚**	清肉	加工品	特別部位

販賣狀態	**活魚**	冰鮮	急凍	乾貨		價格	貴價	中等	**低價**		市面常見程度	常見	普通	**少見**	罕見

主要產季：全年有產
烹調或食用方式：肉質軟綿，魚味較淡，或有石壓味，可清蒸或香煎。

雲斑海豬魚是香港水域常見的小型魚類，非本地漁業主要捕捉目標，多以一支釣或延繩釣方式捕獲，岸釣或艇釣常有釣獲。市售個體約數兩，主要產於本地。沿岸常見魚種之一，惟沿岸數量有變少的趨勢。獨行性魚類，或會結小群於礁砂混合區活動及覓食，屬先雌後雄魚類，雄魚體色偏藍，體形亦相對較大。產量不多，釣友釣獲後大多自取食用，部分為捕魚時之混獲，在市場則當作雜魚販賣。身體表面滑溜，魚鱗較難去除，各鰭棘雖然短小但硬且尖，處理時須注意。本科部分魚類在緊張或休息時會有插砂行為，將自己平躺隱藏於砂中。體色鮮艷，可當作觀賞魚，本屬（genus）物種常見於水族市場。

最大可達 14 厘米，肉食性，棲息於近海沿岸 3 至 10 米的礁區、礁砂混合區或砂泥底區。

雜眉、熊貓龍

黑鰭厚唇魚 | 黑鰭半裸魚

學名：*Hemigymnus melapterus* (Bloch, 1791)
英文名稱：Blackeye thicklip

分佈地區

印度太平洋：紅海、非洲東岸、玻里尼西亞、琉球群島、台灣、澳洲大堡礁等。

魚貨來源	本地養殖 境外養殖 本地野生 **外地野生**	販賣方式	輪切 **全魚** 清肉 加工品 特別部位
販賣狀態	**活魚** **冰鮮** 急凍 乾貨	價格 貴價 **中等** 低價	市面常見程度 常見 普通 少見 **罕見**

主要產季：全年有產
烹調或食用方式：肉質細緻鬆散，具輕淡的甲殼類香氣，或略帶有石壓味，可清蒸。

黑鰭厚唇魚是香港水域少見的中小型魚類，非本地漁業主要捕捉目標，多以一支釣方式捕獲，艇釣偶有釣獲，不排除是宗教活動的放生個體。市售個體由半斤至斤裝不等，主要來自東、西沙群島一帶水域，極少產於本地。獨行性魚類，嘴唇會隨成長變厚。幼魚體色黑白鮮明（圖一），常見於水族市場，以熊貓龍名稱販賣。

最大可達 37 厘米，肉食性，棲息於近海沿岸 1 至 30 米的礁區或珊瑚礁區。

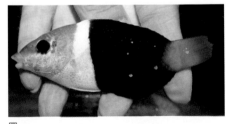

圖一

石馬頭、潮州馬頭、花身娘

洛神項鰭魚

學名：*Iniistius dea* (Temminck & Schlegel, 1845)
英文名稱：Blackspot razorfish

分佈地區

印度西太平洋：印度、澳洲、日本南部、中國等。

魚貨來源	本地養殖 境外養殖 本地野生 **外地野生**	販賣方式	輪切 **全魚** 清肉 加工品 特別部位
販賣狀態	活魚 **冰鮮** 急凍 乾貨	價格　**貴價** 中等 低價	市面常見程度　常見 **普通** 少見 罕見

主要產季：全年有產
烹調或食用方式：肉質細緻嫩滑，富有魚味，可清蒸或油炸。

洛神項鰭魚是香港水域罕見的小型魚類，是本地及華南一帶漁業主要捕捉目標，多以一支釣方式捕獲，甚少於本港水域被釣獲。市售個體約數兩，主要來自華南地區。與藍豬齒魚（*Choerodon azurio*）同樣以石馬頭的俗稱販售，本科魚類背鰭起點位於眼睛後方項部上方，故中文名稱為項鰭魚，此外體側背部具有一個黑斑點，可簡單與藍豬齒魚作區分。本種魚鱗極薄，易入口，處理時可考慮連帶魚鱗香煎或油炸。幼魚有擬態習性，無論外貌或泳姿都模仿葉子。會插進砂子中平躺睡覺，遇到危險亦會鑽入砂中。小型個體於本地又被稱作花身娘，台灣則稱作紅新娘。
最大可達 30 厘米，肉食性，棲息於近海沿岸 1 至 40 米的砂泥底區。

雪條

單帶尖唇魚

學名：*Oxycheilinus unifasciatus* (Streets, 1877)
英文名稱：Ringtail maori wrasse

魚貨來源	本地養殖 境外養殖 本地野生 **外地野生**	販賣方式	輪切 **全魚** 清肉 加工品 特別部位
販賣狀態	**活魚 冰鮮** 急凍 乾貨	價格 貴價 **中等** 低價	市面常見程度 常見 普通 **少見** 罕見

主要產季：全年有產，冬、春季產量較多
烹調或食用方式：肉質細緻綿滑，富有魚味，可清蒸。

單帶尖唇魚是香港水域少見的小型魚
類，非本地漁業主要捕捉目標，多以一
支釣方式捕獲，於本港水域甚少有釣獲
紀錄。市售個體約半斤，主要來自東、
西沙群島一帶水域，極少產於本地。體
形不大，經常以兩三尾一組的方式販
售。體色鮮艷，可當作觀賞魚，惟於水

圖一

族市場流通性低。肌肉或含有雪卡毒，本地暫時未有進食後中毒的紀錄。雙線尖唇
魚（*O. digramma*）（圖一）為另一種市售雪條，較單帶尖唇魚少見，尾柄部沒有白色
橫帶紋，可簡單作區分。

最大可達 46 厘米，重達 1.6 公斤，肉食性，棲息於近海沿岸 1 至 160 米的礁區或珊
瑚礁區。

蠔妹

斷紋紫胸魚

學名：*Stethojulis terina* Jordan & Snyder, 1902
英文名稱：Cutribbon wrasse

分佈地區

西北太平洋：日本、台灣等。

魚貨來源	本地養殖	境外養殖	**本地野生**	外地野生	販賣方式	輪切	**全魚**	清肉	加工品	特別部位

販賣狀態	**活魚**	**冰鮮**	急凍	乾貨	價格	貴價	中等	**低價**	市面常見程度	常見	普通	**少見**	罕見

主要產季：全年有產
烹調或食用方式：肉質軟爛，味鮮，可清蒸或香煎。

斷紋紫胸魚是香港水域常見的小型魚類，非本地漁業主要捕捉目標，多以一支釣或延繩釣方式捕獲，岸釣或艇釣常有釣獲。市售個體約數兩，主要產於本地。產量少，大多是捕魚時的混獲，於市場一般當作雜魚販賣。身體表面滑溜，魚鱗較難去除，各鰭棘雖然短小但硬且尖，處理時須注意。雌魚（圖一）體色與身上之斑紋明顯與雄魚不同。可當作觀賞魚，能見於水族市場但數量不多。遠東擬隆頭魚（*Pseudolabrus eoethinus*）（圖二）為另一種市售蠔妹，

圖一

圖二

相對較少見，艇釣偶有釣獲，食味略勝於其他蠔妹。
最大可達 12.6 厘米，肉食性，棲息於近海沿岸 2 至 7 米的礁區或砂泥底區。

龍船魚

新月錦魚

學名：*Thalassoma lunare* (Linnaeus, 1758)
英文名稱：Moon wrasse

分佈地區

印度太平洋：紅海、非洲東岸、萊恩群島、日本、台灣、澳洲、羅得豪島、新西蘭等。

魚貨來源	本地養殖	境外養殖	**本地野生**	外地野生		販賣方式	輪切	**全魚**	清肉	加工品	特別部位

販賣狀態	**活魚**	**冰鮮**	急凍	乾貨		價格	貴價	中等	**低價**		市面常見程度	常見	普通	**少見**	罕見

主要產季：全年有產
烹調或食用方式：肉質軟爛，味鮮，可清蒸或香煎。

新月錦魚是香港水域常見的小型魚類，非本地漁業主要捕捉目標，多以一支釣或延繩釣方式捕獲，岸釣、磯釣或艇釣常有釣獲。市售個體約數兩，主要產於本地。產量少，大多是捕魚時的混獲，於市場一般當作雜魚販賣。身體表面滑溜，魚鱗較難去除，各鰭棘雖然短小但硬且尖，處理時須注意。幼魚腹部呈藍色，背鰭及尾鰭各具一黑斑（圖一），會隨成長消失。成熟之雄魚體色由綠色變成藍色，頭部尤其明顯。可當作觀賞魚，常見於水族市場。胸斑錦魚（*T. lutescens*）（圖二）為另一種市售的龍船魚，產量甚少。

圖一

圖二

最大可達 45 厘米，肉食性，棲息於近海沿岸 1 至 20 米的礁區、珊瑚礁區或砂泥底區。

黃衣、綠衣

青點鸚嘴魚 ｜ 藍點鸚哥魚

學名：*Scarus ghobban* Forsskål, 1775
英文名稱：Blue–barred parrotfish

分佈地區
印度太平洋：波斯灣、南非、紅海、日本南部等。

魚貨來源	本地養殖 境外養殖 **本地野生** 外地野生		販賣方式	輪切 **全魚** 清肉 加工品 特別部位
販賣狀態	**活魚** **冰鮮** 急凍 乾貨	價格 **貴價** **中等** 低價	市面常見程度	常見 普通 **少見** 罕見

主要產季：全年有產
烹調或食用方式：肉質軟綿鬆散，富有魚味，可清蒸、香煎或油炸，大型個體可起肉炒球。

青點鸚嘴魚是香港水域偶見的中大型魚類，是本地漁業主要捕捉目標，多以一支釣方式捕獲，磯釣偶有釣獲。市售個體由半斤至數斤不等，來自本地或東南亞國家。本科物種均屬先雌後雄魚類，本種雌魚體形一般較小，身體呈黃色，稱為黃衣（圖一上）；成熟之雄魚身體呈藍綠色，稱為綠衣（圖一下）。鈍頭鸚嘴魚（*S. rubroviolaceus*）（圖二）為另一種市售衣魚，雌魚身體呈紅色，故一般被稱為紅衣，

圖一

圖二

不甚常見，食味與黃衣類同。本科魚類主要攝食生長在硬珊瑚表面之藻類，是珊瑚礁的清道夫，經咬碎後或吞食後不能消化的珊瑚，會以珊瑚砂的形式與排泄物一同排出，珊瑚砂經累積後會形成另一種珊瑚砂棲地，供其他海洋生物棲息，故在食魚文化或漁業永續利用議題上，常提倡盡量避免進食鸚嘴魚。此外，本科物種具特別的睡眠方式，睡眠時會分泌黏液將自己包覆，以將氣味隔絕，不被捕獵者發現。

最大可達 75 厘米，壽命可達約 13 年，雜食性偏素食性，棲息於近海沿岸 1 至 90 米的礁區、珊瑚礁區。

蠟燭

中斑擬鱸

學名：*Parapercis maculata* (Bloch & Schneider, 1801)
英文名稱：Harlequin sandperch

分佈地區

印度西太平洋：波斯灣、日本南部、南中國海等。

魚貨來源	本地養殖	境外養殖	**本地野生**	外地野生		販賣方式	輪切	**全魚**	清肉	加工品	特別部位

販賣狀態	**活魚**	**冰鮮**	急凍	乾貨		價格	貴價	中等	**低價**		市面常見程度	常見	普通	少見	**罕見**

主要產季：全年有產

烹調或食用方式：肉質細緻，魚味較淡，可去骨後，以天婦羅方式烹調。

中斑擬鱸是香港水域偶見的小型魚類，非本地漁業主要捕捉目標，多以延繩釣、一支釣或拖網方式捕獲，岸釣或艇釣偶有釣獲。市售個體約數兩，產自本地。捕獲量低，通常為拖網或延繩釣之混獲，於市場一般當作雜魚販售。本科魚類肉質細嫩，日本會以天婦羅方式烹調，惟體形小及小刺多，處理需時。底

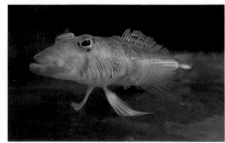
圖一

棲魚類，靜止時會以腹鰭支撐身體（圖一），體色鮮艷，可當作觀賞魚，本科部分物種於水族市場上流通性高。

最大可達 20 厘米，肉食性，棲息於近海沿岸 1 至 25 米的河口及砂泥底區。

打銅鎚、尿壺

東方披肩䲁

學名：*Ichthyscopus pollicaris* Vilasri, Ho, Kawai & Gomon, 2019
英文名稱：Oriental fringe stargazer

魚貨來源	本地養殖 境外養殖 **本地野生** **外地野生**	販賣方式	輪切 **全魚** 清肉 加工品 特別部位
販賣狀態	活魚 **冰鮮** 急凍 乾貨	價格 貴價 中等 **低價**	市面常見程度 常見 普通 少見 **罕見**

主要產季：全年有產
烹調或食用方式：肉質細緻彈牙，略帶尿騷味，宜用重口味方式烹調。

東方披肩䲁是香港水域少見的中型魚類，非本地漁業主要捕捉目標，多以一支釣或拖網方式捕獲，於本港水域甚少有釣獲紀錄。市售個體由半斤至斤裝不等，主要產自華南一帶水域。底棲魚類，經常將身體藏於砂泥中，露出眼睛靜候獵物經過。肉質佳，惟略帶尿騷味，內臟尤其明顯，處理時宜注意避免破壞膽囊與胃袋，也宜用較重口味的調味方式烹調。本種過往在分類上經常被鑑定為披肩䲁（*I. lebeck*），直至近年學者將其確定為另一獨立物種並發表，發表時之模式標本採自台灣宜蘭。

最大可達 40 厘米，肉食性，棲息於近海沿岸 0 至 100 米的砂泥底區。

鱸形目　PERCIFORMES

龍騰亞目　｜　鱷鱚亞目　TRACHINOIDEI

騰科　Uranoscopidae

打銅鎚、尿壺

日本騰

學名：*Uranoscopus japonicus* Houttuyn, 1782
英文名稱：Japanese stargazer

分佈地區

西太平洋：日本南部到南中國海。

魚貨來源	本地養殖	境外養殖	**本地野生**	**外地野生**		販賣方式	輪切	**全魚**	清肉	加工品	特別部位

販賣狀態	活魚	**冰鮮**	急凍	乾貨		價格	貴價	中等	**低價**		市面常見程度	常見	普通	**少見**	罕見

主要產季：全年有產
烹調或食用方式：肉質細緻彈牙，略帶尿騷味，宜用重口味方式烹調。

日本騰是香港水域偶見的小型魚類，非本地漁業主要捕捉目標，多以拖網方式捕獲，於本港水域甚少有釣獲紀錄。市售個體約數兩，主要產自華南一帶水域。底棲魚類，經常將身體藏於砂泥中，露出眼睛靜候獵物經過。肉質不

圖一

錯，惟略帶尿騷味，內臟尤其明顯，處理時宜注意避免破壞膽囊與胃袋，也宜用較重口味的調味方式烹調。本種及同屬（genus）部分物種的下頜具有蠕蟲狀的附瓣，伸出後用來引誘獵物靠近繼而捕食。眼肌具發電器官，能發出弱電，輔助捕獵。土佐騰（*U. tosae*）（圖一）為另一種市售打銅鎚，身上無明顯斑紋，可簡單區分，食味與日本騰類同。

最大可達 18 厘米，肉食性，棲息於近海沿岸 36 至 300 米的砂泥底區。

咬手撚、咬手銀、咬手仔

短頭跳岩鳚

學名：*Petroscirtes breviceps* (Valenciennes, 1836)
英文名稱：Striped poison-fang blenny mimic

魚貨來源	本地養殖	境外養殖	**本地野生**	外地野生		販賣方式	輪切	**全魚**	清肉	加工品	特別部位

販賣狀態	活魚	**冰鮮**	急凍	乾貨		價格	貴價	中等	**低價**		市面常見程度	常見	普通	少見	**罕見**

主要產季：全年有產
烹調或食用方式：無太大食用價值，可油炸。

短頭跳岩鳚是香港水域偶見的小型魚類，非本地漁業主要捕捉目標，主要是各種捕魚方式的混獲，岸釣或艇釣偶有釣獲。市售個體小於一兩，產於本地。非主要食用魚類，大多當作雜魚販售或直接被魚販丟棄。廣被釣友所認識的魚類，上下顎各具有兩顆強而有力的犬齒（圖一），同科的黑帶稀棘鳚（*Meiacanthus grammistes*）犬齒甚至具有毒腺，能分泌毒液，遇到威脅時會作出防衛，處理活體時須小心。具領域性，經常藏身於大型漂浮藻類中或沿岸的繩索附近（圖二），具特殊之游泳姿勢，經常蜷曲身體活動。

最大可達 11 厘米，肉食性，棲息於近海沿岸 1 至 15 米的礁砂混合區或礁區。

圖一

圖二

㴖鰍、棺材釘

鰧

學名：*Callionymus* spp.
英文名稱：Dragonet

分佈地區

西太平洋：台灣、日本、巴布亞新幾內亞、印尼、澳洲等。

魚貨來源	本地養殖	境外養殖	**本地野生**	外地野生		販賣方式	輪切	**全魚**	清肉	加工品	特別部位
販賣狀態	活魚	**冰鮮**	急凍	乾貨	價格	貴價	**中等**	低價	市面常見程度	常見	普通　少見　**罕見**

主要產季：全年有產
烹調或食用方式：肉質細緻，魚味較淡，可油炸或去骨後以天婦羅方式烹調。

鰧是香港水域偶見的小型魚類，非本地漁業主要捕捉目標，多以底拖網方式捕獲，投釣偶有釣獲。市售個體約一、二兩，產自本地或華南地區。腹鰭闊大而有力，用作支撐身體及輔助於砂地上游走。具保護色，難以於砂質環境發現其蹤跡。雄魚體色一般較鮮艷，第一背鰭十分延長，容易區分。本科魚類前鰓蓋具有硬棘，末端具倒鉤，雖然目前無文獻指出硬棘具有毒性，但處理時仍須注意。產量少，大多為捕魚時的混獲，非主流食用魚

圖一

類。市面偶有已去除頭部及內臟的個體販售（圖一）。本科部分種類體色鮮艷，可當作觀賞魚，其中花斑連鰭鰧（*Synchiropus splendidus*）為具有名氣的觀賞魚類，常於水族市場流通。

香港有分佈最大的鰧屬魚類為日本美尾鰧，最大可達20厘米，肉食性，棲息於近海沿岸10至208米的砂泥底區。

紅壇、奶魚

孔鰕虎魚｜孔鰕虎

學名：*Trypauchen vagina* (Bloch & Schneider, 1801)
英文名稱：Burrowing goby

魚貨來源	本地養殖	境外養殖	**本地野生**	外地野生		販賣方式	輪切	**全魚**	清肉	加工品	特別部位

販賣狀態	**活魚**	**冰鮮**	急凍	乾貨		價格	貴價	**中等**	低價	市面常見程度	常見	**普通**	少見	罕見

主要產季：冬季
烹調或食用方式：皮韌，肉質結實，魚味較淡，可清蒸或煲湯。

孔鰕虎魚是香港水域偶見的小型魚類，是本地及華南一帶漁業主要捕捉目標，多以拖網方式捕獲，於本港水域甚少有釣獲紀錄。市售個體約一、二兩，產於珠江一帶水域。本種在傳統上認為具有補血的功效，同時可幫助婦女增加奶水，故有奶魚的稱呼。眼睛已退化，主要棲息於水質混濁的水域。

圖一

圖二

圖三

單次捕獲量多，大多以冰鮮方式販售（圖一），非常偶然會有活體供應，生命力強，濕潤環境即可存活。牙齒尖銳（圖二），處理時須注意。大鱗孔鰕虎魚（*T. taenia*）（圖三）為另一種市售的紅壇。

最大可達22厘米，肉食性，棲息於近海沿岸0至20米的河口或砂泥底區。

圓白鯧

白鯧｜圓白鯧

學名：*Ephippus orbis* (Bloch, 1787)
英文名稱：Orbfish

分佈地區

印度西太平洋：
非洲東岸、菲律
賓、日本南部、
澳洲北部等。

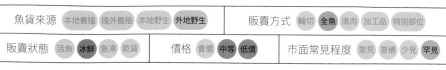

魚貨來源	本地養殖	境外養殖	本地野生	**外地野生**		販賣方式	輪切	**全魚**	清肉	加工品	特別部位

販賣狀態	活魚	**冰鮮**	急凍	乾貨	價格	貴價	**中等**	**低價**	市面常見程度	常見	普通	少見	**罕見**

主要產季：全年有產
烹調或食用方式：肉質軟綿，富有魚味，可清蒸或香煎。

白鯧是香港水域罕見的小型魚類，是台灣漁業主要捕捉目標，多以拖網方式捕獲，
於本港水域甚少有釣獲紀錄。市售個體約數兩，主要產自華南或台灣水域。本屬
（genus）魚類目前於世界上共兩種，香港分佈一種，即本種。體形不大，手掌大已屬
於成體。主要為蝦拖的混獲，產量不多。本種雖然與石鯧同科，但外貌不盡相同，
本種部分背鰭鰭棘延長呈絲狀，身上具有約六條黑褐色的橫帶，有時會因鱗片掉落
而不明顯，容易區分。
最大可達 25 厘米，肉食性，棲息於近海沿岸 10 至 30 米的砂泥底區。

石鯧

燕魚｜尖翅燕魚

學名：*Platax teira* (Forsskål, 1775)
英文名稱：Longfin batfish

| 魚貨來源 | 本地養殖 | 境外養殖 | 本地野生 | 外地野生 | | 販賣方式 | 輪切 | 全魚 | 清肉 | 加工品 | 特別部位 |

| 販賣狀態 | 活魚 | 冰鮮 | 急凍 | 乾貨 | 價格 | 貴價 | 中等 | 低價 | 市面常見程度 | 常見 | 普通 | 少見 | 罕見 |

主要產季：全年有產
烹調或食用方式：肉質軟綿，富有魚味，可清蒸或香煎。

圖一

圖二

燕魚是香港水域偶見的中大型魚類，是本地漁業主要捕捉目標，多以流刺網、圍網或一支釣方式捕獲，艇釣或磯釣偶有釣獲。市售個體約十餘兩至數斤不等，主要為內地養殖魚，本港有養殖，惟供應數量不多，養殖魚體色偏黑，偶然有野生個體販售。幼魚、亞成魚與成魚外貌截然不同，幼魚獨行，有擬態習性。圓燕魚（*P. orbicularis*）幼魚會模仿枯葉（圖一）於海面漂浮，故在水族市場有枯葉蝙蝠或枯葉魚的名稱。本種亞成魚會結小群在水中表層活動（圖二）；成魚多以群體方式活動，常見於大型水族館作展示用途。頭小，小刺不多，物超所值的食用魚類，同時因爆發力強，常被視為艇釣或磯釣的目標魚種。

最大可達 70 厘米，肉食性，棲息於近海沿岸 3 至 25 米的礁區或開放水域。

金鼓

金錢魚

學名：*Scatophagus argus* (Linnaeus, 1766)
英文名稱：Spotted scat

魚貨來源	本地養殖	**境外養殖**	**本地野生**	外地野生		販賣方式	輪切	**全魚**	清肉	加工品	特別部位

販賣狀態	**活魚**	**冰鮮**	急凍	乾貨	價格	**貴價**	**中等**	低價	市面常見程度	常見	**普通**	少見	罕見

主要產季：全年有產，野生魚主要產於春季
烹調或食用方式：肉質細緻，富有魚味，鰭邊肉帶有甘味，可清蒸或配以陳皮蒸。

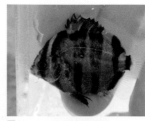

圖一

金錢魚是香港水域常見的中型魚類，是本地漁業主要捕捉目標，多以流刺網、圍網、一支釣或籠具方式捕獲，筏釣或磯釣偶有釣獲。市售個體約半斤至斤裝不等，少部分為野生個體，其餘以內地養殖魚為主，本港雖有養殖但產量少。養殖魚體態肥碩，各魚鰭較短。流浮山養蠔排為本地金鼓的產地之一，亦為熱門垂釣金鼓勝地。攝食對象十分廣，包括無脊椎動物、藻類及有機物等。群居性魚類，常一大群於混濁水域活動。廣鹽性魚類，常出沒於河口及溪流下游，可於純淡水中存活。幼魚（圖一）為常見的淡水觀賞魚，於水族市場流通，惟愛啄食水生植物及其他魚的魚鰭，混養時須注意。魚肝富有香氣，可保留烹調，蒸或煎均可。各鰭棘有毒，被刺後會產生疼痛及紅腫，屬蛋白毒，不足以致命，但處理時必須小心。
最大可達 38 厘米，雜食性，棲息於近海沿岸 3 至 25 米的礁區或開放水域。

泥鯭

褐籃子魚｜褐臭肚魚

學名：*Siganus fuscescens* (Houttuyn, 1782)
英文名稱：Mottled spinefoot

分佈地區

西太平洋：韓國、日本、南中國海、台灣、馬來西亞、新加坡、泰國、印尼、菲律賓、巴布亞新幾內亞、瓦努阿圖、澳洲等。

魚貨來源	本地養殖 境外養殖 **本地野生** 外地野生		販賣方式	輪切 **全魚** 清肉 加工品 特別部位
販賣狀態	**活魚 冰鮮** 急凍 乾貨	價格 貴價 **中等** 低價	市面常見程度	**常見** 普通 少見 罕見

主要產季：全年有產
烹調或食用方式：肉質細緻，有特殊香氣，可油鹽水浸、清蒸或配以陳皮蒸。

褐籃子魚是香港水域常見的中小型魚類，是本地漁業主要捕捉目標，多以流刺網、圍網或籠具方式捕獲，各種釣法常有釣獲。市售個體約數兩至半斤不等，產於本地，主要為野生個體，極少數為本地養殖，若養殖環境優良，產出之漁獲肉質尚佳且內臟含寄生蟲的機率較少，品質甚至更勝野生魚。廣為香港人所認識的魚類，常見於沿岸水域，對水質的適應能力高，可棲息於略受污染的水域。非常雜食，主要以藻類為食，故此擁有較長的腸道以用作消化。殘存在腸道裡的海藻或有機物渣滓，容易因未及時清除處理，繼而發酵腐敗，引發惡臭，肉質亦會因而受污染，亦因此有臭肚一名，故建議在新鮮時盡快清除內臟。各鰭棘有毒，被刺後會產生疼痛及紅腫，屬蛋白毒，不足以致命，但處理時必須小心。銀色籃子魚（*S. argenteus*）（圖一）為另一種市售泥鯭，對水質要求較高，大多產於東、西沙一帶水域。

圖一

最大可達40厘米，雜食性，棲息於近海沿岸1至50米的河口、砂泥底區、礁砂混合區或礁區。

深水泥鯭

星斑籃子魚｜星斑臭肚魚

學名：*Siganus guttatus* (Bloch, 1787)
英文名稱：Orange-spotted spinefoot

分佈地區

印度洋至西太平洋：安達曼海、帛琉、日本南部、巴布亞新幾內亞等。

魚貨來源	本地養殖	境外養殖	本地野生	外地野生		販賣方式	輪切	全魚	清肉	加工品	特別部位
販賣狀態	活魚	冰鮮	急凍	乾貨	價格	貴價	中等	低價	市面常見程度	常見	普通 少見 罕見

主要產季：全年有產

烹調或食用方式：肉質結實，養殖者略為粗糙。有特殊香氣，可清蒸、香煎或配以陳皮蒸，大型者可起肉炒球。

星斑籃子魚是香港水域偶見的中小型魚類，是本地漁業主要捕捉目標，多以流刺網、圍網或籠具方式捕獲，筏釣或磯釣偶有釣獲。市售個體約半斤至斤裝不等，主要為內地養殖魚，本港部分箱網亦有養殖，惟供應數量不多。養殖魚體色較暗啞，各魚鰭較圓鈍。偶有野生個體販售。習性與特性跟泥鯭類同，惟本種主要棲息於水質較佳的水域。雖俗名為深水泥鯭，但這僅為俗名的區分，實際上本種與泥鯭同為淺海常見魚類，棲息深度亦重疊。本種尾柄兩側前方具有一個大黃斑塊，可簡單與其他俗稱深水泥鯭的物種作區分。各鰭棘有毒，被刺後會產生疼痛及紅腫，屬蛋白毒，不足以致命，但處理時必須小心。

最大可達42厘米，雜食性，棲息於近海沿岸1至25米的河口、砂泥底區、礁砂混合區或礁區。

深水泥鯭

斑籃子魚 ｜ 斑臭肚魚

學名：*Siganus punctatus* (Schneider & Forster, 1801)
英文名稱：Goldspotted spinefoot

分佈地區

西太平洋：可可斯島、澳洲、薩摩亞、日本南部等。

魚貨來源	本地養殖 境外養殖 本地野生 **外地野生**		販賣方式	輪切 **全魚** 清肉 加工品 特別部位
販賣狀態	**活魚** **冰鮮** 急凍 乾貨	價格	貴價 **中等** 低價	市面常見程度	常見 普通 **少見** 罕見

主要產季：全年有產
烹調或食用方式：肉質結實爽口，有特殊香氣，可清蒸、香煎或配以陳皮蒸，大型者可起肉炒球。

斑籃子魚是香港水域罕見的中小型魚類，非本地漁業主要捕捉目標，多以流刺網、圍網或籠具方式捕獲，磯釣偶有釣獲。市售個體約斤裝，主要產自東、西沙水域。目前並無養殖。習性與特性跟泥鯭類同，惟本種主要棲息於水質較佳的水域。因具有特殊香氣，肉質較佳且產量較少，故於市場上價格略高於其他同科魚類。販售體形亦較大，偶有活體供應。本種身上佈有許多橙色點紋，鰓蓋後兩側各具有一個大黑斑，可簡單區分。各鰭棘有毒，被刺後會產生疼痛及紅腫，屬蛋白毒，不足以致命，但處理時必須小心。

最大可達 40 厘米，雜食性，棲息於近海沿岸 1 至 40 米的礁區。

一字吊、橙吊

橙斑刺尾魚 ｜ 一字刺尾鯛

學名：*Acanthurus olivaceus* Bloch & Schneider, 1801
英文名稱：Orangespot surgeonfish

分佈地區

印度太平洋：聖誕島、馬克薩斯群島、土木土群島、日本、羅得豪島等。

魚貨來源	本地養殖 境外養殖 本地野生 **外地野生**	販賣方式	輪切 **全魚** 清肉 加工品 特別部位
販賣狀態	**活魚** **冰鮮** 急凍 乾貨	價格　賣價 **中等** 低價	市面常見程度　常見 普通 少見 **罕見**

主要產季：全年有產
烹調或食用方式：皮厚，肉質細緻，有特殊香氣，可鹽烤、炭燒或香煎。

橙斑刺尾魚是香港水域罕見的中小型魚類，非本地漁業主要捕捉目標，多以流刺網、一支釣、魚槍或籠具方式捕獲，於本港水域甚少有釣獲紀錄。市售個體約斤裝，主要產自東、西沙水域。非主流食用魚類，觀賞價值較大，是小有名氣的海水觀賞魚，常見於水族市場。本科部分物種的小櫛鱗固生於皮膚，外皮粗糙，因而亦被稱為粗皮鯛，可剝皮後烹調。本科魚類主要以藻類為食，肉質帶有藻味，建議在

圖一　橙斑刺尾魚尾柄的硬棘

圖二

活體時先放血及去除內臟，以減輕濃烈的藻味。尾柄具有一根硬棘，可向前伸出（圖一），以作防衛之用，雖無毒，惟處理時須小心，亦因此身體特徵，被捕獲的魚體經常倒掛在魚網上，故亦有倒吊的俗名。俗稱波紋吊的額帶刺尾魚（*A. dussumieri*）（圖二）、俗稱金線倒吊的縱帶刺尾魚（*A. lineatus*）（圖三）及橫帶高鰭刺尾魚（*Zebrasoma velifer*）（圖四）為另外三種市售倒吊。

最大可達 35 厘米，素食性，棲息於近海沿岸 3 至 46 米的礁區或珊瑚礁區。

圖三

圖四

倒吊

絲尾鼻魚｜高鼻魚

學名：*Naso vlamingii* (Valenciennes, 1835)
英文名稱：Bignose unicornfish

分佈地區

印度太平洋：非洲東岸、萊恩群島、馬克薩斯群島、土木土群島、日本南部、澳洲等。

魚貨來源	本地養殖	境外養殖	本地野生	**外地野生**		販賣方式	輪切	**全魚**	清肉	加工品	特別部位
販賣狀態	**活魚**	**冰鮮**	急凍	乾貨		價格	貴價	**中等**	低價		市面常見程度	常見	普通	少見	**罕見**

主要產季：全年有產

烹調或食用方式：皮厚，肉質細緻，有特殊香氣，可鹽烤、炭燒或剝皮後香煎。

絲尾鼻魚目前於香港水域沒有分佈紀錄，惟不排除經放生活動而流入本港水域。屬中型魚類，非漁業主要捕捉目標，多以流刺網、一支釣、魚槍或籠具方式捕獲，偶有大型個體於南海油田一帶水域被釣獲。市售個體約斤裝，主要產於東、西沙水域。具有名氣的海水觀賞魚，流通量大，在水族市場以藍點吊的名稱販售。獨行性魚類，經常單獨於珊瑚群礁中活動。本科魚類主要以藻類為食，肉質帶有藻味，建議在活體時先放血及去除內臟，以減輕濃烈的藻味。本屬 (genus) 類魚吻部十分突出，甚至有角狀或瘤狀突起，本種成魚吻部突出，甚至

圖一

圖二

超過上頜。尾柄上有兩個固定盾狀骨板，雖然不像刺尾魚屬的魚類可倒向伸出，但邊緣頗為銳利，處理時須注意免被割傷。方吻鼻魚（*N. mcdadei*）（圖一）及單角鼻魚（*N. unicornis*）（圖二）為另外兩種市售倒吊，後者俗稱獨角倒吊。

最大可達 60 厘米，素食性，棲息於近海沿岸 1 至 50 米的礁區或珊瑚礁區。

豬哥

三棘多板盾尾魚 ｜ 鋸尾鯛

學名：*Prionurus scalprum* Valenciennes, 1835
英文名稱：Scalpel sawtail

分佈地區

西北太平洋：
日本至台灣。

魚貨來源	本地養殖 境外養殖 **本地野生** 外地野生	販賣方式	輪切 **全魚** 清肉 加工品 特別部位
販賣狀態	**活魚** **冰鮮** 急凍 乾貨	價格 貴價 **中等** 低價	市面常見程度 常見 普通 **少見** 罕見

主要產季：全年有產
烹調或食用方式：皮厚，肉質細緻，有特殊香氣，可鹽烤、炭燒或剝皮後香煎。

三棘多板盾尾魚是香港水域罕見的中型魚類，非本地漁業主要捕捉目標，多以流刺網、一支釣、魚槍或籠具方式捕獲，磯釣偶有釣獲。市售個體約斤裝，主要產於華南一帶水域。本科魚類主要以藻類為食，肉質帶有藻味，建議在活體時先放血及去除內臟，以減輕濃烈的藻味。爆發力強，在台灣被視為磯釣的目標魚種。當地市

圖一

面常見的「鯛魚片」，除了主要使用俗稱羅非魚（*Oreochromis* spp.）的口孵非鯽魚類外，少部分會以本種作替代品。尾柄上有兩個固定盾狀骨板，雖然不像刺尾魚屬的魚類可倒向伸出，但邊緣頗為銳利，處理時須注意免被割傷。幼魚尾柄後半部至尾鰭均呈白色（圖一），會隨成長變黑。

最大可達 50 厘米，素食性，棲息於近海沿岸 2 至 20 米的礁區。

海狼

大魣｜巴拉金梭魚

學名：*Sphyraena barracuda* (Edwards, 1771)
英文名稱：Barracuda

分佈地區
全球的溫、熱帶海域，東太平洋除外。

魚貨來源	本地養殖 境外養殖 **本地野生** 外地野生	販賣方式	輪切 **全魚** 清肉 加工品 特別部位
販賣狀態	活魚 **冰鮮** 急凍 乾貨	價格	貴價 **中等** 低價
		市面常見程度	常見 **普通** 少見 罕見

主要產季：全年有產
烹調或食用方式：肉質略粗，味鮮，可香煎或曬成鹹魚。

大魣是香港水域常見的大型魚類，是本地漁業主要捕捉目標，多以流刺網或圍網方式捕獲，艇釣或假餌釣偶有釣獲。市售個體由斤裝至十餘斤不等，產於本地或華南水域。具強烈的捕食慾望，被

圖一

視為假餌釣的目標魚種之一。經常有釣友的漁獲在上水途中被咬去部分身體，大多為本科的大型物種或肉食性鯊魚所為。屬大型肉食性魚類，在海洋生物鏈中位居較高，大多單獨活動及覓食，偶會結小群活動，幼魚常見於內灣及河口，以固定的姿態躲藏或漂浮在漂浮物旁，伏擊表層的小魚。牙齒尖銳且咬合力強，在外國就有發生釣友被嚴重咬傷的案例，故處理活體時須注意。本種尾鰭、背鰭及臀鰭末端呈白色，尾鰭呈 S 形，可簡單與本科其他物種作區分。斑條魣（*S. jello*）（圖一）為另一種市售海狼，屬群體性魚類，經常以數百條的數量組成魚群在開放水域活動，發表時的模式產地為香港。本科之大型物種於外國主要棲息於珊瑚礁區，體內容易累積珊瑚礁魚毒素，在部分熱帶地區為禁止販賣之魚類，惟本地暫無出現類似情況。

最大可達 2 米，重達 50 公斤，肉食性，棲息於近海沿岸 1 至 100 米的河口、礁區或開放水域。

竹籤、黃尾籤

黃尾鱝 │ 黃尾金梭魚

學名：*Sphyraena flavicauda* Rüppell, 1838
英文名稱：Yellowtail barracuda

分佈地區

印度西太平洋：南非、日本南部、澳洲等。

魚貨來源	本地養殖	境外養殖	**本地野生**	**外地野生**		販賣方式	輪切	**全魚**	清肉	加工品	特別部位
販賣狀態	活魚	**冰鮮**	急凍	乾貨	價格	貴價	**中等**	**低價**	市面常見程度	常見	**普通**	少見	罕見

主要產季：全年有產，夏季產量較多
烹調或食用方式：肉質軟綿，味鮮，可香煎或製成一夜乾。

黃尾鱝是香港水域常見的中型魚類，是本地漁業主要捕捉目標，多以拖網、流刺網或圍網方式捕獲，仕掛釣、艇釣或假餌釣偶有釣獲。市售個體約數兩，產於本地或華南水域。具強烈的捕食慾

圖一

望，被視為假餌釣的目標魚種之一。雖然體形不大，但牙齒尖銳，處理時須注意。群居性魚類，經常以群體方式於開放水域活動。油鱝（*S. pinguis*）（圖一）為另一種市售竹籤。竹籤身上一般無任何橫紋，尾鰭呈黃色，可簡單與海狼魚類區分。
最大可達 60 厘米，肉食性，棲息於近海沿岸 2 至 50 米的河口、礁區或開放水域。

牙帶

高鰭帶魚｜白帶魚

學名：*Trichiurus lepturus* Linnaeus, 1758
英文名稱：Largehead hairtail

分佈地區

全球各溫熱
帶海域。

魚貨來源	本地養殖	境外養殖	**本地野生**	外地野生		販賣方式	**輪切**	**全魚**	清肉	**加工品**	特別部位
販賣狀態	活魚	**冰鮮**	急凍	乾貨	價格	貴價	中等	**低價**	市面常見程度	**常見**	普通 少見 罕見

主要產季：全年有產，冬季產量較多
烹調或食用方式：肉質細緻鬆化，富有魚味，可香煎或油炸。

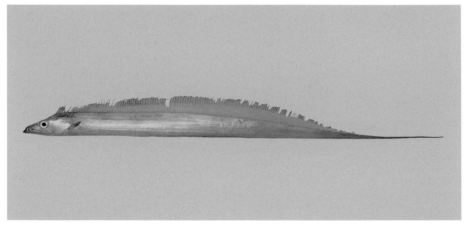

高鰭帶魚是香港水域偶見的大型魚類，是本地及華南一
帶水域漁業主要捕捉目標，多以流刺網或圍網方式捕
獲，艇釣或假餌釣偶有釣獲。市售個體由半斤至數斤不
等，產於本地或華南水域。群居性魚類，會以群體方式
於開放水域活動。周日行性魚類，不分晝夜覓食。泳姿
特殊，以頭朝上尾朝下的方式垂直於水中層，僅背鰭不

圖一

停搖動以維持平衡。具明顯的垂直洄游習性，白天多處於較深水層，黃昏、夜間及
清晨則垂直洄游至表層。牙齒排列雖然稀疏，但犬齒大而銳利，部分呈倒鉤狀（圖
一），處理漁獲時須注意。產量多，於內地會用作製成罐頭食品，是南中國海重要的
漁產之一。部分拖網之漁獲因狀態欠佳，會用作飼料中魚粉的原材料。
最大可達 2.3 米，重達 5 公斤，壽命可達約 15 年，肉食性，棲息於近海沿岸至離岸
0 至 589 米（主要棲息深度為 100 至 350 米）的河口、砂泥底區、開放水域或深海。

竹鮫

沙氏刺鮫 ｜ 棘鰆

學名：*Acanthocybium solandri* (Cuvier, 1832)
英文名稱：Wahoo

魚貨來源	本地養殖 境外養殖 本地野生 **外地野生**		販賣方式	**輪切** 全魚 清肉 加工品 特別部位
販賣狀態	活魚 **冰鮮** 急凍 乾貨	價格 貴價 **中等** **低價**	市面常見程度	常見 普通 **少見** 罕見

主要產季：全年有產
烹調或食用方式：肉質略粗糙，味鮮，可香煎。

沙氏刺鮫是香港水域偶見的大型魚類，是本地及華南一帶水域漁業主要捕捉目標，多以圍網、定置網、流刺網、一支釣或延繩釣方式捕獲，假餌釣偶有釣獲。市售個體由數斤至十多斤不等，產於本地或華南水域。群居性魚類，善於游泳，泳速快，會以群體方式於開放水域活動及覓食。外貌與俗稱泥董的康氏馬鮫相似，本種吻部較尖，身上的橫間紋較寬。在台灣，竹鮫是充當土魠魚塊的原料之一，魚肉經切塊後油炸，再放入湯羹，製成「土魠魚羹」，是當地有名的傳統美食。惟竹鮫肉質及香氣略遜於泥董，於市面上的價格亦相對較低。

最大可達2.5米，重達83公斤，肉食性，棲息於近海沿岸至離岸0至20米（主要棲息深度為0至12米）的開放水域。

杜仲、煙仔

鮪｜巴鰹

學名：*Euthynnus affinis* (Cantor, 1849)
英文名稱：Bonito

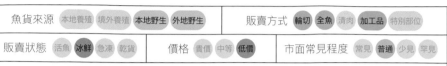

分佈地區
印度西太平洋之溫帶海域。

魚貨來源	本地養殖	境外養殖	**本地野生**	外地野生		販賣方式	**輪切**	**全魚**	清肉	**加工品**	特別部位
販賣狀態	活魚	**冰鮮**	急凍	乾貨	價格	貴價	中等	**低價**	市面常見程度	常見	**普通**	少見	罕見

主要產季：全年有產，夏季產量較多
烹調或食用方式：肉質粗糙，味腥，可香煎或煎後煮成味噌湯，若鮮度及來源合適，可以刺身方式食用。

鮪是香港水域常見的大型魚類，非本地漁業主要捕捉目標，在世界各地屬於遠洋漁業的目標捕捉物種，多以定置網、流刺網或圍網方式捕獲，假餌釣偶有釣獲。市售個體約數斤，產於本地或華南水域。群居性魚類，泳速快，經常以群體方式於開放水域活動。血合肉[1]較多，容易腐敗，在保鮮上須注意。肌肉含較多的組胺酸，惟不新鮮時會分解成組織胺，進食或會引起腸胃不適，故在挑選時須注意鮮度。台灣產量多，主要用作製成柴魚或鰹魚罐頭。熟食時肉質較粗糙，生食肉質較綿滑，惟需在活魚時進行放血處理，以減低腥味。胸鰭下方具有數個黑色圓斑，可簡單與其他鰹魚類作區分。

最大可達1米，重達14公斤，肉食性，棲息於近海沿岸至離岸0至200米的開放水域。

---

1 約於魚體中央水平線的魚皮下，有一層鮮紅色的肌肉，稱為血合肉，主要功能為儲存氧氣，供應魚類洄游時肌肉運動之需求，同時也有調節體溫的功能。因像鯖科般的大洋洄游魚類，血合肉部位會較多且顏色會較明顯。血合肉風味一般較濃烈，不新鮮時會產生濃烈腥味，但血合肉帶有的營養較一般肌肉為多，具有降低膽固醇、血糖和血脂等功效。

疏齒、犬齒吞拿

裸狐鰹 ｜ 裸鰆

學名：*Gymnosarda unicolor* (Rüppell, 1836)
英文名稱：Dogtooth tuna

分佈地區

印度西中太平洋：
紅海、非洲東岸、
日本、澳洲、馬克
薩斯群島、土木土
群島、大溪地等。

魚貨來源	本地養殖	境外養殖	本地野生	**外地野生**		販賣方式	**輪切**	**全魚**	清肉	**加工品**	特別部位

販賣狀態	活魚	**冰鮮**	急凍	乾貨		價格	貴價	中等	**低價**	市面常見程度	常見	普通	少見	**罕見**

主要產季：全年有產
烹調或食用方式：肉質粗糙，味鮮，可香煎或煎後煮成味噌湯，若鮮度及來源合適，可以刺身方式食用。

裸狐鰹是香港水域少見的大型魚類，非本地漁業主要捕捉目標，多以延繩釣、定置網、流刺網或圍網方式捕獲，假餌釣偶有釣獲。市售個體由數斤至數十斤不等，產於東、西沙水域。獨行性魚類，泳速快，偶爾會結小群於開放水域或礁區周圍活動及覓食。

圖一

本種上、下頜的大尖齒較其他鰹類大，在處理活體時須注意。產量不多，市面偶有大型個體（圖一）以輪切方式販售。本種體側沒有任何斑紋，側線呈灰黑色，可簡單與其他鰹類作區分。

最大可達2.4米，重達131公斤，肉食性，棲息於近海沿岸至離岸10至250米的開放水域或礁區。

鱸形目　PERCIFORMES

鯖亞目　SCOMBROIDEI

鯖科　Scombridae

大口鮫

羽鰓鮐｜金帶花鯖

學名：*Rastrelliger kanagurta* (Cuvier, 1816)
英文名稱：Indian mackerel

分佈地區

印度西太平洋：非洲東岸、紅海、薩摩亞、日本等。

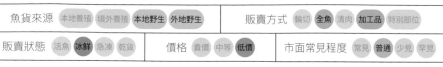

魚貨來源	本地養殖 境外養殖 **本地野生** 外地野生	販賣方式	輪切 **全魚** 清肉 **加工品** 特別部位
販賣狀態	活魚 **冰鮮** 急凍 乾貨	價格	貴價 中等 **低價**	市面常見程度	常見 **普通** 少見 罕見

主要產季：全年有產
烹調或食用方式：肉質一般，味鮮，可香煎或製成一夜乾。

羽鰓鮐是香港水域偶見的中小型魚類，是本地及華南一帶水域漁業主要捕捉目標，多以定置網、流刺網或圍網方式捕獲，仕掛釣法偶有釣獲。市售個體約數兩，產於本地或華南水域。群居性魚類，經常以群體方式於開放水域的中表層活動。攝食時會張大嘴巴，快速游動使海水大量流入，利用細密的鰓耙濾食各種浮游生物。本種在東南亞國家主要為鹽漬魚的原材料，同時亦有製成魚罐頭及魚露，本地則主要以冰鮮形式販售。肌肉含較多的組胺酸，惟不新鮮時會分解成組織胺，進食或會引起腸胃不適，故在挑選時須注意鮮度。

最大可達 42 厘米，壽命可達約 4 年，浮游生物食性，棲息於近海沿岸 20 至 90 米的開放水域。

花鮫鰀、鯖魚

日本鯖｜白腹鯖

學名：*Scomber japonicus* Houttuyn, 1782
英文名稱：Chub mackerel

魚貨來源	本地養殖	境外養殖	**本地野生**	外地野生		販賣方式	輪切	**全魚**	清肉	加工品	特別部位

販賣狀態	活魚	**冰鮮**	**急凍**	乾貨	價格	貴價	中等	**低價**	市面常見程度	常見	**普通**	少見	罕見

主要產季：全年有產，冬季產量較多
烹調或食用方式：肉質一般，富有魚味，可香煎或烤，若鮮度及來源合適，可以刺身方式食用。

日本鯖是香港水域偶見的中型魚類，非本地漁業主要捕捉目標，在世界各地屬於漁業的目標捕捉物種，多以定置網、流刺網或圍網方式捕獲，仕掛釣法偶有釣獲。市售個體約數兩，產於本地或華南水域。山東有養殖，但養殖個體並無供應香港。群居性魚類，經常以群體方式於開放水域的中表層活動，具有趨光性，容易被光所吸引。於日本有養殖，除供應新鮮市場外，還會以冷凍、煙燻、油炸、鹽漬或罐頭等

圖一

方式販售。可以刺身方式食用，惟須注意本種肌肉含有寄生蟲的風險較高，日本常以醋漬方式處理，以除食安疑慮。但若醋的濃度不足、漁獲處理過程或醃製過程不當，依然無法殺死寄生蟲，因此不建議在家中自行醋漬。肌肉含較多的組胺酸，惟不新鮮時會分解成組織胺，進食或會引起腸胃不適，故在挑選時需注意鮮度。肌肉及內臟容易腐敗，不新鮮者腥味極重，肉質軟爛，應避

圖二

免食用。澳洲鯖（*S. australasicus*）（圖一）為另一種市售鯖魚，於台灣稱為花腹鯖，在本地市場較少見。澳洲鯖與日本鯖外貌相似，其腹部佈有花紋，具有黑眼眶且身體較圓潤，可簡單作區分。大西洋鯖（*S. scombrus*）（圖二）於市場上俗稱挪威鯖魚，花紋上具明顯差異，主要以冷凍魚片的方式於超市販售，本地無產，均為進口魚貨。

最大可達 64 厘米，重達 2.9 斤，壽命可達約 18 年，雜食性，棲息於近海沿岸 0 至 300 米（主要棲息深度為 50 至 200 米）的大洋或深海。

泥䱾、馬鮫、鮫魚

康氏馬鮫 ｜ 康氏馬加鰆

學名：*Scomberomorus commerson* (Lacepède, 1800)
英文名稱：Narrow-barred Spanish mackerel

分佈地區

印度西太平洋：非洲
東岸、紅海、澳洲、
韓國、日本等。

魚貨來源	本地養殖 境外養殖 **本地野生** **外地野生**	販賣方式	**輪切** **全魚** 清肉 加工品 特別部位
販賣狀態	活魚 **冰鮮** 急凍 乾貨	價格 貴價 **中等** 低價	市面常見程度 **常見** 普通 少見 罕見

主要產季：全年有產，冬季產量較多
烹調或食用方式：肉質較鬆散，富有魚味，可香煎。

康氏馬鮫是香港水域偶見的大型魚類，是本地華南一帶水域漁業主要捕捉目標，多
以一支釣、定置網、流刺網或圍網方式捕獲，假餌釣法偶有釣獲。市售個體由斤裝
至十數斤不等，產於本地或華南水域。群居的大洋洄游魚類，經常以群體方式於開
放水域活動，南海沿岸屬其洄游路線。泳速快，具有強烈捕食慾望，被視為假餌
釣的目標魚種。南海產量豐富，單次捕獲量多，市售體形差距大，大型者可超過
十斤，以輪切方式販售。本地食用習慣大多以香煎為主，在台灣則會切成魚塊後油

圖一

圖二

炸，再放入湯羹，製成「土魠魚羹」，是當地有名的傳統美食。新鮮者與鮮度欠佳者，烹調後肉質有明顯的差異，前者肉質細緻多汁，富有魚味；後者肉質較鬆散且略帶腥味。肌肉容易腐敗，在挑選時應注意。肝臟含魚油毒，不宜食用。牙齒銳利，處理時須注意。日本馬加鰆（*S. niphonius*）（圖一）和朝鮮馬鮫（*S. koreanus*）（圖二）是另外兩種市售鮫魚，後者俗稱扁鮫，利用方式類同。

最大可達 2.4 米，重達 70 公斤，肉食性，棲息於近海沿岸 10 至 70 米的河口、大洋或大陸棚區。

金槍魚、黃鰭吞拿

黃鰭金槍魚 ｜ 黃鰭鮪

學名：*Thunnus albacares* (Bonnaterre, 1788)
英文名稱：Yellowfin tuna

| 魚貨來源 | 本地養殖 | 境外養殖 | 本地野生 | **外地野生** | | 販賣方式 | **輪切** | **全魚** | 清肉 | **加工品** | 特別部位 |

| 販賣狀態 | 活魚 | **冰鮮** | **急凍** | 乾貨 | | 價格 | **貴價** | **中等** | **低價** | | 市面常見程度 | 常見 | 普通 | **少見** | 罕見 |

主要產季：全年有產，夏季產量較多
烹調或食用方式：肉質一般，味略腥，若鮮度及來源合適，可以刺身方式食用。

黃鰭金槍魚是香港水域偶見的大型魚類，非本地漁業主要捕捉目標，在世界各地屬於遠洋漁業的目標捕捉物種，多以延繩釣、一支釣、圍網或定置網方式捕捉，假餌釣偶有釣獲。市售個體由斤裝至十數斤不等，產於華南或台灣水域。群居的大洋洄游魚類，經常以群體方式於開放水域活

圖一

動。泳速快，具有強烈捕食慾望，被視為假餌釣的目標魚種。產卵季在夏季。在日本及台灣屬於刺身用魚，世界各地主要用作加工成罐頭食品。肌肉容易腐敗，在挑選時應注意。肌肉含較多的組胺酸，惟不新鮮時會分解成組織胺，進食或會引起腸胃不適，故在挑選時須注意鮮度。在台灣，大型鮪類的內臟會經分類後販售（圖一）。
最大可達 3.9 米，重達 200 公斤，壽命可達 9 年，肉食性，棲息於近海沿岸至離岸 1 至 250 米（主要棲息深度為 1 至 100 米）的大洋。

瓜核鯧、南鯧

刺鯧

學名：*Psenopsis anomala* (Temminck & Schlegel, 1844)
英文名稱：Pacific rudderfish

魚貨來源	本地養殖	境外養殖	本地野生	**外地野生**		販賣方式	輪切	**全魚**	清肉	加工品	特別部位

販賣狀態	活魚	**冰鮮**	急凍	乾貨		價格	貴價	中等	**低價**		市面常見程度	**常見**	普通	少見	罕見

主要產季：全年有產，冬、春季產量較多
烹調或食用方式：肉質軟綿，略鬆散，富有魚味，可香煎。

刺鯧是香港水域偶見的小型魚類，是本地及華南一帶水域漁業主要捕捉目標，多以圍網、定置網或流刺網方式捕捉，於本港水域甚少有釣獲紀錄。市售個體約數兩，產於華南一帶水域。群居性魚類，單次捕獲量大，惟離水後存活時間短，不易養活，只能以冰鮮方式販售。魚鱗極容易脫落，新鮮個體披有銀色小圓鱗，鰓蓋上方之黑斑明顯（圖一）。幼魚會結群於水表層漂流，經常藏

圖一

身於水母的觸鬚堆裡，藉此獲得保護。成魚棲息於底層，有日夜垂直洄游的習性，晚上移至較淺的水域覓食。是華南一帶重要的經濟漁獲，台灣海峽、黃海及東海均有產，香港水域則於西水[1]較有機會捕獲。於市場上經常以數尾一組的方式販售，不新鮮者腥味重，選購時應注意。

最大可達30厘米，浮游生物食性，棲息於近海沿岸至離岸1至370米（主要棲息深度為30至60米）的砂泥底區。

1　指香港西面水域，如大澳。

假瓜核鯧、假南鯧

印度無齒鯧

學名：*Ariomma indicum* (Day, 1871)
英文名稱：Indian driftfish

分佈地區

印度太平洋：
非洲南部、波
斯灣、印度、
日本等。

鱸形目　PERCIFORMES

鯧亞目　STROMATEOIDEI

無齒鯧科　Ariommatidae

魚貨來源	本地養殖	境外養殖	本地野生	**外地野生**		販賣方式	輪切	**全魚**	清肉	加工品	特別部位

販賣狀態	活魚	**冰鮮**	急凍	乾貨	價格	貴價	中等	**低價**	市面常見程度	常見	普通	**少見**	罕見

主要產季：全年有產，冬季產量較多
烹調或食用方式：肉質粗糙，富有魚味，可香煎。

印度無齒鯧是香港水域少見的小型魚類，非本地漁業
主要捕捉目標，多以圍網、定置網或流刺網方式捕
捉，於本港水域甚少有釣獲紀錄。市售個體約數兩，
產於華南一帶水域。幼魚會於水表層漂流，成魚棲息
於底層。有日夜垂直洄游的習性，晚上移至較淺的水
域覓食。外貌與瓜核鯧相似，本種眼睛佔頭部的比例
較大，尾鰭極為深叉形，鰓蓋上方無任何斑紋，可簡

圖一

單作區分。於華南一帶水域捕獲量遠低於瓜核鯧，食味亦較遜，於市場上不常見，大
多分類後作單獨販售（圖一），偶有混於瓜核鯧中販售，挑選時可多注意。
最大可達 25 厘米，浮游生物食性，棲息於近海沿岸至離岸 20 至 300 米（主要棲息
深度為 20 至 100 米）的砂泥底區或深海。

白鯧

銀鯧

學名：*Pampus argenteus* (Euphrasen, 1788)
英文名稱：Silver pomfret

分佈地區

印度西太平洋：
波斯灣、印尼、
日本等。

魚貨來源	本地養殖 境外養殖 **本地野生** **外地野生**	販賣方式	**輪切** **全魚** 清肉 加工品 特別部位
販賣狀態	活魚 **冰鮮** 急凍 乾貨	價格　貴價 **中等** 低價	市面常見程度 常見 **普通** 少見 罕見

主要產季：全年有產，秋、冬季產量較多
烹調或食用方式：肉質軟綿細緻，富有魚味，適合各種烹調方式。

銀鯧是香港水域少見的中型魚類，是本地及華南一帶水域漁業主要捕捉目標，多以圍網、定置網或流刺網方式捕捉，於本港水域甚少有釣獲紀錄。市售個體由半斤至斤裝不等，產於華南、印尼或菲律賓一帶水域。習性與鷹鯧相似。市售者以進口為主，身上魚鱗大多已脫落或只有零星鱗片，魚背亦因長時間冰鮮而呈淡藍色。在眾多鯧科物種中，本種產量較多，且價格相對親民，惟

圖一

在食味而言，本種魚味略淡於鷹鯧或燕鯧。鏡鯧（*P. minor*）（圖一）為另一種市售白鯧，體形細小，經濟利用價值較低，骨骼不強硬，可原條油炸後食用。
最大可達 60 厘米，浮游生物食性，棲息於近海沿岸 5 至 110 米的砂泥底區。

鷹鯧

中國鯧

學名：*Pampus chinensis* (Euphrasen, 1788)
英文名稱：Chinese silver pomfret

魚貨來源	本地養殖	境外養殖	**本地野生**	**外地野生**		販賣方式	**輪切**	**全魚**	清肉	加工品	特別部位

販賣狀態	**活魚**	**冰鮮**	急凍	乾貨		價格	**貴價**	中等	低價		市面常見程度	常見	**普通**	少見	罕見

主要產季：全年有產，秋、冬季產量較多
烹調或食用方式：肉質爽滑細緻，富有魚味，適合各種烹調方式。

中國鯧是香港水域偶見的中型魚類，是本地及華南一帶水域漁業主要捕捉目標，多以圍網、定置網或流刺網方式捕捉，於本港水域甚少有釣獲紀錄。市售個體由半斤至數斤不等，產於本地或華南一帶水域，偶有從印尼或日本進口。主要攝食水母，故此難以被釣獲；同時因食性關係，人工養殖需要用到的餌料在生物技術上較難有

圖一

所突破，因此目前無人工養殖。離水後存活時間短，非常偶然會有活體販賣。無腹鰭，魚鱗極易脫落，新鮮者身體佈有灰銀色的小圓鱗，具有光澤（圖一）。幼魚（圖二）身體呈淡褐色，各鰭相對延長。是本地具有名氣的貴價食用魚類，偶有數斤的大型個體以輪切方式販售。在眾多市售的鯧科魚類中，本種價格最為昂貴，超越俗名白鯧的銀鯧及俗名燕鯧的灰鯧。在台灣，本種俗稱斗鯧，雖在市場上屬於貴價食用魚類，惟價格卻低於燕鯧。

最大可達 40 厘米，浮游生物食性，棲息於近海沿岸 10 至 100 米的砂泥底區，偶見於河口水域。

圖二

燕鯧

灰鯧

學名：*Pampus cinereus* (Bloch, 1795)
英文名稱：Grey pomfret

分佈地區

印度西太平洋：
印度洋、南中國
海等。

鱸形目　PERCIFORMES

鯧亞目　STROMATEOIDEI

鯧科　Stromateidae

魚貨來源	本地養殖 境外養殖 **本地野生** **外地野生**	販賣方式	輪切 **全魚** 清肉 加工品 特別部位
販賣狀態	活魚 **冰鮮** 急凍 乾貨	價格 **貴價** **中等** 低價	市面常見程度 常見 **普通** 少見 罕見

主要產季：全年有產，秋、冬季產量較多
烹調或食用方式：肉質爽口細緻，富有魚味，適合各種烹調方式。

圖一

灰鯧是香港水域偶見的中小型魚類，是本地及華南一帶水域漁業主要捕捉目標，多以圍網、定置網或流刺網方式捕捉，於本港水域甚少有釣獲紀錄。市售個體由半斤至斤裝不等，產於本地或華南一帶水域。生活習性與鷹鯧相似。在食味上，燕鯧口感相對綿滑，與擁有爽滑細緻口感的鷹鯧略有差異，本地消費者大多偏愛鷹鯧，故此燕鯧價格相對略低；因飲食文化差異，燕鯧在台灣俗稱白鯧，價格在鷹鯧之上，尤其是身體披滿魚鱗且鮮度絕佳者，售價每斤均在台幣千元以上。燕鯧外貌與其他鯧科物種相似，本種臀鰭及尾鰭下葉明顯延長且略呈淡黃色，可作簡單區分。鐮鯧（*P. echinogaster*）（圖一）為另一種市售燕鯧，體形相對較小，臀鰭雪白且吻部較為突出，內地俗稱銀鯧，已發展人工養殖技術。
最大可達 25 厘米，浮游生物食性，棲息於近海沿岸 30 至 70 米的砂泥底區。

菱鯛

高菱鯛

學名：*Antigonia capros* Lowe, 1843
英文名稱：Deepbody boarfish

分佈地區
全球各亞熱帶及
熱帶海域。

魚貨來源	本地養殖 境外養殖 本地野生 **外地野生**	販賣方式	輪切 **全魚** 清肉 加工品 特別部位
販賣狀態	活魚 **冰鮮** 急凍 乾貨	價格 貴價 **中等** 低價	市面常見程度 常見 普通 少見 **罕見**

主要產季：全年有產
烹調或食用方式：肉質軟綿細緻，富有魚味，可鹽烤或焗。

高菱鯛目前在香港水域沒有分佈紀錄，香港海域水深不是其主要棲息深度。屬小型魚類，非漁業主要捕捉目標，多以一支釣或拖網方式捕獲。市售個體約數兩，產於台灣。非本地主流食用魚類，僅少量個體伴隨其他魚貨流入本地市場。偶見於台灣市場，當地俗稱小飛俠，主要是深水延繩釣或一支釣的混獲。棲息於百米以下的水域，釣獲後因水壓而導致不能存活，無論在本地或台灣市場都只能以冰鮮方式販售。肉質佳，惟體薄肉少，且魚鱗難以去除，不易處理，在市場上當雜魚販售。
最大可達30.5厘米，重達170克，肉食性，棲息於近海沿岸至離岸50至900米（主要棲息深度為100至300米）的深水礁區或深水砂泥底區。

左口魚

牙鮃

學名：*Paralichthys olivaceus* (Temminck & Schlegel, 1846)
英文名稱：Bastard halibut

分佈地區

西太平洋：韓國、日本、台灣、南中國海等。

魚貨來源	本地養殖	境外養殖	本地野生	外地野生		販賣方式	輪切	全魚	清肉	加工品	特別部位

販賣狀態	活魚	冰鮮	急凍	乾貨	價格	貴價	中等	低價	市面常見程度	常見	普通	少見	罕見

主要產季：全年有產

烹調或食用方式：肉質細緻，富有魚味，可配以陳皮蒸，大型者可起肉炒球，若鮮度及來源合適，可以刺身方式食用。

牙鮃是香港水域偶見的大型魚類，是本地及華南一帶水域漁業主要捕捉目標，多以一支釣、底拖網或延繩釣方式捕捉，沉底釣或假餌釣偶有釣獲。市售個體由斤裝至數斤不等，主要為內地養殖魚，偶有產自本地的野生個體。獨行性魚類，主要棲息於砂泥底水域，擁有保護色，會藏身於砂泥中伏擊獵物。稚魚屬浮游性，隨成長會伏於底床棲息及生長，雌魚體形較雄魚大。內地養殖技術純熟，主要供應內地及香港市場，日本及韓國有人工養殖，台灣亦於數年前成功進行人工繁殖。養殖個體腹部分佈零散棕色斑塊，野生魚腹部則完全潔白，可簡單作區分。

最大可達1米，重達9.1公斤，肉食性，棲息於近海沿岸10至200米的砂泥底區。

地寶、大地魚

桂皮斑鰜｜檸檬斑鰜

學名：*Pseudorhombus cinnamoneus* (Temminck & Schlegel, 1846)
英文名稱：Cinnamon flounder

分佈地區

西太平洋：南海、日本、菲律賓等。

| 魚貨來源 | 本地養殖 | 境外養殖 | **本地野生** | 外地野生 | | 販賣方式 | 輪切 | **全魚** | 清肉 | **加工品** | 特別部位 |

| 販賣狀態 | 活魚 | **冰鮮** | 急凍 | **乾貨** | | 價格 | 貴價 | 中等 | **低價** | | 市面常見程度 | 常見 | 普通 | **少見** | 罕見 |

主要產季：全年有產
烹調或食用方式：肉質略粗糙，味鮮，可配以陳皮蒸。

桂皮斑鰜是香港水域常見的小型魚類，是本地及華南一帶水域漁業主要捕捉目標，多以一支釣、延繩釣或拖網方式捕捉，艇釣或投釣偶有釣獲。市售個體由數兩至半斤不等，產於本地或華南一帶水域。本科魚類身體極為扁平，取肉率不高，非主流食用魚類。除新鮮食用外，本科魚類有被用作曬成魚乾，漁民或水上人稱為「曬地寶」。曬乾後可用作煲湯提鮮或配上肉餅清蒸，又或磨碎後即成大地魚粉。魚粉除了同樣可添加於各種湯頭中用作提鮮外，亦可為各種小炒菜式調味。此外，潮式方魚碎肉粥中的方魚指的同樣是地寶，將曬乾後切成小塊的方魚與粥一起滾煮，令粥帶有鹹鮮的香氣。

最大可達 35 厘米，肉食性，棲息於近海沿岸 20 至 164 米的砂泥底區。

七日鮮

東方寬箬鰨

學名：*Brachirus orientalis* (Bloch & Schneider, 1801)
英文名稱：Oriental sole

分佈地區

印度西太平洋：
紅海、波斯灣、
日本、澳洲等。

魚貨來源	本地養殖	境外養殖	**本地野生**	**外地野生**		販賣方式	輪切	**全魚**	清肉	加工品	特別部位

販賣狀態	**活魚**	**冰鮮**	急凍	乾貨		價格	貴價	**中等**	低價		市面常見程度	常見	普通	**少見**	罕見

主要產季：夏季
烹調或食用方式：肉質爽口，富有魚味，可清蒸。

東方寬箬鰨是香港水域偶見的小型魚類，非本地漁業主要捕捉目標，多以拖網方式捕捉，於本港水域甚少有釣獲紀錄。市售個體約半斤，產於華南一帶水域。廣鹽性魚類，能見於河口甚至淡水域。產量不多且為季節性魚類，主要以冰鮮方式販賣，活體於市面上罕見。魚鱗較難去除，可選擇以剝皮方式處理（圖一）。煮熟後有可能出現沙皮，在烹調前可於魚體表上輕割幾刀，以方便食用。眼斑豹鰨（*Pardachirus pavoninus*）（圖二）為市面上另一種偶見的鰨科魚類，肉質欠佳且皮膚具毒性，食用價值較低，其毒性主要功能為驅逐鯊魚。

最大可達 30 厘米，肉食性，棲息於近海沿岸 15 至 20 米的砂泥底區。

圖一

圖二

鰈形目　PLEURONECTIFORMES

鰈亞目　PLEURONECTOIDEI

鰨科　Soleidae

花胛

條鰨

學名：*Zebrias zebra* (Bloch, 1787)
英文名稱：Zebra sole

魚貨來源	本地養殖 境外養殖 **本地野生** 外地野生	販賣方式	輪切 **全魚** 清肉 加工品 特別部位

販賣狀態	**活魚 冰鮮** 急凍 乾貨	價格	貴價 中等 **低價**	市面常見程度	常見 普通 **少見** 罕見

主要產季：全年有產
烹調或食用方式：肉質軟綿，富有魚味，可清蒸或香煎，小型個體者可以油炸方式烹調。

條鰨是香港水域常見的小型魚類，非本地漁業主要捕捉目標，多以拖網方式捕捉，
於本港水域甚少有釣獲紀錄。市售個體由數兩至半斤不等，產於本地或華南一帶水
域。產量不多，體形相對其他鰨科魚類小。香港俗稱花胛的魚類約有三種，除本種
外，另外兩種分別為角鰨 (*Aesopia cornuta*) 及峨嵋條鰨 (*Z. quagga*)。三種外貌極
為相似，分別在於角鰨第一背鰭特別延長，另外兩種無特別延長；本種兩眼之間的
區域佈有魚鱗，峨嵋條鰨同樣的區域並無魚鱗。三種食味均類同。
最大可達 19 厘米，肉食性，棲息於近海沿岸 10 至 30 米的砂泥底區。

粗鱗撻沙、撻沙、貼沙

印度舌鰨｜大鱗舌鰨

學名：*Cynoglossus arel* (Bloch & Schneider, 1801)
英文名稱：Largescale tonguesole

分佈地區

印度西太平洋：波斯灣、印尼、泰國、日本、韓國等。

魚貨來源	本地養殖	境外養殖	**本地野生**	**外地野生**		販賣方式	輪切	**全魚**	清肉	加工品	特別部位

販賣狀態	活魚	**冰鮮**	急凍	乾貨		價格	貴價	中等	**低價**		市面常見程度	**常見**	普通	少見	罕見

主要產季：全年有產

烹調或食用方式：肉質細緻鬆散，有獨特魚味，可清蒸或配以陳皮蒸。

印度舌鰨是香港水域常見的中小型魚類，是華南一帶水域漁業主要捕捉目標，多以拖網方式捕捉，於本港水域甚少有釣獲紀錄。市售個體由數兩至斤裝不等，產於本地或華南一帶水域。家喻戶曉的魚類，雖然體薄及取肉率低，但

圖一

價格親民，肉質佳之餘鰭邊魚香濃郁，加上供應穩定，是受歡迎的經濟食用魚類。雙線舌鰨（*C. bilineatus*）（圖一）為另一種市售撻沙，一般俗稱尖剕或細鱗撻沙，價格略貴，肉質相對較細緻。

最大可達 40 厘米，肉食性，棲息於近海沿岸 9 至 125 米的砂泥底區，會進入河口水域。

雀仔魚

雙棘三刺魨 | 雙棘三棘魨

學名：*Triacanthus biaculeatus* (Bloch, 1786)
英文名稱：Short-nosed tripodfish

分佈地區

印度西太平洋：波斯灣、孟加拉灣、澳洲東部、中國、日本南部等。

魚貨來源	本地養殖 境外養殖 **本地野生** **外地野生**		販賣方式	輪切 **全魚** 清肉 加工品 特別部位
販賣狀態	活魚 **冰鮮** 急凍 乾貨	價格　貴價 中等 **低價**	市面常見程度	常見 普通 少見 **罕見**

主要產季：全年有產
烹調或食用方式：肉質彈牙，魚味較淡，可香煎或紅燒。

雙棘三刺魨是香港水域少見的小型魚類，非本地漁業主要捕捉目標，多以拖網方式捕捉，於本港水域甚少有釣獲紀錄。市售個體約數兩，產於華南一帶水域。本種主要為拖網或其他漁法之混獲，無毒，可食用，非主流食用魚類，甚少流入市面，大多當作雜魚販售。群居性魚類，經常以群體方式活動及覓食（圖一）。背鰭第一根鰭棘粗而尖銳，兩側腹鰭也各具一根長而尖硬的鰭棘，在處理時須注意。緊張時身體會分泌大量黏液。

最大可達 30 厘米，肉食性，棲息於近海沿岸 3 至 60 米的砂泥底區，常見於河口水域。

圖一

泰坦炮彈

綠擬鱗魨　│　褐擬鱗魨

學名：*Balistoides viridescens* (Bloch & Schneider, 1801)
英文名稱：Titan triggerfish

分佈地區

印度太平洋：
非洲東岸、土
木土群島、日
本南部、澳洲
大堡礁等。

魨形目　TETRAODONTIFORMES

鱗魨亞目　BALISTOIDEI

鱗魨科　Balistidae

| 魚貨來源 | 本地養殖 | 境外養殖 | 本地野生 | **外地野生** | | 販賣方式 | 輪切 | **全魚** | 清肉 | 加工品 | 特別部位 |

| 販賣狀態 | **活魚** | **冰鮮** | 急凍 | 乾貨 | | 價格 | 貴價 | **中等** | 低價 | | 市面常見程度 | 常見 | 普通 | 少見 | **罕見** |

主要產季：全年有產
烹調或食用方式：肉質結實爽口，略腥，可香煎或紅燒。

綠擬鱗魨是香港水域少見的中大型魚類，非本地漁業主
要捕捉目標，多以魚槍或流刺網方式捕捉，於本港水域
甚少有釣獲紀錄。市售個體約數斤，產於東、西沙一帶
水域。獨行性魚類，單獨出沒於礁區或珊瑚礁區，具有
強烈的領域性，會驅趕入侵者。對潛水員甚具警覺性，
外國就常有潛水員因入侵其領域而被追咬的情況。牙齒
強硬而有力（圖一），潛水觀察時應避免過度靠近或主
動騷擾。因食物鏈的關係，肌肉有可能含有珊瑚礁毒
素。食用價值不高，非主流食用魚類。幼魚（圖二）花
紋及體色與成魚截然不同，身上佈有許多黑色小斑點，
可當作觀賞魚，偶有於水族市場上流通。
最大可達 75 厘米，肉食性，棲息於近海沿岸 1 至 50 米
的礁區或珊瑚礁區。

圖一

圖二

炮彈魚、雪花炮彈

疣鱗魨

學名：*Canthidermis maculata* (Bloch, 1786)
英文名稱：Rough triggerfish

分佈地區
全球。

魚貨來源	本地養殖 境外養殖 **本地野生** 外地野生		販賣方式	輪切 **全魚** 清肉 加工品 特別部位
販賣狀態	活魚 **冰鮮** 急凍 乾貨	價格 貴價 中等 **低價**	市面常見程度	常見 普通 少見 **罕見**

主要產季：全年有產
烹調或食用方式：肉質結實，略腥，可香煎或紅燒。

疣鱗魨是香港水域少見的中型魚類，非本地漁業主要捕捉目標，多以定置網、圍網或一支釣方式捕捉，於本港水域甚少有釣獲紀錄。市售個體約半斤，產於華南一帶水域。本種主要是各種漁法之混獲，甚少流入市面，大多當作雜魚販售。獨行性魚類，以單獨方式於水表層或較深水層活動及覓食。幼魚為大洋性活動魚類，會躲藏

圖一

於大型海洋漂浮物下方。幼魚身上白斑點紋數量多且相對明顯（圖一），可當作觀賞魚，惟在水族市場上流通性不高。本科魚類全身披有堅硬的骨質鱗片，宜以剝皮的方式處理後才烹調。第一背鰭鰭棘尖硬，處理時須注意。
最大可達 50 厘米，雜食性，棲息於近海沿岸至離岸 1 至 30 米的礁區、水表層或開放水域。

牛鯭、大剝皮、波板糖

單角革魨 ｜ 單角革單棘魨

學名：*Aluterus monoceros* (Linnaeus, 1758)
英文名稱：Unicorn leatherjacket filefish

分佈地區

太平洋、大西洋、印度洋各地的溫帶及熱帶海域。

魚貨來源	本地養殖	境外養殖	**本地野生**	**外地野生**		販賣方式	**輪切**	**全魚**	清肉	加工品	特別部位
販賣狀態	**活魚**	**冰鮮**	急凍	乾貨		價格	貴價	**中等**	低價	市面常見程度	**常見** 普通 少見 罕見

市面常見程度：**常見** 普通 少見 罕見

主要產季：全年有產，夏、秋季產量較多
烹調或食用方式：肉質結實，有特殊香氣，適合各種烹調方式。

單角革魨是香港水域偶見的中大型魚類，是本地及華南一帶漁業主要捕捉目標，多以拖網、定置網、圍網或一支釣方式捕捉，艇釣或磯釣偶有釣獲，牙齒銳利，上釣後經常咬斷魚絲。市售個體由斤裝至數斤不等，產於本地或華南一

圖一

帶水域。表皮略為粗糙，佈有許多小軟棘，質感與砂紙相似，甚少食用，宜剝皮後才烹調。肝臟尤其美味，可保留烹調。群居性魚類，主要於中表泳層活動，幼魚為大洋性活動魚類，會躲藏於水母或大型海洋漂浮物下方，隨水流漂浮。幼魚身上佈有黑色小斑點（圖一），會隨環境改變而出現或消失。屬常見的食用魚類，部分大型個體會以輪切或斬件的方式販售。
最大可達 76.2 厘米，重達 2.7 公斤，雜食性，棲息於近海沿岸 1 至 80 米的礁區或砂泥底區。

花面鰛

擬態革鲀 ｜ 長尾革單棘鲀

學名：*Aluterus scriptus* (Osbeck, 1765)
英文名稱：Scribbled leatherjacket filefish

分佈地區
全球各溫帶及熱帶海域。

魚貨來源	本地養殖	境外養殖	**本地野生**	外地野生		販賣方式	**輪切**	**全魚**	清肉	加工品	特別部位
販賣狀態	活魚	**冰鮮**	急凍	乾貨	價格	貴價	**中等**	**低價**	市面常見程度	常見	普通	**少見**	罕見

主要產季：全年有產，夏季產量較多
烹調或食用方式：肉質細緻，有特殊香氣，可香煎或清蒸。

擬態革鲀是香港水域少見的大型魚類，非漁業主要捕捉目標，多以拖網、定置網、圍網或一支釣方式捕捉，艇釣或磯釣偶有釣獲，牙齒銳利，上釣後經常咬斷魚絲。市售個體由斤裝至數斤不等，產於本地或華南一帶水域。表皮略為粗糙，佈有許多小軟棘，質感與砂紙相似，甚少食用，宜剝皮後才烹調。視乎產地，有可能含有雪卡毒，雖然產於本地者甚少有進食後中毒的報告，惟應避免進食其內臟包括肝臟。幼魚會躲藏於大型海洋漂浮物下方，亦經常以頭朝下的倒立方式於水表層隨水流漂浮（圖一）。幼魚偶見於水族市場。因尾鰭呈圓扇形，且會隨成長而變長，外觀酷似掃把，故於台灣被俗稱為掃把。

最大可達 1.1 米，重達 2.5 公斤，雜食性，棲息於近海沿岸 3 至 120 米（主要棲息深度為 3 至 20 米）的礁區或砂泥底區。

圖一

沙鯭

中華單角魨 ｜ 中華單棘魨

學名：*Monacanthus chinensis* (Osbeck, 1765)
英文名稱：Fan-bellied leatherjacket

分佈地區

印度西太平洋：馬來西亞、印尼、薩摩亞、澳洲、日本南部等。

魚貨來源	本地養殖 境外養殖 **本地野生** 外地野生	販賣方式	輪切 **全魚** 清肉 加工品 特別部位
販賣狀態	**活魚** **冰鮮** 急凍 乾貨	價格	**貴價** **中等** 低價	市面常見程度	常見 **普通** 少見 罕見

主要產季：全年有產
烹調或食用方式：肉質細緻，富有魚味，適合各種烹調方式。

圖一

中華單角魨是香港水域常見的中小型魚類，是本地漁業主要捕捉目標，多以定置網、圍網、一支釣或籠具方式捕捉，岸釣、筏釣或艇釣常有釣獲。市售個體由數兩至十餘兩不等，產於本地。獨行性魚類，偶會結小群活動，常見於本港沿岸水域，屬於岸釣的目標魚種之一。表皮粗糙，須剝皮後食用。肝臟尤其美味，除了完整香煎外，可攪碎後加入適量的調味，製成肝醬。惟若魚體不新鮮，肝臟會受其他腐敗的內臟污染而呈現苦味。此外，本科魚類腸道易破，破裂後流出之內臟液體會使腹部附近之肌肉變苦，故建議於魚體尚為新鮮時先去除內臟。第一背鰭棘硬而尖，位於眼睛上方，棘上方具有向下彎曲的小棘；尾柄兩側各或會具約三對倒鉤，部分個體不明顯或無倒鉤，處理時須注意。絲背細鱗魨（*Stephanolepis cirrhifer*）（圖一）為另一種市售沙鯭，或俗稱肉鯭／珠鯭，肉質略遜於本種，身體相對較圓潤，體側具有許多水平的幼黑條紋，雄魚背鰭第一鰭條延長呈絲狀。

最大可達 38 厘米，重達 580 克，雜食性，棲息於近海沿岸 3 至 50 米的礁區或砂泥底區，會進入河口。

沙鯭仔、竹仔魚

黃鰭馬面魨 ｜ 圓腹短角單棘魨

學名：*Thamnaconus hypargyreus* (Cope, 1871)
英文名稱：Lesser-spotted leatherjacket

分佈地區

印度西太平洋：
日本、東海、南
中國海、台灣、
澳洲等。

魚貨來源	本地養殖	境外養殖	本地野生	外地野生		販賣方式	輪切	全魚	清肉	加工品	特別部位
販賣狀態	活魚	冰鮮	急凍	乾貨	價格	貴價	中等	低價	市面常見程度	常見	普通	少見	罕見

主要產季：全年有產
烹調或食用方式：肉質結實細緻，富有魚味，可椒鹽炸、香煎或紅燒。

黃鰭馬面魨是香港水域偶見的小型魚
類，是華南一帶漁業主要捕捉目標，多
以拖網方式捕捉，於本港水域甚少有釣
獲紀錄。市售個體約數兩，產於華南一
帶水域。群居性魚類，會以群體方式於
砂泥底水域活動。本屬（genus）魚類第
一背鰭棘硬而尖，位於眼睛上方，處理

圖一

時須注意。市售個體大多都已剝皮，頭部及內臟均已去除。肉質相對結實，可作一
品鍋的材料。絨紋副單角魨（*Paramonacanthus sulcatus*）（圖一）為另一種市售的
沙鯭仔，兩者食味類同。
最大可達 17.8 厘米，肉食性，棲息於近海沿岸 50 至 100 米的砂泥底區。

左側邊欄：魨形目 TETRAODONTIFORMES　鱗魨亞目 BALISTOIDEI　單角魨科 ｜ 單棘魨科 Monacanthidae

馬面鯓、藍鰭沙鯓

馬面魨 ｜ 短角單棘魨

學名：*Thamnaconus modestus* (Günther, 1877)
英文名稱：Leatherjacket

分佈地區
印度西太平洋：
非洲東岸、南中
國海、東海、日
本等。

魨形目 TETRAODONTIFORMES

鱗魨亞目 BALISTOIDEI

單角魨科 ── 單棘魨科 Monacanthidae

魚貨來源	本地養殖	境外養殖	本地野生	外地野生	販賣方式	輪切	全魚	清肉	加工品	特別部位

販賣狀態	活魚	冰鮮	急凍	乾貨	價格	貴價	中等	低價	市面常見程度	常見	普通	少見	罕見

主要產季：全年有產
烹調或食用方式：肉質細緻，魚味較淡，可清蒸或香煎。

馬面魨是香港水域罕見的小型魚類，非漁業主要捕捉目標，多以拖網方式捕捉，於
本港水域甚少有釣獲紀錄。市售個體由半斤至斤裝不等，主要為內地養魚。本種為
近年內地沿海養殖的魚種，因各鰭呈藍綠色，於當地俗稱為綠鰭馬面魨。以往尚未
開發人工養殖技術時，於本地市場十分少見，隨養殖技術建立後，供應漸趨穩定。
在日本屬高級料理魚種，韓國、內地及台灣等地均為常見食用魚類。第一背鰭棘硬
而尖，位於眼睛上方，處理時須注意。肝臟尤其美味，可保留入饌。
最大可達 36 厘米，雜食性，棲息於近海沿岸 10 至 120 米的砂泥底區或礁區。

木盒、三旁雞、三黃雞、箱魨

無斑箱魨

學名：*Ostracion immaculatus* Temminck & Schlegel, 1850
英文名稱：Boxfish

左側欄：魨形目　TETRAODONTIFORMES　鱗魨亞目　BALISTOIDEI　箱魨科　Ostraciidae

魚貨來源	本地養殖	境外養殖	**本地野生**	外地野生		販賣方式	輪切	**全魚**	清肉	加工品	特別部位

販賣狀態	**活魚**	冰鮮	急凍	乾貨		價格	貴價	**中等**	低價		市面常見程度	常見	普通	少見	**罕見**

主要產季：全年有產
烹調或食用方式：文獻提到肉可食用，但皮膚及內臟具弱毒，為安全起見，全魚均不建議食用。

無斑箱魨是香港水域偶見的小型魚類，非本地漁業主要捕捉目標，多以定置網、拖網或籠具方式捕捉，岸釣或艇釣偶有釣獲。市售個體約數兩，產於本地。本地市場偶有活體販售，主要非供食用，大多為店家飼養作觀賞用途。文獻提到本屬（genus）魚類肉可食用，內臟有毒不宜食用，但為安全起見，全魚均不建議食用。本科魚類的皮膚在緊張下可分泌箱魨毒素，氣味刺鼻，毒素能使同缸魚類中毒致死，混養時須注意。本科其他物種之幼魚常見於水族市場，其中以粒突箱魨（*O. cubicus*）及角箱魨（*Lactoria cornuta*）名氣最高。

最大可達 25 厘米，雜食性，棲息於近海沿岸 1 至 20 米的礁區。

青雞泡

月兔頭魨 ｜ 月尾兔頭魨

學名：*Lagocephalus lunaris* (Bloch & Schneider, 1801)
英文名稱：Lunartail puffer

分佈地區
印度西太平洋：南非、印尼、菲律賓、日本南部等。

魚貨來源	本地養殖	境外養殖	**本地野生**	外地野生		販賣方式	輪切	**全魚**	清肉	加工品	特別部位

販賣狀態	活魚	冰鮮	急凍	**乾貨**		價格	貴價	**中等**	低價		市面常見程度	常見	普通	**少見**	罕見

主要產季：全年有產
烹調或食用方式：內臟、皮膚及肌肉具河魨毒，全魚及魚乾均不宜食用。

月兔頭魨是香港水域偶見的中小型魚類，非本地漁業主要捕捉目標，多以一支釣、圍網或拖網方式捕捉，艇釣偶有釣獲。群居性魚類，牙齒堅硬且銳利，可咬碎貝類及甲殼類的外殼，處理活體時須小心避免被咬傷。受驚嚇時會膨脹。本屬（genus）物種腹部佈有由鱗片特化[1]的小軟棘。市售主要為已處理及曬乾的魚乾，惟本屬（genus）魚類內臟、皮膚及生殖腺均具河魨毒，屬神經毒，毒性極強，不會因加熱或曬乾而消失，若處理不當，食用後依然會中毒，嚴重者或致命，故不宜冒險食用。最大可達45厘米，肉食性，棲息於近海沿岸3至50米的河口或砂泥底區。

1　由一般到特殊的生物演化方式，指生物因須適應某種獨特的生活環境而形成局部器官過於發達的一種演化。

第八章

如何挑選漁獲

在選購海鮮時，鮮度十分重要，鮮度的好壞輕則影響口感與風味，重則影響人體健康，故此不容忽視。只要我們了解新鮮漁獲該符合的條件，便可以輕易的透過感官來判斷一尾魚的新鮮程度，使我們能安心品嚐鮮魚。當充分累積選購經驗後，每個人都可以是採購漁獲的專家！

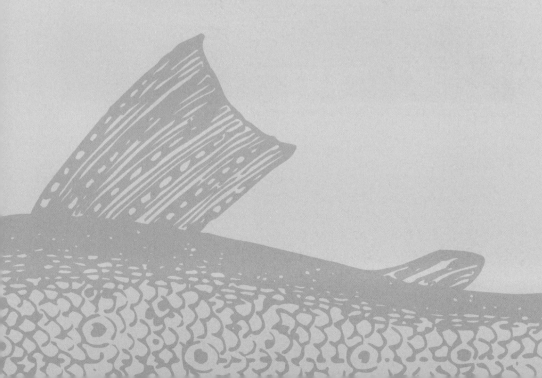

一 活魚的鮮度判斷

　　活魚鮮度判斷相對冰鮮魚容易，因活魚處於鮮活的狀態，故此不構成不新鮮的情況，但還是可以透過觀察以下幾方面得知活魚是否適合選購。

1. 魚類身體表面

　　若觀察到漁獲表面有皮膚潰爛、化膿或嚴重出血等情況出現，即使漁獲處於鮮活狀況，還是應考量是否避免選購，以免出現食物安全風險。若漁獲表面僅出現魚鱗脫落、勒痕、輕微破損或魚鰭充血等情況，大多是因為捕捉時造成的傷痕，或是在運輸途中磨擦及畜養環境緊迫所致，並無食安疑慮，可放心購買。

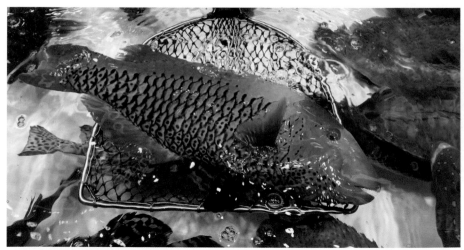

活魚狀態的雙色鯨鸚嘴魚雌魚，鮮度絕佳，惟於市面上甚為罕見。

2. 活躍程度

　　漁獲的活躍程度屬次要指標。既然選擇購買活魚而非冰鮮魚，當然盡量選購活力充沛或飼養狀態穩定的個體，瀕臨死亡或活力不佳的個體可視為次要購買的對象。此外，若魚身筆直，不斷抖動身體或沒方向感地橫衝直撞，這很大可能是死亡前的抽搐反應，消費者可評估是否適合選購。

三 冰鮮魚的鮮度判斷

冰鮮魚的鮮度判斷與活魚的鮮度判斷不一樣，當魚失去活力後，我們只能憑其他指標來衡量魚的鮮度。我們可利用望（觀察）、聞（嗅聞）、切（觸碰）三大感官，並依據以下幾點進行評估，以便挑選新鮮的漁獲。

鯧科魚類鱗片極易脫落，因此觀其身體仍留有多少鱗片可作為判斷鮮度的準則之一。

1. 外觀

透過觀察，確保魚的整體外觀應完整且潔淨，沒有明顯的傷口潰爛，鮮度極佳的魚還會呈現僵直狀態（注意：非急凍後所呈現的凝固僵直）。

2. 體表

透過觀察，若魚的體表濕潤且有光澤，留有清澈且滑溜的黏液，鱗片整齊，即屬新鮮。（拖網所捕獲的漁獲例外，鱗片或許不整齊。）

3. 眼睛

透過觀察，留意魚的眼睛是否清澈、亮麗且有神，無異常凹陷、出血或混濁。眼球特別凸出主要有兩個原因：棲息在較深水的魚種，上鉤後因快速上升而導致體內水壓失調，眼睛因而突出；另外，也有可能因飼養環境不佳導致魚的抵抗力降低，從而誘發凸眼病，同時有可能伴隨潰爛或出血等症狀，消費者可判斷是否適合購買。

4. 魚鰓

透過觀察，新鮮魚的鰓部應呈現鮮紅色、濕潤且有光澤。

5. 氣味

透過嗅聞，狀況良好的魚的肛門及鰓腔不應散發強烈的腥臭味或腐肉味，具有淡腥味或海水味才屬正常現象。

6. 肌肉

透過輕輕按壓魚肉，鮮度高的魚的肌肉應具有彈性，不應留下按壓的凹痕。

市民應盡量避免選購鮮度欠佳的漁獲，以免身體產生不適反應。

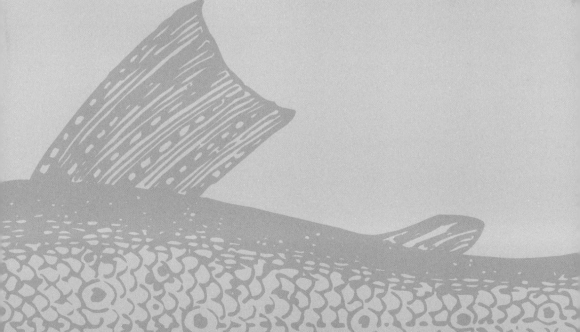

第九章

問與答

1. 國際上有何保護魚類的協議？

目前《瀕危野生動植物種國際貿易公約》(Convention on International Trade in Endangered Species of Wild Fauna and Flora, CITES) ——即《華盛頓公約》——約束了國際貿易對瀕危野生動植物所構成的威脅。公約於1973年開放予各國簽署，並於1975年落實，宗旨為透過控制及打擊瀕危物種的國際交易，從而達到保育目的。公約沒有完全禁止野生動植物的國際貿易，而是先以級別進行物種的瀕危程度分類，再依申請和審核來處理。目前公約中的物種會分別分類至三個不同的附錄，即附錄一至三，香港人較熟悉的蘇眉（波紋唇魚，*Cheilinus undulatus* Rüppell, 1835）被列入其中的附錄二。

三個附錄中，附錄一的交易限制最為嚴謹，因被納入此附錄的物種被評估為受到即時的滅絕威脅，這些物種除非有重大的理由，否則一般在國際間是禁止進行交易的；附錄二中的物種雖然也屬於瀕危等級，但卻沒有即時滅絕危機，因此這些生物允許在有管制的情況下進行交易；附錄三雖然是三個附錄中級別最低的，但這不代表裡面的物種沒有面臨滅絕危機，因為當中的物種在一些地區或國家自身的保育法規中被列為受保育生物，換言之這些物種在區域性的貿易已受管制。

此外，國際自然保護聯盟 (International Union for Conservation of Nature, IUCN) 編製了《IUCN瀕危物種紅色名錄》(*The IUCN Red List of Threatened Species*)，又稱「紅皮書」，名錄藉列出有絕種危機之物種，以起改善現有保育政策、促進科學研究發展及喚起大眾注意之效。紅皮書包含九個不同的保護級別：滅絕 (EX)、野外滅絕 (EW)、極危 (CR)、瀕危 (EN)、易危 (VU)、近危 (NT)、無危 (LC)、數據缺乏 (DD) 和未予評估 (NE)，主要由IUCN轄下物種存續委員會內的專家團體針對物種的絕種風險進行評估及歸類。我們在選擇魚類食材時，應盡可能避免易危或以上級別的食用魚類，以顧及海洋資源的永續發展。與《華盛頓公約》不同，《IUCN瀕危物種紅色名錄》只單純評估及告知大眾物種的瀕危程度，並不具強制的法律效力。

2. 休漁期是什麼？如何運作？

休漁期指在特定的日子期間，漁船禁止進行捕魚作業，被視為一種可讓漁業更能持續發展的方法。根據中華人民共和國農業農村部漁業漁政管理局宣佈的規定，

休漁期於 1999 年的夏季開始在南中國海推行，由 6 月 1 日至 7 月 30 日共兩個月；由 2009 年起則修改至延長多 15 天，即提早於 5 月 16 日開始並於 8 月 1 日結束；後來更在 2017 年再修改，將休漁期延長至三個半月，即提早於 5 月 1 日開始並於 8 月 16 日結束。禁捕區為黃渤海、東海及南海北緯 12 度線以北如西沙群島及北部灣等，但不包括南沙群島，當然還包括香港特別行政區和澳門特別行政區，香港同時亦於 2012 年年底全面禁止以拖網進行捕魚。

雖然整體的法律上並沒有明文禁止不可以在休漁期進行釣魚行為，但若要在休漁期期間出海進行釣魚活動，建議先諮詢當地漁民或當地負責漁業事務的部門，以免觸犯法規。以四川的規定為例，當中說明了在禁捕範圍和時間內「禁止捕撈作業、游釣、水禽放養、扎巢取卵和挖沙採石」[1]，因此若在禁漁期期間釣魚可被罰款，而香港則無相關的法規禁止釣魚活動。

為什麼會有休漁期的出現？這是一種讓海洋資源得以休養生息的方法。夏季是海洋中大多數經濟魚類的繁殖期及幼魚的孵化期，為了讓成魚得以成功交配及幼魚成功孵化，休漁期為牠們起到了很好的保護作用。休漁期同時防止漁民過度開發海洋資源。日復一日的捕魚作業，除了令魚類無法成長及繁衍後代外，同時棲地也受到很大的破壞。因此立例亦有不使海洋資源與生態枯竭的作用，給海洋喘息的時間，令漁業得以永續。

3. 為何有些魚無法人工繁養殖？

人工繁養殖其實是一個循環，魚從魚卵到孵化，後而成長到繁殖，每個步驟都需要大量技術，除了要非常了解魚類的習性外，同時亦要提供相對應的環境及水質，這樣才能確保魚類能存活及成長。除了以上的條件外，最大的挑戰莫過於怎樣提供適合的餌料生物予養殖的對象，讓牠們能充分吸收營養。魚在剛孵化後的稚魚階段，在投餵上的挑戰是最大的，稚魚口徑非常細小，加上消化及游泳能力較弱，此時能選用的餌料有限，由成功讓牠們攝食，至吞嚥、消化，同時不影響水質，當中的技術要求十分高。此外，部分魚類有特定的食性，以鷹鯧為例，把魚養活已經非常困難，加上身上極為容易掉落的鱗片及脆弱的皮膚，使牠們容易受傷及受細菌感染；牠們日常又以活水母為主食，單是每天穩定供應活水母予牠們攝食便是一大

1　http://nynct.sc.gov.cn//nynct/c100665/2020/12/15/e3f8462538e942c3bd9365ccc81becf5.shtml

挑戰。目前內地有利用水母作為媒介，讓水母吸附飼料在身上，再供鯧科的魚類攝食，藉此手法投餵使其成長。

此外，若該魚種在野外的資源豐富或屬非主流經濟食用魚類，依賴野外捕捉即能滿足市場需要時，該魚種便無迫切開發人工繁養殖技術的需求；有些魚類如釘公，經養殖後發現成長至某體形後成長速度會變得緩慢，不符合養殖效益，這些魚類同樣也不會被視為主要養殖種類。

4. 可否從身體外形、顏色和頭的形狀分辨是海魚抑或養魚？

養殖魚因為長時間在高密度的環境裡進行飼養，過著投餵定時且豐裕、活動範圍不大且不需主動捕食的生活，使牠們體形一般比野生魚顯得較肥短，魚鰭亦比較不發達，部分還會比較圓渾且短小。肉食性的養殖魚類更因為長時間攝食飼料，導致牙齒也相對較圓鈍。此外，為降低飼養成本，飼料內大多缺乏大量的蝦紅素，或缺乏野生生物體內應該含有的微量元素，以致養殖魚體色普遍較黯淡，而野生魚則比較鮮艷。

另外，以箱網養殖的魚類為例，收網時，魚群會因受到驚嚇而橫衝直撞，除了魚體之間的磨擦有可能導致受傷外，當魚拼命往網外衝撞的同時，依附在網眼上生長的貝類因殼緣鋒利，會把魚的嘴巴割傷，因此我們經常觀察得到養殖魚類嘴巴上帶有傷口。

以上提供部分可當作判斷漁獲是否養殖或野生的參考特徵，但不能用作百分百的斷定準則。其實討論漁獲到底是野生或是養殖意義不大，就如以上所述，野生魚未必一定美味，養殖魚也不一定難吃，魚類的棲息環境、攝食內容、體形大小、品嚐季節、保鮮方式及烹調方式等，都是影響食味的因素。

5. 人工養殖的魚為什麼沒有野捕的魚好吃？

其實人工養殖魚類的美味程度並不一定比不上野生的漁獲，以三文魚為例，野生捕獲的三文魚，除了因溯河而有受寄生蟲感染的風險外，又因活動量大及其他因

素，導致體內油脂含量較少。因此，市面上所使用的三文魚，百分之九十九都是養殖三文魚，才能滿足我們對油脂分佈豐富且均勻，品嚐時嘴巴充滿油香的要求。

魚好不好吃，除了關乎個人對味道的要求或口感偏好外，亦取決於人工養殖的環境及方法。其實大部分養殖魚類體內的脂肪含量遠超野生魚，當投餵的飼料品質夠高或者夠多元的話，魚類能在短時間內快速成長之餘，同時能變得肥美，油脂的香氣更能媲美野生魚。日本近年來就出現一些養殖魚的品牌，標榜所投餵的飼料經一番研發，魚攝食後除了變得更健康外，還能使魚肉帶有果香，生產出的漁獲因肥美且具特殊風味，售價甚至比野生魚還要高。畢竟所謂的「好吃」十分主觀，因人而異，無須為追求別人或商人口中的美味而違背自己的味蕾。

6. 街市鹹水魚檔是用鹹水養魚的嗎？

街市的魚檔所販售的魚類分為淡水跟鹹水兩種，淡水魚無疑是利用淡水來進行畜養，而海水魚部分則是利用活魚運輸車上的海水進行畜養。但我們偶然會發現魚檔會將淡水魚及海水魚放在同一個畜養空間，這很大程度上是和海水得來不易，同時在魚體不斷掙扎或交易過程中出現海水流失有關，為了補充能覆蓋魚體的水量，大多直接添加淡水，因此海水的濃度會被中和，形成半鹹半淡的飼養環境。

那為何魚類能適應這種水質？這是因為部分市售魚類屬於廣鹽性魚類，這代表牠們對水質的鹽度有著頗大的適應空間。以海水魚類為例，紅䱽、盲䱛、百花鱸、青斑等都能適應鹽度較低的海水；而淡水魚類的例子則有羅非魚、加洲鱸魚、生魚等，牠們可適應鹽度較高的淡水且生命力較強。雖然牠們擁有這種適應水質的技能，但這不代表牠們能長時間在不適合牠們的水質中生活，這種水質頂多只符合牠們基本的生存條件，若要進行長時間的養殖，必須符合魚種本身的生活條件。的確在只供魚類暫養且流通量大的街市，並無必要將魚以水族館的標準進行飼養。

7. 魚有痛楚的感覺嗎？宰後為何仍能躍動？

魚類是否感覺到疼痛是一個有爭議的問題，因為回答之前要先定義什麼是「痛」，牠們所感覺的痛是否跟人類的一樣。魚類會因為各種的刺激如撞擊、刺擊等而產生反應，但這只能證明魚類會因為刺激而作出反應，很難斷定牠們是因為疼痛

而作出反應。疼痛極具複雜性，透過觀察一般無法明確肯定動物是否存在疼痛，尤其在不會叫的魚類身上。世界各地就魚類是否能感覺疼痛進行了非常多的實驗，近年來相對較有結論的研究指出，魚類若感到不適，或研究所視為的疼痛，會出現食慾減退、活力減低等行為，同時會借其他物件當作媒介，針對受刺激的部位作出一系列的蹭擦行為，而當研究人員給魚類使用止痛藥後，魚類在不適期間所出現的行為會消失，因而推測魚類會感到疼痛。此外，研究人員也認為，如果魚類沒有疼痛感，牠們便不懂得作出受刺激後的反應，只會到處碰釘及受傷，正正因為這些疼痛的經驗，使牠們能繼續生存，而的確也有實驗證明魚會記下所受過的刺激，在同樣的情形下會避免再次經歷相同的刺激。

至於為何魚類在宰殺後仍能躍動，這是因為魚類的神經在宰殺後並沒有立刻完全死亡，神經的反射動作使魚出現大小幅度不一的肌肉反應，小的出現抖動，大的則能躍動。香港街市的魚檔在為客人處理活魚漁獲時主要流程為敲暈、刨鱗、去鰓及內臟，部分價位較高的魚種會經放血處理，當中並無步驟是針對魚的腦幹及神經進行絞殺處理。日本處理活體漁獲的手法與香港比較則有較大的差異，當地魚販流行以「活締」及「神經締」先使魚體在短時間內完全死亡後再進行其他的宰殺步驟。活締及神經締都是日本發明的魚類屠宰技術，目的是希望在最短時間內令魚類的腦部及中樞神經死亡，減低漁獲在宰殺時受折磨的時間之餘，亦能減少消耗魚體的 ATP（adenosine triphosphate，一種呈現鮮味的元素），以及延長魚的保鮮時間，方便進行後續的「熟成」。

操作活締的用具及步驟簡單，只要以尖銳物（如尖頭剪刀）插進魚腦，精準插中魚腦時，魚的嘴巴會張開且全身肌肉會出現短時間抽搐；操作神經締則需要一條幼細的鐵絲，在切斷魚體尾柄的脊椎骨後，找出於脊椎上的神經洞口，插入鐵絲切斷脊椎內的神經，此時魚體全身肌肉會再一次抽搐，魚體最終會完全死亡且呈現完全放鬆的狀態。活締及神經締的操作方式雖然不難，但若要做到精準且快速，的確需要相當多的經驗。

8. 為何有些魚有泥味？

魚類肌肉及脂肪一般會呈現味道，味道或許來自魚類本身，以星鱸或烏頭為例，牠們的魚肉本身就具有獨特氣味。此外，味道很大程度亦與攝食對象及養殖環境有關。部分魚類如三鬚，魚肉帶有淡淡的甲殼類香氣，這與牠們於野外攝食蝦類及螃蟹類為主有關，當然亦不能否認牠們自身亦帶有特殊香氣，使風味錦上添花。

因此，我們不難推測出為何養殖魚類有可能帶有泥味，原因包括飼料的品質不佳，導致飼料及不佳的味道殘餘在魚體內。此外，養殖環境中的水質亦是一大因素，水質管理不佳有可能導致藻類大量繁生，當魚類透過攝食及呼吸把這些欠佳的水質吸進體內後，隨之會進入肌肉中，這會導致泥味在魚的體內累積，尤其累積在脂肪裡，使我們在品嚐時嚐到泥味。

但這不能代表野生魚就必定無泥味，這同樣要視乎魚的棲息海域及攝食對象，部分棲息在受污染的河川或海域的魚類例如烏頭、金鼓或羅非魚等，體內也有可能帶有泥味，因此我們在買魚時，宜盡量向相熟及漁獲來源安全的魚檔購買。

9. 為何同一類魚，有些的皮又厚又韌？

這現象稱為「沙皮」，老一輩或稱為「韌皮」。魚類鱗片下的魚皮厚度跟種類及體形均有關係，鯧科魚類如白鯧，魚皮的厚度一定比不上石斑魚類，而同一種魚在幼體或亞成體（年輕個體）的時候，魚皮的厚度會比成魚或老成魚來的薄，但有趣的是，沙皮的現象與魚的年齡或大小無關。

沙皮魚指魚在煮熟後魚皮會爆開，魚肉有可能外露，此時的魚皮十分堅韌，肉質則結實且爽口，若以原條料理的方式烹調，需動用刀叉切開方較容易品嚐。部分魚類如珠星斑、紅玫瑰或杉斑有較大的沙皮機率，但即使同一種魚也有可能出現沙皮或不沙皮的情況，這跟烹飪方式無關。至於是否每個人都喜歡吃沙皮魚，這就按個人的偏好而定，部分人認為沙皮魚是魚中珍品，部分人則不喜歡沙皮魚的口感。

導致沙皮的原因目前沒有明確結論，但可以知道的是，部分產於珊瑚群礁或特定海域的特定魚種比較容易會有沙皮的情況，這或許與該海域的鹽度、深度、水流或食物來源有關。老一輩的漁民在宰殺漁獲的過程中，能透過觸感大概分辨魚是否沙皮，而沙皮魚因肉質特殊，以起肉切片快炒或碎蒸的烹調方式會較合適。

10. 宗教性質的放生魚類活動對生態有何影響？

因宗教而衍生的動物放生活動在香港頗為普遍，放生意指把動物在活體的狀態下放歸到野外，鳥類、爬蟲類、魚類等都是常見的放生對象。就海水魚類而言，放生的種類視乎金錢的預算及魚檔能供應什麼魚種，野生魚或養殖魚都有可能包括在

內，但當然價格上必定有差異，因此價格較親民的養殖魚類如紅䱋、紅魚、星鱸、黃鱲鯧、沙巴龍躉等成了較熱門的放生對象。放生活動使一定數量的生物突然一次過進入特定海域，這無疑對生態構成負擔，但所幸香港海洋佔地的面積大且多為開放式，環境接納能力較高，因此我們很少看到因放生活動而導致即時的生態災難。

但這不代表放生對生態不構成威脅，針對放生的魚種而言，部分放生魚種非本地原生魚類，若大量的外來種湧到本地生境中，等同於與原生魚類爭奪棲地及食物，加上這些外來種身上同時有可能帶有外來病源，這都是對原生魚類生存的威脅。雖然並非所有外來種都會導致本地生態失衡，部分魚類更因適應本港水域而成為歸化種魚類（指外來物種於野外棲息及繁殖的同時，對原生物種的影響及危害不大），但以沙巴龍躉為例，這種因人工雜交所出現的品種，在香港被視為入侵種，牠們本來就擁有比一般魚類更多的生存優勢（例如抗寒及抗病能力較高），且成長快速，加上屬於肉食性且食量大，當牠們大量進入特定海域時，無疑為生態種下隱憂，有可能因大量捕食原生海洋生物而使該海域生物多樣性及豐度降低；又因沙巴龍躉與香港原生石斑缺乏棲地隔離，若突破時間隔離[2]、行為隔離[3]及配子隔離[4]，有可能使更多的混種石斑出現，污染原生石斑的基因庫。

而淡水的放生活動所導致的後果更是不能忽視，由於香港部分淡水水體並非開放式，大多處於半開放式或閉鎖式，若大量放生不當的物種可直接毀滅生態，香港水族市場上俗稱金筆或多曼魚的小盾鱧，便是入侵台灣淡水水體的好例子。原產於越南、老撾、泰國的小盾鱧屬於肉食性，具有強烈的領域意識及護幼行為，且對水質適應能力強，輕易成為淡水中強勢的入侵物種。

雖然香港現時大致上不禁止放生動物相關的活動，但根據《香港法例》第169章《防止殘酷對待動物條例》的條文，任何人「因胡亂或不合理地作出或不作出某種作為而導致任何動物受到任何不必要的痛苦，或身為任何動物的擁有人而准許如此導致該動物受到任何不必要的痛苦」，會被罰款及判監，因此在進行相關活動時，需注意的地方甚多。首先，放生的物種要慎選，以海水魚為例，街市裡常見的紅䱋、石蚌、青斑、黃鱲鯧、深水泥鯭、黑沙鱲、沙鱲等養殖魚種，均屬於香港的原生魚種，此外，石狗公、石釘、黃釘、泥鯭等野外捕捉的魚種，同樣是香港水域常見的原生魚種，這些物種都可作為放生的選擇。其次，放生的地點同樣重要，過往

2　因生物之間的生育季節及發情、交配時間不同而形成生殖隔離。
3　因生物之間的交配行為不同而形成生殖隔離。
4　即使成功交配，但因生物之間的配子無法接合形成合子而不能產生後代。

就常有「淡水龜海裡放」的慘事發生，使生物因錯誤的放生而賠上性命，因此，最基本的便是先了解放生物種屬於淡水還是海水物種，更可了解最適合該物種的棲息環境，同時避免一次過進行大量放生。最後，放生的過程應該重質而非重量，使放生能達到原意，因為在運輸或等待放生時，大量的魚體處於同一個高密度且狹小的空間，加上放生過程中或因工具與魚體之間的磨擦，使掙扎中的魚體受傷，傷口若在放生後受感染，嚴重者可導致死亡。在放生的過程中，亦需確保供氧充裕，且放生時應避免從高處將魚體拋到海中，盡量減少魚與水面的撞擊。

魚類香港俗名索引

魚類中文名稱索引

中文名稱	學名	頁數
六指多指馬鮁	*Polydactylus sextarius* (Bloch & Schneider, 1801)	293
六帶鰺	*Caranx sexfasciatus* Quoy & Gaimard, 1825	210, 212
勻斑裸胸鱔;雷福氏裸胸鯙	*Gymnothorax reevesii* (Richardson, 1845)	86
及達副葉鰺;吉打副葉鰺	*Alepes djedaba* (Forsskål, 1775)	206, 220
太平洋棘鯛	*Acanthopagrus pacificus* Iwatsuki, Kume & Yoshino, 2010	285
孔鰕虎魚;孔鰕虎	*Trypauchen vagina* (Bloch & Schneider, 1801)	355
日本牛目鯛;日本紅目大眼鯛	*Cookeolus japonicus* (Cuvier, 1829)	190
日本白姑魚;日本銀身䱛	*Argyrosomus japonicus* (Temminck & Schlegel, 1843)	294
日本竹筴魚	*Trachurus japonicus* (Temminck & Schlegel, 1844)	213, 227
日本金線魚	*Nemipterus japonicus* (Bloch, 1791)	272
日本姬魚	*Hime japonica* (Günther, 1877)	104
日本骨鰃;日本骨鱗魚	*Ostichthys japonicus* (Cuvier, 1829)	121
日本鋸大眼鯛;日本大鱗大眼鯛	*Pristigenys niphonia* (Cuvier, 1829)	193
日本鯖;白腹鯖	*Scomber japonicus* Houttuyn, 1782	373–374
日本䲢	*Uranoscopus japonicus* Houttuyn, 1782	352
月尾笛鯛	*Lutjanus lunulatus* (Park, 1797)	246
月兔頭魨;月尾兔頭魨	*Lagocephalus lunaris* (Bloch & Schneider, 1801)	399
牙鮃	*Paralichthys olivaceus* (Temminck & Schlegel, 1846)	385
五畫		
史氏紅諧魚	*Erythrocles schlegelii* (Richardson, 1846)	234
四帶笛鯛;四線笛鯛	*Lutjanus kasmira* (Forsskål, 1775)	244
布氏石斑魚	*Epinephelus bleekeri* (Vaillant, 1878)	154
平鯛	*Rhabdosargus sarba* (Forsskål, 1775)	290
白方頭魚;白馬頭魚	*Branchiostegus albus* Dooley, 1978	198
白舌尾甲鰺	*Uraspis helvola* (Forster, 1801)	228
白斑笛鯛	*Lutjanus bohar* (Forsskål, 1775)	240
白線光腭鱸	*Anyperodon leucogrammicus* (Valenciennes, 1828)	143
白邊纖齒鱸	*Gracila albomarginata* (Fowler & Bean, 1930)	177
白鯧;圓白鯧	*Ephippus orbis* (Bloch, 1787)	356
皮氏叫姑魚	*Johnius belangerii* (Cuvier, 1830)	297

中文名稱	學名	頁數
六畫		
伏氏眶棘鱸	*Scolopsis vosmeri* (Bloch, 1792)	276
印度舌鰨；大鱗舌鰨	*Cynoglossus arel* (Bloch & Schneider, 1801)	389
印度側帶小公魚	*Stolephorus indicus* (van Hasselt, 1823)	93
印度無齒鯧	*Ariomma indicum* (Day, 1871)	379
多齒蛇鯔	*Saurida tumbil* (Bloch, 1795)	106
多鬚鬚鼬鯯；多鬚鼬魚	*Brotula multibarbata* Temminck & Schlegel, 1846	108
多鱗四指馬鮁	*Eleutheronema rhadinum* (Jordan & Evermann, 1902)	292
尖吻棘鯛	*Evistias acutirostris* (Temminck & Schlegel, 1844)	322
尖吻棘鱗魚	*Sargocentron spiniferum* (Forsskål, 1775)	123
尖吻鱸	*Lates calcarifer* (Bloch, 1790)	139
尖突吻鯻	*Rhynchopelates oxyrhynchus* (Temminck & Schlegel, 1842)	323
尖齒紫魚；尖齒姬鯛	*Pristipomoides typus* Bleeker, 1852	235, 257
灰葉鯛；葉鯛	*Glaucosoma buergeri* Richardson, 1845	312
灰裸頂鯛；灰白鱲	*Gymnocranius griseus* (Temminck & Schlegel, 1843)	277
灰鯧	*Pampus cinereus* (Bloch, 1795)	382–383
羽鰓鮐；金帶花鯖	*Rastrelliger kanagurta* (Cuvier, 1816)	372
七畫		
克氏副葉鰺	*Alepes kleinii* (Bloch, 1793)	207, 220
克氏棘赤刀魚	*Acanthocepola krusensternii* (Temminck & Schlegel, 1845)	331
克雷格氏石斑魚	*Epinephelus craigi* Frable, Tucker & Walker, 2018	158
尾紋九棘鱸；尾紋九刺鮨	*Cephalopholis urodeta* (Forster, 1801)	149
尾斑光鰓魚；尾斑光鰓雀鯛	*Chromis notata* (Temminck & Schlegel, 1843)	334
杜氏鰤	*Seriola dumerili* (Risso, 1810)	221
沖繩棘鯛；琉球棘鯛	*Acanthopagrus chinshira* Kume & Yoshino, 2008	283
沙氏刺鮁；棘鰆	*Acanthocybium solandri* (Cuvier, 1832)	369
豆娘魚；梭地豆娘魚	*Abudefduf sordidus* (Forsskål, 1775)	332
赤點石斑魚	*Epinephelus akaara* (Temminck & Schlegel, 1842)	152
赤鯥	*Doederleinia berycoides* (Hilgendorf, 1879)	141

中文名稱	學名	頁數
八畫		
乳香魚；乳鯖	*Lactarius lactarius* (Bloch & Schneider, 1801)	200
刺鯧	*Psenopsis anomala* (Temminck & Schlegel, 1844)	200, 378
東方披肩騰	*Ichthyscopus pollicaris* Vilasri, Ho, Kawai & Gomon, 2019	351
東方豹魴鮄；東方飛角魚	*Dactyloptena orientalis* (Cuvier, 1829)	137
東方寬箬鰨	*Brachirus orientalis* (Bloch & Schneider, 1801)	387
東洋鱸	*Niphon spinosus* Cuvier, 1828	178
松鯛	*Lobotes surinamensis* (Bloch, 1790)	260
波紋唇魚；曲紋唇魚	*Cheilinus undulatus* Rüppell, 1835	338
玫瑰毒鮋	*Synanceia verrucosa* Bloch & Schneider, 1801	131
花尾胡椒鯛	*Plectorhinchus cinctus* (Temminck & Schlegel, 1843)	268
花尾鷹䱵	*Goniistius zonatus* (Cuvier, 1830)	330
花點石斑魚	*Epinephelus maculatus* (Bloch, 1790)	168
花鰭燕鰩魚；斑鰭飛魚	*Cypselurus poecilopterus* (Valenciennes, 1847)	116
邵氏豬齒魚	*Choerodon schoenleinii* (Valenciennes, 1839)	341
金帶細鰺	*Selaroides leptolepis* (Cuvier, 1833)	220
金焰笛鯛；火斑笛鯛	*Lutjanus fulviflamma* (Forsskål, 1775)	241
金線魚	*Nemipterus virgatus* (Houttuyn, 1782)	192, 272–273
金錢魚	*Scatophagus argus* (Linnaeus, 1766)	358
金頭鯛	*Sparus aurata* Linnaeus, 1758	291
金䱵	*Cirrhitichthys aureus* (Temminck & Schlegel, 1842)	329
長吻絲鰺；印度絲鰺	*Alectis indica* (Rüppell, 1830)	204–205
長尾大眼鯛；曳絲大眼鯛	*Priacanthus tayenus* Richardson, 1846	191–192
長尾彎牙海鱔；長鯙	*Strophidon sathete* (Hamilton, 1822)	88
長棘銀鱸；曳絲鑽嘴魚	*Gerres filamentosus* Cuvier, 1829	261
長棘擬鱗鮋	*Paracentropogon longispinis* (Cuvier, 1829)	132
長鰭舵；天竺舵魚	*Kyphosus cinerascens* (Forsskål, 1775)	315
長鰭莫鯔	*Moolgarda cunnesius* (Valenciennes, 1836)	111
阿氏裸頰鯛；阿氏龍占魚	*Lethrinus atkinsoni* Seale, 1910	278

中文名稱	學名	頁數
青石斑魚	*Epinephelus awoara* (Temminck & Schlegel, 1842)	153
青羽若鰺	*Carangoides coeruleopinnatus* (Rüppell, 1830)	209
青星九棘鱸；青星九刺鮨	*Cephalopholis miniata* (Forsskål, 1775)	147
青若梅鯛；藍色擬烏尾鮗	*Paracaesio caerulea* (Katayama, 1934)	255
青點鸚嘴魚；藍點鸚哥魚	*Scarus ghobban* Forsskål, 1775	348
九畫		
垂帶似天竺鯛	*Apogonichthyoides cathetogramma* (Tanaka, 1917)	195
星斑裸頰鯛；青嘴龍占魚	*Lethrinus nebulosus* (Forsskål, 1775)	279
星斑籃子魚；星斑臭肚魚	*Siganus guttatus* (Bloch, 1787)	360
星點笛鯛	*Lutjanus stellatus* Akazaki, 1983	250, 253
洛神項鰭魚	*Iniistius dea* (Temminck & Schlegel, 1845)	344
玳瑁石斑魚	*Epinephelus quoyanus* (Valenciennes, 1830)	174
珊瑚石斑魚；黑駮石斑魚	*Epinephelus corallicola* (Valenciennes, 1828)	157
珍鰺；浪人鰺	*Caranx ignobilis* (Forsskål, 1775)	210–211
疣鱗魨	*Canthidermis maculata* (Bloch, 1786)	392
約氏笛鯛	*Lutjanus johnii* (Bloch, 1792)	238, 241, 243
紅九棘鱸；宋氏九刺鮨	*Cephalopholis sonnerati* (Valenciennes, 1828)	148
紅叉尾鯛；銹色細齒笛鯛	*Aphareus rutilans* Cuvier, 1830	235
紅牙鹹	*Otolithes ruber* (Bloch & Schneider, 1801)	303
紅背圓鰺；藍圓鰺	*Decapterus maruadsi* (Temminck & Schlegel, 1843)	213
紅裸頰鯛；紅鰓龍占魚	*Lethrinus rubrioperculatu* Sato, 1978	281
紅嘴煙鱸；煙鱠	*Aethaloperca rogaa* (Forsskål, 1775)	142
紅鑽魚；濱鯛	*Etelis carbunculus* Cuvier, 1828	237
范氏副葉鰺	*Alepes vari* (Cuvier, 1833)	208
軍曹魚；海鱺	*Rachycentron canadum* (Linnaeus, 1766)	202
十畫		
桂皮斑鮃；檸檬斑鮃	*Pseudorhombus cinnamoneus* (Temminck & Schlegel, 1846)	386
海鯰	*Arius* spp.	102
海鰻；灰海鰻	*Muraenesox cinereus* (Forsskål, 1775)	90
烏鰺	*Parastromateus niger* (Bloch, 1795)	217
真赤鯛；日本真鯛	*Pagrus major* (Temminck & Schlegel, 1843)	288–289
紋波石斑魚	*Epinephelus ongus* (Bloch, 1790)	172

中文名稱	學名	頁數
納氏鷂鱝	*Aetobatus narinari* (Euphrasen, 1790)	82
紡綞鰤;雙帶鰺	*Elagatis bipinnulata* (Quoy & Gaimard, 1825)	214
豹紋鰓棘鱸;花斑刺鰓鮨	*Plectropomus leopardus* (Lacepède, 1802)	181–182
馬夫魚;白吻雙帶立旗鯛	*Heniochus acuminatus* (Linnaeus, 1758)	319
馬拉巴笛鯛	*Lutjanus malabaricus* (Bloch & Schneider, 1801)	248
馬面魨;短角單棘魨	*Thamnaconus modestus* (Günther, 1877)	397
高菱鯛	*Antigonia capros* Lowe, 1843	384
高鰭帶魚;白帶魚	*Trichiurus lepturus* Linnaeus, 1758	368
十一畫		
側牙鱸;星鱠	*Variola louti* (Forsskål, 1775)	187–188
勒氏笛鯛	*Lutjanus russellii* (Bleeker, 1849)	241, 243, 251
密點少棘胡椒鯛	*Diagramma pictum* (Thunberg, 1792)	263
帶點石斑魚;斑帶石斑魚	*Epinephelus fasciatomaculosus* (Peters, 1865)	160
康氏似鰺;大口逆鈎鰺	*Scomberoides commersonnianus* Lacepède, 1801	219
康氏馬鮫;康氏馬加鰆	*Scomberomorus commerson* (Lacepède, 1800)	369, 375
康氏躄魚	*Antennatus commerson* (Lacepède, 1798)	110
掘氏擬棘鯛;掘氏棘金眼鯛	*Centroberyx druzhinini* (Busakhin, 1981)	120
條石鯛	*Oplegnathus fasciatus* (Temminck & Schlegel, 1844)	326–328
條紋胡椒鯛	*Plectorhinchus lineatus* (Linnaeus, 1758)	270
條紋斑竹鯊;條紋狗鯊	*Chiloscyllium plagiosum* (Anonymous [Bennett], 1830)	78
條鰨	*Zebrias zebra* (Bloch, 1787)	388
淺色黃姑魚	*Nibea* cf. *coibor* (Hamilton, 1822)	302
清水石斑魚	*Epinephelus polyphekadion* (Bleeker, 1849)	173
眼斑擬石首魚	*Sciaenops ocellatus* (Linnaeus, 1766)	307
眼鏡魚;眼眶魚	*Mene maculata* (Bloch & Schneider, 1801)	229
細刺魚;柴魚	*Microcanthus strigatus* (Cuvier, 1831)	316
細鱗鯻;花身鯻	*Terapon jarbua* (Forsskål, 1775)	324
許氏菱牙鮨;許氏菱齒花鮨	*Caprodon schlegelii* (Günther, 1859)	144
十二畫		
黃背牙鯛	*Dentex hypselosomus* Bleeker, 1854	287
單列齒鯛	*Monotaxis grandoculis* (Forsskål, 1775)	282
單角革魨;單角革單棘魨	*Aluterus monoceros* (Linnaeus, 1758)	393

中文名稱	學名	頁數
單帶尖唇魚	*Oxycheilinus unifasciatus* (Streets, 1877)	345
單帶眶棘鱸	*Scolopsis monogramma* (Cuvier, 1830)	275
單鰭魚；擬金眼鯛	*Pempheris* spp.	311
斐氏鯧鰺	*Trachinotus baillonii* (Lacepède, 1801)	225
斑石鯛	*Oplegnathus punctatus* (Temminck & Schlegel, 1844)	327–328
斑花鱸	*Lateolabrax maculatus* (McClelland, 1844)	140
斑柄鸚天竺鯛	*Ostorhinchus fleurieu* Lacepède, 1802	196
斑舵；瓜子鱲	*Girella punctata* Gray, 1835	254, 314
斑點九棘鱸；斑點九刺鮨	*Cephalopholis argus* Bloch & Schneider, 1801	145
斑點羽鰓笛鯛	*Macolor macularis* Fowler, 1931	254
斑點雞籠鯧	*Drepane punctata* (Linnaeus, 1758)	317
斑籃子魚；斑臭肚魚	*Siganus punctatus* (Schneider & Forster, 1801)	361
斑鰓棘鱸；斑刺鰓鮨	*Plectropomus maculatus* (Bloch, 1790)	183
斑鰭銀姑魚；斑鰭白姑魚	*Pennahia pawak* (Lin, 1940)	306
斑鱵	*Hemiramphus far* (Forsskål, 1775)	117
棕點石斑魚	*Epinephelus fuscoguttatus* (Forsskål, 1775)	163, 165
棘頭梅童魚	*Collichthys lucidus* (Richardson, 1844)	296
無斑箱魨	*Ostracion immaculatus* Temminck & Schlegel, 1850	398
無齒鰺	*Gnathanodon speciosus* (Forsskål, 1775)	215
短吻裸頰鯛；黃帶龍占魚	*Lethrinus ornatus* Valenciennes, 1830	280
短尾大眼鯛；大棘大眼鯛	*Priacanthus macracanthus* Cuvier, 1829	191
短棘鰏	*Leiognathus equula* (Forsskål, 1775)	230
短頭跳岩鳚	*Petroscirtes breviceps* (Valenciennes, 1836)	353
紫紅笛鯛；銀紋笛鯛	*Lutjanus argentimaculatus* (Forsskål, 1775)	239
絲尾鼻魚；高鼻魚	*Naso vlamingii* (Valenciennes, 1835)	364
絲條長鰭笛鯛；曳絲笛鯛	*Symphorus nematophorus* (Bleeker, 1860)	258
華髭鯛；臀斑髭鯛	*Hapalogenys analis* Richardson, 1845	265
隆背笛鯛	*Lutjanus gibbus* (Forsskål, 1775)	242
雲紋石斑魚	*Epinephelus moara* (Temminck & Schlegel, 1843)	171
雲斑海豬魚；黑帶海豬魚	*Halichoeres nigrescens* (Bloch & Schneider, 1801)	342
黃尾舒；黃尾金梭魚	*Sphyraena flavicauda* Rüppell, 1838	367
黃姑魚	*Nibea albiflora* (Richardson, 1846)	301

中文名稱	學名	頁數
黃背若梅鯛；黃擬烏尾鮗	*Paracaesio xanthura* (Bleeker, 1869)	256
黃帶擬鰺	*Pseudocaranx dentex* (Bloch & Schneider, 1801)	218
黃笛鯛；正笛鯛	*Lutjanus lutjanus* Bloch, 1790	247
黃魟	*Hemitrygon bennettii* (Müller & Henle, 1841)	81
黃鰭石斑魚	*Epinephelus flavocaeruleus* (Lacepède, 1802)	162
黃鰭金槍魚；黃鰭鮪	*Thunnus albacares* (Bonnaterre, 1788)	377
黃鰭馬面魨；圓腹短角單棘魨	*Thamnaconus hypargyreus* (Cope, 1871)	396
黃鰭棘鯛	*Acanthopagrus latus* (Houttuyn, 1782)	283–284
黑姑魚；黑鯎	*Atrobucca nibe* (Jordan & Thompson, 1911)	295
黑紋小條鰤；小甘鰺	*Seriolina nigrofasciata* (Rüppell, 1829)	224
黑斑緋鯉	*Upeneus tragula* Richardson, 1846	310
黑棘鯛	*Acanthopagrus schlegelii* (Bleeker, 1854)	285–286
黑鞍鰓棘鱸；橫斑刺鰓鮨	*Plectropomus laevis* (Lacepède, 1801)	180
黑鮟鱇；黑口鮟鱇	*Lophiomus setigerus* (Vahl, 1797)	109
黑鰭厚唇魚；黑鰭半裸魚	*Hemigymnus melapterus* (Bloch, 1791)	343
黑鰭髭鯛	*Hapalogenys nigripinnis* (Temminck & Schlegel, 1843)	266, 269
十三畫		
圓吻凡鯔；薛氏凡鯔	*Crenimugil seheli* (Forsskål, 1775)	113
圓吻海鰶；高鼻海鰶	*Nematalosa nasus* (Bloch, 1795)	96
圓頜北梭魚；圓頜狐鰮	*Albula glossodonta* (Forsskål, 1775)	85
奧氏笛鯛	*Lutjanus ophuysenii* (Bleeker, 1860)	249
奧奈銀鱸；奧奈鑽嘴魚	*Gerres oyena* (Forsskål, 1775)	261–262
新月錦魚	*Thalassoma lunare* (Linnaeus, 1758)	347
獅鼻鯧鰺；布氏鯧鰺	*Trachinotus blochii* (Lacepède, 1801)	226
葉唇笛鯛	*Lipocheilus carnolabrum* (Chan, 1970)	238
蜂巢石斑魚；網紋石斑魚	*Epinephelus merra* Bloch, 1793	170, 174
路氏雙髻鯊；路易氏雙髻鯊	*Sphyrna lewini* (Griffith & Smith, 1834)	80
達氏橋棘鯛；達氏橋燧鯛	*Gephyroberyx darwinii* (Johnson, 1866)	119
十四畫		
壽魚；扁棘鯛	*Banjos banjos* (Richardson, 1846)	189
截尾銀姑魚；截尾白姑魚	*Pennahia anea* (Bloch, 1793)	304
漢氏稜鯷	*Thryssa hamiltonii* Gray, 1835	94
瑪拉巴石斑魚	*Epinephelus malabaricus* (Bloch & Schneider, 1801)	169
綠短鰭笛鯛；藍短鰭笛鯛	*Aprion virescens* Valenciennes, 1830	236

中文名稱	學名	頁數
綠擬鱗魨；褐擬鱗魨	*Balistoides viridescens* (Bloch & Schneider, 1801)	391
綠鰭魚；黑角魚	*Chelidonichthys kumu* (Cuvier, 1829)	133–134
裸狐鰹；裸鰆	*Gymnosarda unicolor* (Rüppell, 1836)	371
赫氏無鰾鮋	*Helicolenus hilgendorfii* (Döderlein, 1884)	128
遠東海魴；日本的鯛	*Zeus faber* Linnaeus, 1758	124
銀大眼鯧；銀鱗鯧	*Monodactylus argenteus* (Linnaeus, 1758)	313
銀方頭魚；銀馬頭魚	*Branchiostegus argentatus* (Cuvier, 1830)	199
銀帶小體鯡；日本銀帶鯡	*Spratelloides gracilis* (Temminck & Schlegel, 1846)	98
銀漢魚	*Atherinomorus* spp.	115
銀鯧	*Pampus argenteus* (Euphrasen, 1788)	380, 382
鳶鮨；鳶鱠	*Triso dermopterus* (Temminck & Schlegel, 1842)	186
十五畫		
寬尾斜齒鯊	*Scoliodon laticaudus* Müller & Henle, 1838	79
線紋鰻鯰	*Plotosus lineatus* (Thunberg, 1787)	100
褐石斑魚	*Epinephelus bruneus* Bloch, 1793	155
褐菖鮋；石狗公	*Sebastiscus marmoratus* (Cuvier, 1829)	129
褐籃子魚；褐臭肚魚	*Siganus fuscescens* (Houttuyn, 1782)	359
遮目魚；虱目魚	*Chanos chanos* (Forsskål, 1775)	99
鞍帶石斑魚	*Epinephelus lanceolatus* (Bloch, 1790)	165–166
鞍斑豬齒魚	*Choerodon anchorago* (Bloch, 1791)	339
駝背胡椒鯛	*Plectorhinchus gibbosus* (Lacepède, 1802)	269
駝背鱸	*Cromileptes altivelis* (Valenciennes, 1828)	150
十六畫		
橘點石斑魚；點帶石斑魚	*Epinephelus coioides* (Hamilton, 1822)	154, 156
橙斑刺尾魚；一字刺尾鯛	*Acanthurus olivaceus* Bloch & Schneider, 1801	362–363
橫紋九棘鱸；九刺鮨	*Cephalopholis boenak* (Bloch, 1790)	146
橫帶副眶棘鱸	*Parascolopsis inermis* (Temminck & Schlegel, 1843)	274
橫條石斑魚；橫帶石斑魚	*Epinephelus fasciatus* (Forsskål, 1775)	161
燕魚；尖翅燕魚	*Platax teira* (Forsskål, 1775)	357
翔翔蓑鮋；魔鬼蓑鮋	*Pterois volitans* (Linnaeus, 1758)	126
頸帶項鰏；項斑項鰏	*Nuchequula nuchalis* (Temminck & Schlegel, 1845)	231
鮑氏澤鮨；褒氏貧鱠	*Saloptia powelli* Smith, 1964	185

中文名稱	學名	頁數
龍虎斑	*Epinephelus fuscoguttatus x Epinephelus lanceolatus* N/A	165
龍頭魚；印度鎌齒魚	*Harpadon nehereus* (Hamilton, 1822)	105
擬態革魨；長尾革單棘魨	*Aluterus scriptus* (Osbeck, 1765)	394
環紋刺蓋魚；環紋蓋刺魚	*Pomacanthus annularis* (Bloch, 1787)	321
縱帶石斑魚；寬帶石斑魚	*Epinephelus latifasciatus* (Temminck & Schlegel, 1842)	167
褶尾笛鯛	*Lutjanus lemniscatus* (Valenciennes, 1828)	245
十七畫		
鮣；長印魚	*Echeneis naucrates* Linnaeus, 1758	202–203
鮪；巴鰹	*Euthynnus affinis* (Cantor, 1849)	370
點石鱸；星雞魚	*Pomadasys kaakan* (Cuvier, 1830)	271
點紋副緋鯉；大型海緋鯉	*Parupeneus spilurus* (Bleeker, 1854)	308
點帶棘鱗魚；黑帶棘鰭魚	*Sargocentron rubrum* (Forsskål, 1775)	122
點斑鱷鯒；點斑鱷牛尾魚	*Cociella crocodilus* (Cuvier, 1829)	136
點線鰓棘鱸；點線刺鰓鮨	*Plectropomus oligacanthus* (Bleeker, 1855)	184
十八畫		
斷紋紫胸魚	*Stethojulis terina* Jordan & Snyder, 1902	346
藍身大石斑魚；藍身大斑石斑魚	*Epinephelus tukula* Morgans, 1959	176
藍帶荷包魚	*Chaetodontoplus septentrionalis* (Temminck & Schlegel, 1844)	320
藍豬齒魚	*Choerodon azurio* (Jordan & Snyder, 1901)	340, 344
藍點笛鯛；海雞母笛鯛	*Lutjanus rivulatus* (Cuvier, 1828)	250
藍點鰓棘鱸；藍點刺鰓鮨	*Plectropomus areolatus* (Rüppell, 1830)	179
藍鰭石斑魚；細點石斑魚	*Epinephelus cyanopodus* (Richardson, 1846)	159
雙帶普提魚；雙帶狐鯛	*Bodianus bilunulatus* (Lacepède, 1801)	336
雙帶黃鱸；雙帶鱸	*Diploprion bifasciatum* Cuvier, 1828	151
雙帶鱗鰭梅鯛；雙帶鱗鰭烏尾鮗	*Pterocaesio digramma* (Bleeker, 1864)	259
雙棘三刺魨；雙棘三棘魨	*Triacanthus biaculeatus* (Bloch, 1786)	390
雙棘原黃姑魚	*Protonibea diacanthus* (Lacepède, 1802)	294, 300
雙邊魚	*Ambassis* spp.	138
雜色鱚；星沙鮻	*Sillago aeolus* Jordan & Evermann, 1902	197
雜食豆齒鰻；波路荳齒蛇鰻	*Pisodonophis boro* (Hamilton, 1822)	89
鯒；印度牛尾魚	*Platycephalus indicus* (Linnaeus, 1758)	135
十九畫		
鯔	*Mugil cephalus* Linnaeus, 1758	114
鯔形湯鯉	*Kuhlia mugil* (Forster, 1801)	325

參考文獻

Allen, G.R., 1984. Scatophagidae. In W. Fischer and G. Bianchi FAO species identification sheets for fishery purposes. Western Indian Ocean (Fishing Area 51). Vol. 4.

Allen, G.R., 1985. Butterfly and angelfishes of the world. Vol. 2. 3rd edit. in English. Mergus Publishers, Melle, Germany.

Allen, G.R., 1985. FAO Species Catalogue. Vol. 6. Snappers of the world. An annotated and illustrated catalogue of lutjanid species known to date. FAO Fish. Synop. 125(6):208 p.

Allen, G.R., 1991. Damselfishes of the world. Mergus Publishers, Melle, Germany. 271 p.

Bagarinao, T., 1994. Systematics, distribution, genetics and life history of milkfish, *Chanos chanos*. Environ. Biol. Fishes. 39(1):23—41.

Bauchot, M.L. and J.C. Hureau, 1990. Sparidae. p. 790—812. In J.C. Quero, J.C. Hureau, C. Karrer, A. Post and L. Saldanha Check-list of the fishes of the eastern tropical Atlantic (CLOFETA). JNICT, Lisbon; SEI, Paris; and UNESCO, Paris. Vol. 2.

Bauchot, M.L. and M.M. Smith, 1984. Sparidae. In W. Fischer and G. Bianchi FAO species identification sheets for fishery purposes. Western Indian Ocean (Fishing Area 51). Vol. 4.

Bauchot, M.L., 1987. Poissons osseux. p. 891—1421. In W. Fischer, M.L. Bauchot and M. Schneider Fiches FAO d'identification pour les besoins de la pêche. Méditerranée et mer Noire. Zone de pêche 37. Vol. II.

Bianchi, G., 1985. FAO species identification sheets for fishery purposes. Field guide to the commercial marine and brackish-water species of Pakistan. Prepared with the support of PAK/77/033 and FAO (FIRM) Regular Programme. Rome: FAO. 200 p.

Bykov, V.P., 1983. Marine Fishes: Chemical composition and processing properties. New Delhi: Amerind Publishing Co. Pvt. Ltd. 322 p.

Carpenter, K.E. and G.R. Allen, 1989. FAO Species Catalogue. Vol. 9. Emperor fishes and large-eye breams of the world (family Lethrinidae). An annotated and illustrated catalogue of lethrinid species known to date. FAO Fish. Synop. 125(9):118 p.

Carpenter, K.E., 1987. Revision of the Indo-Pacific fish family Caesionidae (Lutjanoidea), with descriptions of five new species. Indo-Pac. Fish. (15):56 p.

Caruso, J.H., 1983. The systematics and distribution of the lophiid anglerfishes. II. Revisions of the genera *Lophiomus* and *Lophius*. Copeia. 1983(1):11—30.

Castle, P.H.J., 1984. Ophichthidae. p. 38—39. In J. Daget, J.P. Gosse and D.F.E. Thys van den Audenaerde Check-list of the freshwater fishes of Africa (CLOFFA). ORSTOM, Paris and MRAC, Tervuren. Vol. 1.

Chan, W., U. Bathia and D. Carlsson, 1974. Sciaenidae. In W. Fischer and P.J.P. Whitehead FAO species identification sheets for fishery purposes. Eastern Indian Ocean (Fishing Area 57) and Western Central Pacific (Fishing Area 71). Vol. 3.

Chen, H.M., K.T. Shao and C.T. Chen, 1994. A review of the muraenid eels (Family Muraenidae) from Taiwan with descriptions of twelve new records. Zool. Stud. 33(1):44—64.

Collette, B.B. and C.E. Nauen, 1983. FAO Species Catalogue. Vol. 2. Scombrids of the world. An annotated and illustrated catalogue of tunas, mackerels, bonitos and related species known to date. Rome: FAO. FAO Fish. Synop. 125(2):137 p.

Collette, B.B. and J. Su, 1986. The halfbeaks (Pisces, Beloniformes, Hemiramphidae) of the Far East. Proc. Acad. Nat. Sci. Philadelphia. 138(1):250—301.

Compagno, L.J.V., 1984. FAO Species Catalogue. Vol. 4. Sharks of the world. An annotated and illustrated catalogue of shark species known to date. Part 1—Hexanchiformes to Lamniformes. FAO Fish. Synop. 125(4/1):1—249.

Compagno, L.J.V., 1984. FAO Species Catalogue. Vol. 4. Sharks of the world. An annotated and illustrated catalogue of shark species known to date. Part 2—Carcharhiniformes. FAO Fish. Synop. 125(4/2):251—655.

Conlu, P.V., 1986. Guide to Philippine flora and fauna. Fishes. Vol. IX. Natural Resources Management Center, Quezon City. 495 p.

Cressey, R.F. and R.S. Waples, 1984. Synodontidae. In W. Fischer and G. Bianchi FAO species identification sheets for fishery purposes. Western Indian Ocean (Fishing Area 51). Vol. 4.

Daget, J., 1986. Sphyraenidae. p. 350—351. In J. Daget, J.P. Gosse and D.F.E. Thys van den Audenaerde Check-list of the freshwater fishes of Africa (CLOFFA). ISNB, Brussels; MRAC, Tervuren; and ORSTOM, Paris. Vol. 2.

Dooley, J.K., 1978. Systematics and biology of the tilefishes (Perciformes: Branchiostegidae and Malacanthidae) with descriptions of two new species. NOAA Tech. Rep. NMFS Circ. No. 411:1—78.

Eggleston, D., 1974. Sparidae. In W. Fischer and P.J.P. Whitehead FAO species identification sheets for fishery purposes. Eastern Indian Ocean (Fishing Area 57) and Western Central Pacific (Fishing Area 71). Vol. 4.

Frable, B.W., S.J. Tucker and H.J. Walker Jr., 2019. A new species of grouper, *Epinephelus craigi* (Perciformes: Epinephelidae), from the South China Sea. Ichthyol. Res. 66:215—224.

Fricke, R., W. N. Eschmeyer, L. R. Van der, 2023. Eschmeyer's Catalog of Fishes: Genera, Specien, References.

Fritzsche, R.A., 1990. Fistulariidae. p. 654—655. In J.C. Quero, J.C. Hureau, C. Karrer, A. Post and L. Saldanha Check-list of the fishes of the eastern tropical Atlantic (CLOFETA). JNICT, Lisbon; SEI, Paris; and UNESCO, Paris. Vol. 2.

Froses, R., D. Pauly, 2023. Fishbase. World Wide Web electronice publication. www.fishbase.org, version (08/2022).

Gloerfelt-Tarp, T. and P.J. Kailola, 1984. Trawled fishes of southern Indonesia and northwestern Australia. Australian Development Assistance Bureau, Australia, Directorate General of Fishes, Indonesia, and German Agency for Technical Cooperation, Federal Republic of Germany. 407 p.

Greenfield, D.W., J.E. Randall and P.N. Psomadakis, 2017. A review of the soldierfish genus *Ostichthys* (Beryciformes: Holocentridae), with descriptions of two new species in Myanmar. J. Ocean Sci. Found. 26:1—33.

Griffiths, M.H. and P.C. Heemstra, 1995. A contribution to the taxonomy of the marine fish genus Argyrosomus (Perciformes: Sciaenidae), with descriptions of two new species from southern Africa. Ichthyol. Bull., J.L.B. Smith Inst. Ichthyol. No. 65, 40 p.

Haedrich, R.L., 1984. Ariommidae. In W. Fischer and G. Bianchi FAO species identification sheets for fishery purposes. Western Indian Ocean fishing area 51. Vol. 1.

Haedrich, R.L., 1984. Stromateidae. In W. Fischer and G. Bianchi FAO species identification sheets for fishery purposes. Western Indian Ocean (Fishing Area 51). Vol. 4.

Hardy, G.S., 1983. A revision of the fishes of the family Pentacerotidae (Perciformes). N.Z. J. Zool. 10:177—220.

Harmelin-Vivien, M.L. and J.-C. Quéro, 1990. Monacanthidae. p. 1061—1066. In J.C. Quero, J.C. Hureau, C. Karrer, A. Post and L. Saldanha Check-list of the fishes of the eastern tropical Atlantic (CLOFETA). JNICT, Lisbon; SEI, Paris; and UNESCO, Paris. Vol. 2.

Harrison, I.J., 1995. Mugilidae. Lisas. p. 1293—1298. In W. Fischer, F. Krupp, W. Schneider, C. Sommer, K.E. Carpenter and V. Niem Guia FAO para Identification de Especies para lo Fines de la Pesca. Pacifico Centro-Oriental. 3 Vols.

Heemstra, P.C. and J.E. Randall, 1993. FAO Species Catalogue. Vol. 16. Groupers of the world (family Serranidae, subfamily Epinephelinae). An annotated and illustrated catalogue of the grouper, rockcod, hind, coral grouper and lyretail species known to date. Rome: FAO. FAO Fish. Synop. 125(16):382 p.

Heemstra, P.C., 1984. Menidae. In W. Fischer and G. Bianchi FAO species identification sheets for fishery purposes. Western Indian Ocean fishing area 51. Vol. 3.

Heemstra, P.C., 1984. Monodactylidae. In W. Fischer and G. Bianchi FAO species identification sheets for fishery purposes. Western Indian Ocean (Fishing Area 51). Vol. 3.

Heemstra, P.C., 1986. Emmelichthyidae. p. 637—638. In M.M. Smith and P.C. Heemstra Smiths' sea fishes. Springer-Verlag, Berlin.

Heemstra, P.C., 1986. Triglidae. p. 486—488. In M.M. Smith and P.C. Heemstra Smiths' sea fishes. Springer-Verlag, Berlin.

Huang, W.C., A. Mohapatra, P. T. Thu, H.M. Chen and T.Y. Liao. 2020. A review of the genus *Strophidon* (Anguilliformes: Muraenidae), with description of a new species. Journal of Fish Biology. 97(5):1462—1480.

Hutchins, J.B., 1986. Monacanthidae. p. 882—887. In M.M. Smith and P.C. Heemstra Smiths' sea fishes. Springer-Verlag, Berlin.

Iwatsubo, H. and H. Motomura, 2013. Redescriptions of *Chromis notata* (Temminck and Schlegel, 1843) and *C. kennensis* Whitley, 1964 with the description of a new species of *Chromis* (Perciformes: Pomacentridae). Spec. Div. 18:193—213.

Iwatsuki, Y. and B.C. Russell, 2006. Revision of the genus *Hapalogenys* (Teleostei: Perciformes) with two new species from the Indo-West Pacific. Mem. Mus. Victoria 63(1):29—46.

Iwatsuki, Y. and T. Nakabo, 2005. Redescription of *Hapologenys nigripinnis* (Schlegel in Temminck and Schlegel, 1843), a senior synonym of *H. nitens* Richardson, 1844, and a new species from Japan. Copeia. 2005(4):854—867.

Iwatsuki, Y., 2013. Review of the *Acanthopagrus latus* complex (Perciformes: Sparidae) with descriptions of three new species from the Indo-West Pacific Ocean. J. Fish Biol. 83(1):64—95.

Iwatsuki, Y., M. Akazaki and N. Taniguchi, 2007. Review of the species of the genus *Dentex* (Perciformes:Sparidae) in the Western Pacific defined as the *D. hypselosomus* complex with the description of a new species, *Dentex abei* and a redescription of *Evynnis tumifrons*. Bull. Natl. Mus. Nat. Sci. Ser. A. Suppl. 1:29—49.

Iwatsuki, Y., M. Akazaki and T. Yoshino, 1993. Validity of a lutjanid fish, *Lutjanus ophuysenii* (Bleeker) with a related species, L. vitta (Quoy & Gaimard). Jap. J. Ichthyol. 40(1):47—59.

Iwatsuki, Y., M. Kume and T. Yoshino, 2010. A new species, *Acanthopagrus pacificus* from the Western Pacific (Pisces, Sparidae). Bull. Natl. Mus. Nat. Sci., Ser. A. 36(4):115—130.

Iwatsuki, Y., S. Kimura and T. Yoshino, 1999. Redescriptions of Gerres *baconensis* (Evermann & Seale, 1907), G. equulus Temminck & Schlegel, 1844 and G. *oyena* (Forsskål, 1775), included in the "G. *oyena* complex", with notes on other related species (Perciformes: Gerreidae). Ichthyol. Res. 46(4):377—395.

Iwatsuki, Y., T. Matsuda, W.C. Starnes, T. Nakabo and T. Yoshino, 2012. A valid priacanthid species, *Pristigenys refulgens* (Valenciennes 1862), and a redescription of *P. niphonia* (Cuvier in Cuvier & Valenciennes 1829) in the Indo-West Pacific (Perciformes: Priacanthidae). Zootaxa. 3206:41—57.

James, P.S.B.R., 1984. Leiognathidae. In W. Fischer and G. Bianchi FAO species identification sheets for fishery purposes. Western Indian Ocean (Fishing Area 51). Vol. 2.

Kailola, P.J., 1999. Ariidae (Tachysuridae): sea catfishes (fork—tailed catfishes). p. 1827—1879. In K.E. Carpenter and V.H. Niem FAO species identification guide for fishery purposes. The living marine resources of the Western Central Pacific. Vol. 3. Batoid fishes, chimaeras and bony fishes part 1 (Elopidae to Linophrynidae).

Karrer, C. and A. Post, 1990. Caproidae. p. 641—642. In J.C. Quero, J.C. Hureau, C. Karrer, A. Post and L. Saldanha Check—list of the fishes of the eastern tropical Atlantic (CLOFETA). JNICT, Lisbon; SEI, Paris; and UNESCO, Paris. Vol. 2.

Karrer, C. and A. Post, 1990. Zeidae. p. 631—633. In J.C. Quero, J.C. Hureau, C. Karrer, A. Post and L. Saldanha Check—list of the fishes of the eastern tropical Atlantic (CLOFETA). JNICT, Lisbon; SEI, Paris; and UNESCO, Paris. Vol. 2.

Kharin, V.Y. and V.A. Dudarev, 1983. A new species of the genus *Caprodon* Temminck et Schlegel, 1843 (Serranidae) and some remarks on the composition of the genus. J. Ichthyol. 23(1):20—25.

Kimura, S., D. Golani, Y. Iwatsuki, M. Tabuchi and T. Yoshino, 2007. Redescriptions of the Indo—Pacific atherinid fishes *Atherinomorus forskalii, Atherinomorus lacunosus,* and *Atherinomorus pinguis.* Ichthyol. Res. 54(2):145—159.

Kimura, S., R. Kimura and K. Ikejima, 2008. Revision of the genus *Nuchequula* with descriptions of three new species (Perciformes: Leiognathidae). Ichthyol. Res. 55:22—42.

Knapp, L.W., 1986. Platycephalidae. p. 482—486. In M.M. Smith and P.C. Heemstra Smiths' sea fishes. Springer—Verlag, Berlin.

Knudsen, S.W. and K.D. Clements, 2013. Revision of the fish family Kyphosidae (Teleostei: Perciformes). Zootaxa. 3751(1):001—101.

Kottelat, M., 2001. Freshwater fishes of northern Vietnam. A preliminary check—list of the fishes known or expected to occur in northern Vietnam with comments on systematics and nomenclature. Environment and Social Development Unit, East Asia and Pacific Region. The World Bank. 123 p.

Kume, M. and T. Yoshino, 2008. *Acanthopagrus chinshira*, a new sparid fish (Perciformes: Sparidae) from the East Asia. Bull. Natl. Mus. Nat. Sci. Ser. A. Suppl. 2:47—57.

Kuronuma, K. and Y. Abe, 1986. Fishes of the Arabian Gulf. Kuwait Institute for Scientific Research, State of Kuwait. 356 p.

Lal Mohan, R.S., 1984. Sciaenidae. In W. Fischer and G. Bianchi FAO species identification sheets for fishery purposes. Western Indian Ocean (Fishing Area 51). Vol. 4.

Larson, H., 1999. Order Perciformes. Suborder Percoidei. Centropomidae. Sea perches. p. 2429—2432. In K.E. Carpenter and V.H. Niem FAO species identification guide for fishery purposes. The living marine resources of the Western Central Pacific. Vol. 4. Bony fishes part 2 (Mugilidae to Carangidae). e.

Last, P.R. and L.J.V. Compagno, 1999. Dasyatididae. Stingrays. p. 1479—1505. In K.E. Carpenter and V.H. Niem FAO species identification guide for fishery purposes. The living marine resources of the Western Central Pacific. Vol. 3. Batoid fishes, chimaeras and bony fishes part 1 (Elopidae to Linophrynidae).

Last, P.R., 1997. Stromateidae. Butterfishes, silver pomfrets. In K.E. Carpenter and V. Niem FAO Identification Guide for Fishery Purposes. The Western Central Pacific.

Last, P.R., W.T. White, M.R. de Carvalho, B. Séret, M.F.W. Stehmann and G.J.P. Naylor, 2016. Rays of the world. CSIRO Publishing, Comstock Publishing Associates. i—ix + 1—790.

Liu, J., C. Li and P. Ning, 2013. A redescription of grey pomfret *Pampus cinereus* (Bloch, 1795) with the designation of a neotype (Teleostei: Stromateidae). Chinese Journal of Oceanology and Limnology. 31(1):140—145.

Liu, M., J.L. Li, S.X. Ding and Z.O. Liu 2013 (3 May) [ref. 32705] See ref. online *Epinephelus moara*: a valid species of the family Epinephelidae (Pisces: Perciformes). Journal of Fish Biology. 82 (5):1684—1699.

Masuda, H. and G.R. Allen, 1993. Meeresfische der Welt – Groß-Indopazifische Region. Tetra Verlag, Herrenteich, Melle. 528 p.

Masuda, H., K. Amaoka, C. Araga, T. Uyeno and T. Yoshino, 1984. The fishes of the Japanese Archipelago. Vol. 1. Tokai University Press, Tokyo, Japan. 437 p.

Matsuura, K., 2001. Balistidae. Triggerfishes. p. 3911—3928. In K.E. Carpenter and V. Niem FAO species identification guide for fishery purposes. The living marine resources of the Western Central Pacific. Vol. 6. Bony fishes part 4 (Labridae to Latimeriidae), estuarine crocodiles. FAO, Rome.

Maugé, L.A., 1984. Drepanidae. In W. Fischer and G. Bianchi FAO species identification sheets for fishery purposes. Western Indian Ocean fishing area 51. Vol. 2.

Maugé, L.A., 1986. Ambassidae. p. 297—298. In J. Daget, J.P. Gosse and D.F.E. Thys van den Audenaerde Check-list of the freshwater fishes of Africa (CLOFFA). ISNB, Brussels; MRAC, Tervuren; and ORSTOM, Paris. Vol. 2.

Maul, G.E., 1990. Trachichthyidae. p. 620—622. In J.C. Quéro, J.C. Hureau, C. Karrer, A. Post and L. Saldanha Check-list of the fishes of the eastern tropical Atlantic (CLOFETA). JNICT, Lisbon; SEI, Paris; and UNESCO, Paris. Vol. 2.

McKay, R.J., 1992. FAO Species Catalogue. Vol. 14. Sillaginid fishes of the world (family Sillaginidae). An annotated and illustrated catalogue of the sillago, smelt or Indo-Pacific whiting species known to date. Rome: FAO. FAO Fish. Synop. 125(14):87 p.

McKay, R.J., 1997. FAO Species Catalogue. Vol. 17. Pearl perches of the world (family Glaucosomatidae). An annotated and illustrated catalogue of the pearl peches known to date. FAO Fish. Synop. 125(17):26 p.

Motomura, H., 2004. Threadfins of the world (Family Polynemidae). An annotated and illustrated catalogue of polynemid species known to date. FAO Spec. Cat. Fish. Purp. Rome: FAO. 3:117 p.

Motomura, H., Y. Iwatsuki, S. Kimura and T. Yoshino, 2002. Revision of the Indo-West Pacific polynemid fish genus *Eleutheronema* (Teleostei: Perciformes). Ichthyol. Res. 49(1):47—61.

Munroe, T.A., 2001. Soleidae. Soles. p. 3878—3889. In K.E. Carpenter and V. Niem FAO species identification guide for fishery purposes. The living marine resources of the Western Central Pacific. Vol. 6. Bony fishes part 4 (Labridae to Latimeriidae), estuarine crocodiles.

Myers, R.F., 1991. Micronesian reef fishes. Second Ed. Coral Graphics, Barrigada, Guam. 298 p.

Nakabo, T., 2002. Fishes of Japan with pictorial keys to the species, English edition I. Tokai University Press, Japan. pp v—866.

Nakabo, T., 2002. Fishes of Japan with pictorial keys to the species, English edition II. Tokai University Press, Japan. pp 867—1749.

Nakamura, I. and N.V. Parin, 1993. FAO Species Catalogue. Vol. 15. Snake mackerels and cutlassfishes of the world (families Gempylidae and Trichiuridae). An annotated and illustrated catalogue of the snake mackerels, snoeks, escolars, gemfishes, sackfishes, domine, oilfish, cutlassfishes. scabbardfishes, hairtails, and frostfishes known to date. FAO Fish. Synop. 125(15):136 p.

Nguyen, H.P., P. Le Trong, N.T. Nguyen, P.D. Nguyen, N. Do Thi Nhu and V.L. Nguyen, 1995. Checklist of marine fishes in Vietnam. Vol. 3. Order Perciformes, Suborder Percoidei, and Suborder Echeneoidei. Science and Technics Publishing House, Vietnam.

Nielsen, J.G., D.M. Cohen, D.F. Markle and C.R. Robins, 1999. Ophidiiform fishes of the world (Order Ophidiiformes). An annotated and illustrated catalogue of pearlfishes, cusk-eels, brotulas and other ophidiiform fishes known to date. FAO Fish. Synop. 125(18):178 p.

Palko, B.J., G.L. Beardsley and W.J. Richards, 1982. Synopsis of the biological data on dolphin-fishes, *Coryphaena hippurus* Linnaeus and *Coryphaena equiselis* Linnaeus. FAO Fish. Synop. (130); NOAA Tech. Rep. NMFS Circ. (443).

Parenti, P. and J.E. Randall, 2000. An annotated checklist of the species of the labroid fish families Labridae and Scaridae. Ichthyol. Bull. J.L.B. Smith Inst. Ichthyol. (68):1—97.

Parenti, P., 2019. An annotated checklist of the fishes of the family Haemulidae (Teleostei: Perciformes). Iran. J. Ichthyol. 6(3):150—196.

Parin, N.V., 1996. On the species composition of flying fishes (Exocoetidae) in the West—Central part of tropical Pacific. J. Ichthyol. 36(5):357—364.

Paxton, J.R., 1999. Berycidae. Alfonsinos. p. 2218—2220. In K.E. Carpenter and V.H. Niem FAO species identification guide for fishery purposes. The living marine resources of the WCP. Vol. 4. Bony fishes part 2 (Mugilidae to Carangidae).

Paxton, J.R., D.F. Hoese, G.R. Allen and J.E. Hanley, 1989. Pisces. Petromyzontidae to Carangidae. Zoological Catalogue of Australia. Vol. 7. Australian Government Publishing Service, Canberra. 665 p.

Pietsch, T.W. and D.B. Grobecker, 1987. Frogfishes of the world. Systematics, zoogeography, and behavioral ecology. Stanford University Press, Stanford, California. 420 p.

Polanco, F.A., P.A. Acero and Betancur–R. R., 2016. No longer a circumtropical species: revision of the lizardfishes in the *Trachinocephalus myops* species complex, with description of a new species from the Marquesas Islands. J. Fish Biol. 89(2):1302—1323.

Poss, S.G. and K.V. Rama Rao, 1984. Scorpaenidae. In W. Fischer and G. Bianchi FAO species identification sheets for fishery purposes. Western Indian Ocean (Fishing Area 51). Vol. 4.

Randall, J.E and W.N. Eschmeyer, 2001. Revision of the Indo–Pacific scorpionfish genus *Scopaenopsis*, with descriptions of eight new species. Indo–Pac. Fish. (34):79 p.

Randall, J.E. and H.A. Randall, 2001. Review of the fishes of the genus *Kuhlia* (Perciformes: Kuhliidae) of the Central Pacific. Pac. Sci. 55(3):227—256.

Randall, J.E. and K.K.P. Lim, 2000. A checklist of the fishes of the South China Sea. Raffles Bull. Zool. Suppl. (8):569—667.

Randall, J.E., 1956. A revision of the surgeonfish genus *Acanthurus*. Pac. Sci. 10(2):159—235.

Randall, J.E., 1995. Coastal fishes of Oman. University of Hawaii Press, Honolulu, Hawaii. 439 p.

Randall, J.E., 1998. Revision of the Indo–Pacific squirrelfishes (Beryciformes: Holocentridae: Holocentrinae) of the genus *Sargocentron*, with descriptions of four new species. Indo–Pac. Fish. (27):105 p.

Randall, J.E., 2000. Revision of the Indo–Pacific labrid fishes of the genus *Stethojulis*, with descriptions of two new species. Indo–Pac. Fish. (31):42 p.

Randall, J.E., 2008. Six new sandperches of the genus *Parapercis* from the Western Pacific, with description of a neotype for *P. maculata* (bloch and Schneider). The Raffles Bull. Zool. 19:159—178.

Randall, J.E., 2013. Review of the Indo–Pacific labrid fish genus *Hemigymnus*. J. Ocean Sci. Found. 6:2—18.

Randall, J.E., G.R. Allen and R.C. Steene, 1990. Fishes of the Great Barrier Reef and Coral Sea. University of Hawaii Press, Honolulu, Hawaii. 506 p.

Randall, J.E., T.H. Fraser and E.A. Lachner, 1990. On the validity of the Indo–Pacific cardinalfishes *Apogon aureus* (Lacepède) and *A. fleurieu* (Lacepède), with description of a related new species from the Red Sea. Proc. Biol. Soc. Wash. 103(1):39—62.

Robins, C.R. and G.C. Ray, 1986. A field guide to Atlantic coast fishes of North America. Houghton Mifflin Company, Boston, U.S.A. 354 p.

Robins, C.R., R.M. Bailey, C.E. Bond, J.R. Brooker, E.A. Lachner, R.N. Lea and W.B. Scott, 1991. World fishes important to North Americans. Exclusive of species from the continental waters of the United States and Canada. Am. Fish. Soc. Spec. Publ. (21):243 p.

Russell, B.C., 1990. FAO Species Catalogue. Vol. 12. Nemipterid fishes of the world. (Threadfin breams, whiptail breams, monocle breams, dwarf monocle breams, and coral breams). Family Nemipteridae. An annotated and illustrated catalogue of nemipterid species known to date. FAO Fish. Synop. 125(12):149 p.

Sainsbury, K.J., P.J. Kailola and G.G. Leyland, 1985. Continental shelf fishes of the northern and north-western Australia. An illustrated guide. CSIRO Division of Fisheries Research; Clouston & Hall and Peter Pownall Fisheries Information Service, Canberra, Australia. 375 p.

Sasaki, K. and K. Amaoka, 1989. *Johnius distinctus* (Tanaka, 1916), a senior synonym of *J. tingi* (Tang, 1937) (Perciformes, Sciaenidae). Jap. J. Ichthyol. 35(4):466–468.

Sasaki, K. and P.J. Kailola, 1988. Three new Indo-Australian species of the sciaenid genus *Atrobucca*, with a reevaluation of generic limit. Jap. J. Ichthyol. 35(3):261–277.

Sasaki, K., 2001. Sciaenidae. Croakers (drums). p.3117–3174. In K.E. Carpenter and V.H. Niem FAO species identification guide for fishery purposes. The living marine resources of the Western Central Pacific. Vol. 5. Bony fishes part 3 (Menidae to Pomacentridae). Rome, FAO. pp. 2791–3380.

Shaffer, R.V. and E.L. Nakamura, 1989. Synopsis of biological data on the cobia Rachycentron canadum (Pisces: Rachycentridae). NOAA Tech. Rep. NMFS 82, FAO Fisheries Synopsis 153.

Shen, S.C., 1993. Fishes of Taiwan. Department of Zoology, National Taiwan University, Taipei. 960 p.

Smith, M.M. and P.C. Heemstra, 1986. Tetraodontidae. p. 894–903. In M.M. Smith and P.C. Heemstra Smiths' sea fishes. Springer-Verlag, Berlin.

Smith, M.M. and R.J. McKay, 1986. Haemulidae. p. 564–571. In M.M. Smith and P.C. Heemstra Smiths' sea fishes. Springer-Verlag, Berlin.

Smith, M.M., 1986. Elopidae. p. 155–156. In M.M. Smith and P.C. Heemstra Smiths' sea fishes. Springer-Verlag, Berlin.

Smith-Vaniz, W.F., 1984. Carangidae. In W. Fischer and G. Bianchi FAO species identification sheets for fishery purposes. Western Indian Ocean fishing area 51. Vol. 1.

Smith-Vaniz, W.F., 1986. Carangidae. p. 638–661. In M.M. Smith and P.C. Heemstra Smiths' sea fishes. Springer-Verlag, Berlin.

Smith-Vaniz, W.F., 1995. Carangidae. Jureles, pámpanos, cojinúas, zapateros, cocineros, casabes, macarelas, chicharros, jorobados, medregales, pez pilota. p. 940–986. In W. Fischer, F. Krupp, W. Schneider, C. Sommer, K.E. Carpenter and V. Niem Guia FAO para Identification de Especies para lo Fines de la Pesca. Pacifico Centro-Oriental. 3 Vols.

Starnes, W.C., 1988. Revision, phylogeny and biogeographic comments on the circumtropical marine percoid fish family Priacanthidae. Bull. Mar. Sci. 43(2):117–203.

Steene, R.C., 1978. Butterfly and angelfishes of the world. A.H. & A.W. Reed Pty Ltd., Australia. Vol. 1. 144 p.

Talwar, P.K. and A.G. Jhingran, 1991. Inland fishes of India and adjacent countries. Vol. 2. A.A. Balkema, Rotterdam.

Taylor, W.R. and J.R. Gomon, 1986. Plotosidae. p. 160–162. In J. Daget, J.P. Gosse and D.F.E. Thys van den Audenaerde Check-list of the freshwater fishes of Africa (CLOFFA). ISBN, Brussels; MRAC, Tervuren; and ORSTOM, Paris. Vol. 2.

Tea, Y.K. and A.C. Gill, 2020. Systematic reappraisal of the anti-equatorial fish genus *Microcanthus swainson* (Teleostei: Microcanthidae), with redescription and resurrection of *Microcanthus joyceae* Whitley. Zootaxa. 4802(1):41–60.

Thomson, J.M., 1984. Mugilidae. In W. Fischer and G. Bianchi FAO species identification sheets for fishery purposes. Western Indian Ocean (Fishing Area 51). Vol. 3.

Tortonese, E., 1990. Lobotidae. p. 780. In J.C. Quero, J.C. Hureau, C. Karrer, A. Post and L. Saldanha Check-list of the fishes of the eastern tropical Atlantic (CLOFETA). JNICT, Lisbon; SEI, Paris; and UNESCO, Paris. Vol. 2.

Uiblein, F. and G. Gouws, 2014. A new goatfish species of the genus *Upeneus* (Mullidae) based on molecular and morphological screening and subsequent taxonomic analysis. Mar. Biol. Res. 10(7):655–681.

Vilasri, V., H.C. Ho, T. Kawai and M.F. Gomon, 2019. A new stargazer, *Ichthyscopus pollicaris* (Perciformes: Uranoscopidae), from East Asia. Zootaxa 4702(1):49–59.

Westneat, M.W., 1993. Phylogenetic relationships of the tribe Cheilinini (Labridae: Perciformes). Bull. Mar. Sci. 52(1):351—394.

Westneat, M.W., 2001. Labridae. Wrasses, hogfishes, razorfishes, corises, tuskfishes. p. 3381—3467. In K.E. Carpenter and V. Niem FAO species identification guide for fishery purposes. The living marine resources of the Western Central Pacific. Vol. 6. Bony fishes part 4 (Labridae to Latimeriidae), estuarine crocodiles. FAO, Rome.

Whitehead, P.J.P., 1984. Harpadontidae. In W. Fischer and G. Bianchi FAO species identification sheets for fishery purposes. Western Indian Ocean fishing area 51. Vol. 2.

Whitehead, P.J.P., 1984. Megalopidae. In W. Fischer and G. Bianchi FAO species identification sheets for fishery purposes. Western Indian Ocean fishing area 51. Vol. 3.

Whitehead, P.J.P., 1985. FAO Species Catalogue. Vol. 7. Clupeoid fishes of the world (suborder Clupeoidei). An annotated and illustrated catalogue of the herrings, sardines, pilchards, sprats, shads, anchovies and wolf—herrings. FAO Fish. Synop. 125(7/1):1—303.

Whitehead, P.J.P., G.J. Nelson and T. Wongratana, 1988. FAO Species Catalogue. Vol. 7. Clupeoid fishes of the world (Suborder Clupeoidei). An annotated and illustrated catalogue of the herrings, sardines, pilchards, sprats, shads, anchovies and wolf—herrings. FAO Fish. Synop. 125(7/2):305—579.

Woodland, D.J., 1984. Gerreidae. In W. Fischer and G. Bianchi FAO species identification sheets for fishery purposes. Western Indian Ocean fishing area 51. Vol. 2.

Woodland, D.J., 1990. Revision of the fish family Siganidae with descriptions of two new species and comments on distribution and biology. Indo—Pac. Fish. (19):136 p.

Yagishita, N. and T. Nakabo, 2000. Revision of the genus *Girella* (Girellidae) from East Asia. Ichthyol. Res. 47(2):119—135.

Yokogawa, K., 2019. Morphological differences between species of the sea bass genus *Lateolabrax* (Teleostei, Perciformes), with particular emphasis on growth—related changes. ZooKeys. 859: 69—115.

Yoshino, T., W. Hiramatsu, O. Tabata and Y. Hayashi, 1984. First record of the tilefish, *Branchiostegus argentatus* (Cuvier) from Japanese waters, with a discussion on the validity of *B. auratus* (Kishinouye). Galaxea. 3:145—151.

中坊徹次。2018。《日本魚類館》。小學館。

尤炳軒。2012。《香港海水魚的故事》。水產出版社。

伍漢霖、邵廣昭、賴春福、莊棣華、林沛立。2012。《拉漢世界魚類名典》。水產出版社。

伍漢霖、鍾俊生。2021。《中國海洋及河口魚類檢索》。中國農業出版社。

朱祥海。1997。《魚類學》。水產出版社。

佐藤宏樹。2017。〈昼も夜も動くキツネザル：周日行性の系統発生と至近メカニズム，および適応的意義をさぐる〉。《霊長類研究》，Primate Res. 33：3 — 20。

何大仁、蔡厚才。1999。《魚類行為學》。水產出版社。

李錦華。2013。《香港魚類自然百態》。自然探索學會。

杜偉倫、程詩灝、佘國豪。2013。《香港珊瑚魚圖鑑》。生態教育及資源中心。

邵廣昭、陳麗淑、黃崑謀、賴百賢。2004。《魚類入門》。遠流出版社。

邵廣昭。2023。《臺灣魚類資料庫》，網路電子版。http://fishdb.sinica.edu.tw

《香港魚網》。香港特別行政區政府漁農自然護理署。https://www.hk-fish.net/tc

張文（漁客）。2002。《香港海鮮大全（增訂本）》。萬里機構‧飲食天地出版社。

漁農自然護理署。2004。《香港海魚閒釣手冊》。香港特別行政區政府漁農自然護理署。

饒玖才。2015。《十九及二十世紀的香港漁農業‧傳承與轉變‧上冊漁業》。郊野公園之友會、香港漁農自然護理署、天地圖書有限公司。

香港
街市海魚圖鑑

編著	黎諾維
攝影及插圖	黎諾維
總編輯	葉海旋
編輯	李小媚、周詠茵
書籍設計	TakeEverythingEasy Design Studio

出版	花千樹出版有限公司
地址	九龍深水埗元州街 290–296 號 1104 室
電郵	info@arcadiapress.com.hk
網址	www.arcadiapress.com.hk

印刷	美雅印刷製本有限公司
初版	2023 年 7 月
第四版	2024 年 1 月
ISBN	978–988–8789–21–4